书山有路勤为径,优质资源伴你行
注册世纪波学院会员,享精品图书增值服务

Create
the Future-Tactics
for Disruptive
Thinking

创造
未来

激发你的颠覆性思维

[美] 杰里米·古奇 / 著
Jeremy Gutsche

许涛 陈劲 / 译

电子工业出版社
Publishing House of Electronics Industry
北京·BEIJING

Create the Future + The Innovation Handbook: Tactics for Disruptive Thinking by Jeremy Gutsche
ISBN：9781732439146
Copyright © 2020 by Jeremy Gutsche
Translation rights arranged by The Grayhawk Agency Ltd. and Gillian MacKenzie Agency, LLC
All rights reserved.
Simplified Chinese translation edition copyrights © 2024 by Publishing House of Electronics Industry Co., Ltd.

本书中文简体字版经由 The Grayhawk Agency Ltd 和 Gillian MacKenzie Agency, LLC 授权电子工业出版社独家出版发行。未经书面许可，不得以任何方式抄袭、复制或节录本书中的任何内容。

版权贸易合同登记号　图字：01-2022-5667

图书在版编目（CIP）数据

创造未来：激发你的颠覆性思维 /（美）杰里米·古奇（Jeremy Gutsche）著；许涛，陈劲译. -- 北京：电子工业出版社，2024. 8. -- ISBN 978-7-121-48036-2
　　Ⅰ．B804.4-49
中国国家版本馆 CIP 数据核字第 2024VS9785 号

责任编辑：刘琳琳
　　印　　刷：北京利丰雅高长城印刷有限公司
　　装　　订：北京利丰雅高长城印刷有限公司
出版发行：电子工业出版社
　　　　　北京市海淀区万寿路 173 信箱　邮编 100036
开　　本：787×980　1/16　印张：22.5　字数：320 千字
版　　次：2024 年 8 月第 1 版
印　　次：2024 年 8 月第 1 次印刷
定　　价：128.00 元

凡所购买电子工业出版社图书有缺损问题，请向购买书店调换。若书店售缺，请与本社发行部联系，联系及邮购电话：（010）88254888，88258888。
质量投诉请发邮件至 zlts@phei.com.cn，盗版侵权举报请发邮件至 dbqq@phei.com.cn。
本书咨询联系方式：（010）88254199，sjb@phei.com.cn。

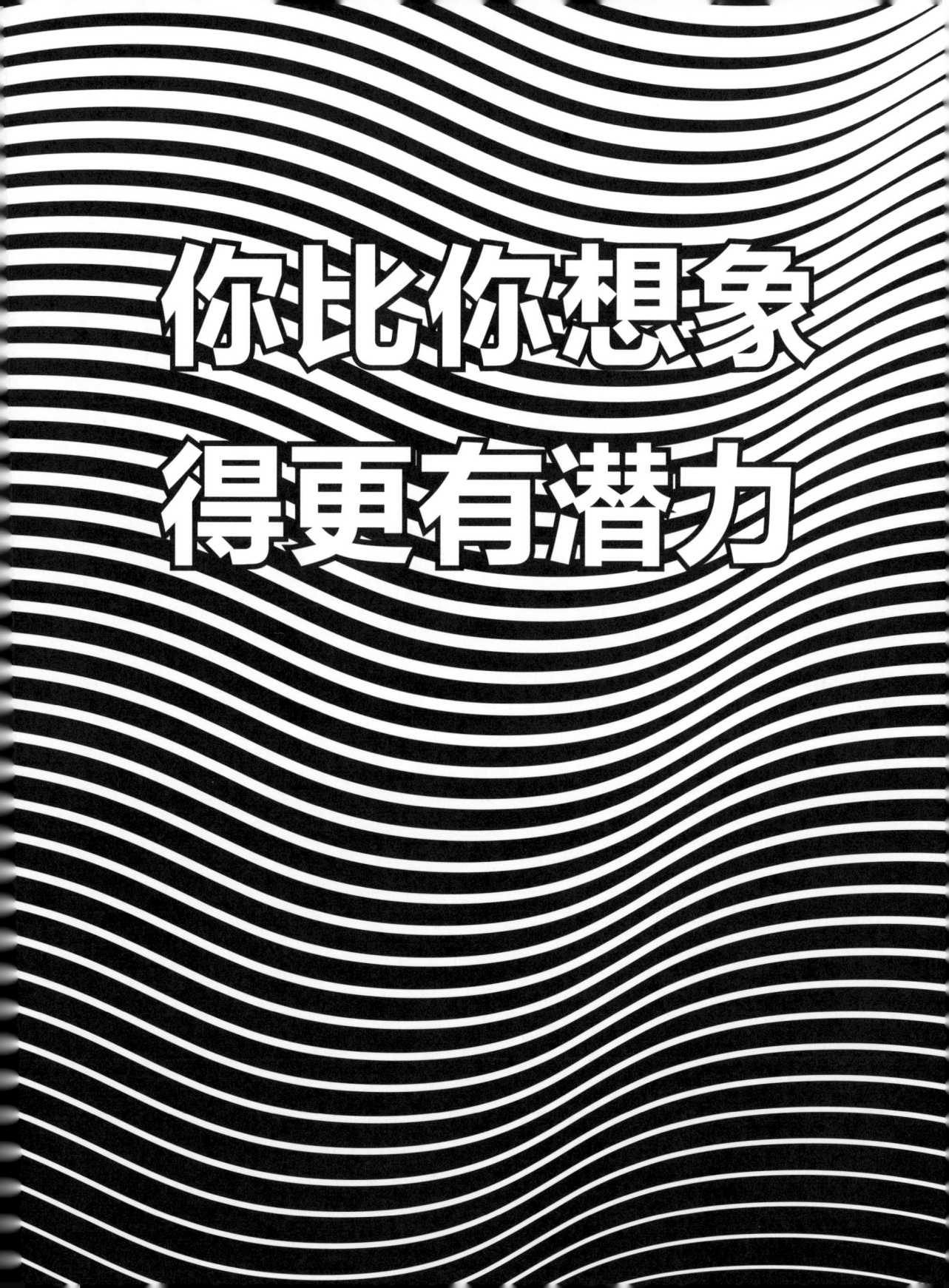

赞誉……

创新指向未来，道路充满陷阱。跳出思维桎梏，找到创新路径，是所有组织和个人在当今时代的大课题。《创造未来》这本书教你避开陷阱，激发思维，找到创新框架，提高面向未来的核心竞争力。

黄维，中国科学院院士

产生伟大的创意让人类拥有一个更加和谐美好的未来世界，是当今每一位公民的责任与担当。

陈劲，清华大学经济管理学院苹果公司讲席教授

译者序

许涛

这是一个创新之神狂欢的时代：技术正在恢复残疾人的行走能力、触觉、视力，或者对抗疾病、修改DNA；机器人开始建造房屋、送快递、驾车出行（无人驾驶）。然而，商业世界一个又一个倒下的公司或逝去的品牌表明创新并非易事，因为大多数企业或个人并不知道如何真正实现创新。尤其是在颠覆性创新、快速变化、可能性和不确定性叠加的当下，即使是商业金字塔顶端的成功人士或企业也往往因固步自封而错失创新良机。

而随着有智慧、有个性、有情感、有行为能力的人工智能大放异彩，人类社会正面临着像200年前电力彻底改变人类世界一样的图景。对此，未来学家凯文·凯利信心满满地指出，人工智能将是未来20年最重要的技术。雷·库兹韦尔更是认为，到2030年，人类将进入新的进化阶段，成为混合式机器人。然而，如同任何革命性技术或工具一样，人工智能在赋能人类的同时也会造成恐慌和混乱。正如人工智能先驱、斯坦福大学教授杰瑞·卡普兰认为，不久的将来，最富有的1%的人将借助AI统治其余99%的人。持有类似观点的还有新锐历史学家、耶路撒冷希伯来大学历史系教授尤瓦尔·诺亚·赫拉利（Yuval Noah Harari），他把人分为2%~5%的"有用阶级"和95%~98%的"无用阶级"。但历史的进化轨迹是人类总能创造性地找到方法利用颠覆性技术或工具增进自身福祉。

技术革命和产业变革必然创造无穷无尽的商业机会，并引发日趋激烈的竞争。在与超过700个卓越企业和品牌合作之后，本书作者指出，无论是梦想下一个创意的创业者，还是雄心勃勃的企业家、高管或员工，在颠覆日益加速的当下，人们最需要的特质就是创新与变革能力。掌握了创新与变革，就能更好地激发创

意与创造力，抓住机会采取行动。在作者看来，要识别并抓住机会，就要利用颠覆性思维的力量，超越书中描述的"路径依赖的七大陷阱"，这些陷阱让人重复过去的思维与决策，限制住自身的创新潜能，听不见未来的召唤。而一旦认识到这些"陷阱"是如何运作的，人们就能打破路径依赖，释放个体或组织活力和创新潜能，开辟新的机会和道路。

对企业来说，创新和战略优势取决于对趋势的预测和定位下一个风口的能力。为赢得当下和未来，企业需要精通创新管理之道，定位新风口，并创造性地实施创意和原型设计，以引领消费潮流和趋势。纵观历史，每一轮技术革命和产业变革都会导致重新洗牌，改变和创造消费者需求，颠覆曾经的市场领导者，并创造前所未有的混乱、风险和机遇，很多企业因创新不足而错失良机，但并非总是如此。诸如Open AI、特斯拉、比亚迪、宁德时代、阿里巴巴、迪士尼、惠普、苹果、优步和爱彼迎等国内外众多卓越企业大多是在新一轮技术爆发时期创办并因持续创新而实现良性增长。然而，研究表明很多公司缺乏明确的创新战略、系统的创新管理以及独特的创新文化，也没有营造有助于激活员工创造力的组织环境，更缺乏让创意落地的能力。这在很大程度上解释了为什么如此多的公司被颠覆，或日渐式微，被市场和消费者所抛弃。

本书作者杰里米·古奇是《纽约时报》畅销书作家、创新管理专家、屡获殊荣的创新主题演讲人，被《卫报》誉为"新品种的趋势发现者"，被《环球电视》誉为"鹰眼"，被《环球邮报》誉为"先知"，被《协会周刊》誉为"智慧的红牛罐头"，被 MTV 称为"站在酷的最前沿"。杰里米·古奇创建了全球最大的趋势平台和创新网站"趋势猎人"（Trend Hunter）并任首席执行官。十多年来，他带领团队通过系统性方法帮助众多组织和个人实现了创新和变革。

作为令人振奋的思维颠覆、企业创新和变革指南，《创造未来：激发你的颠覆性思维》是一本引人入胜、先知先觉，而又恰逢其时的著作。作者总结了在为迪士尼、星巴克、运通、IBM、阿迪达斯、谷歌和美国宇航局等企业或机构实施创

新咨询和培训过程中获得的深刻洞察、实战经验和最佳创新策略，并凝练成启发读者进行颠覆性、批判性、创造性思考的路线图，以及创新和变革的具体步骤和方法。此外，本书在汇集大量经过实践验证的企业创新与变革之战略战术的基础上，把出色的案例研究与关键的引导性问题和活动结合在一起，精心设计了操作性强的创新管理实践和研究框架。正如作者所言，这些战略战术比以往任何时候都重要，因为加速到来的人工智能正重新定义员工发展、企业成长以及人类文明的方方面面。

对于创新者、企业家、科学家、组织管理者、政策制定者以及任何致力于在人工智能时代驰骋新时代、引领行业企业发展、释放创新创业创造活力的人来说，《创造未来：激发你的颠覆性思维》提供的不仅仅是如何摆脱旧模式的大道理和经过实战检验的策略，它还提供了实用的见解、发人深省的创新洞察，以及帮助个人或企业释放自身创新潜能的路线图和指导手册。对每一位组织成员来说，想知道如何挖掘创新潜力，如何产生创意并实施创新，可能与新产品、新服务、新投资、新职业选择有关，或者只是一种不同的做事方法，这本书都不容错过，因为这些问题的核心是如何激发组织中的每一个人通过颠覆性思维和创新助力个人及其所在企业在不确定性加剧和颠覆加速的环境下达到新高度并创造新未来。

《创造未来：激发你的颠覆性思维》直观、易读，书中有大量设计精美的图表和行动指南，但又故事感十足。对读者来说，阅读本书不仅能读到一些世界级公司的奇闻轶事，还能把这些故事转化为颠覆性的创意，从而激活创新潜能、开拓新业务或开启新的人生里程。

许涛
——同济大学创新创业学院

序

马尔科姆·格拉德威尔（MALCOLM GLADWELL）

20多年前，我刚开始在《纽约客》杂志工作不久，遇到了一位名叫迪迪·戈登的年轻女子。她住在洛杉矶海滩木峡谷（Beachwood Canyon）的一幢现代风格的房子里，开着一辆老式庞蒂克跑车。她很年轻，很风趣，很有才华，出乎意料的是，她有一份我以前从未听说过的工作：预测未来。

像许多人一样，我认为未来是一个无法预测的谜团——任何声称从事预知未来工作的人都是在胡说八道，或者更糟。后来，我观察并跟她相处了一段时间，了解她思考问题的方式，我很快就意识到，预测未来是一门真正的科学和艺术：有一些原则可以指导我们改变思考未来的方式。我后来写了一篇关于迪迪·戈登和她所从事工作的文章，叫作《猎酷》（*The Coolhunt*）。这篇文章于1997年3月17日刊登在《纽约客》上，我不知道的是，一个名叫杰里米·古奇的年轻企业家读到了这篇文章。杰里米决定围绕"预测未来"建立一套完整的信息系统——一个由来自世界各地的记者或相关人士构成的消费者洞察数据库。杰里米说，我启发了他——我觉得这么说有点夸大，尽管这对我是一种极大的恭维。所以，20年后，我在此向你介绍杰里米迄今为止最为雄心勃勃的项目之一来回报他的友善。

在你开始阅读这本关于如何"创造未来"的书之前，我想就如何思考这个问题提供一些看法。让我从时间问题开始。很多关于未来的思考必然围绕着未来事件的时间顺序。例如，我们可以确信，科学终将治愈痴呆症，或者内燃机将不复存在，或者——在我们幻想的时刻——人类将能够穿越空间瞬时旅行，就像在《星际迷航》中那样。不能确定的是，这些事情何时发生，是10年后还是30年后，还是已经存在了，我们都不知道。

我认为最好分部分回答这个问题。第一部分是技术部分。我认为，作为一项一般规则，我们往往低估了创新发生的速度和容易程度。如果你在20世纪30年代中期对高级军官和战略家进行调查，问他们是否能想象出一种能够摧毁整个城市的武器，他们会困惑地看着你。对他们来说，炸弹充其量只是一种能摧毁一栋建筑的东西。然而，十年不到的时间，他们拥有了这种规模的武器。只过了十年，他们拥有了能够摧毁整个地球的武器。核弹——它对现代世界的影响可能比任何其他发明都要大——是在令人狂热、眩晕、敬畏的仓促中产生的。但话说回来，现代的大多数起决定性作用的创新都是如此。贝尔在19世纪60年代开始琢磨远距离通话。到了1876年，他就想出了办法，在有史以来最著名的一次通话中对他的助手说："华生先生，我想见见你。"在安大略省南部一个农场里工作了十几年的这个人，发明了现代世界的标志性设备之一。顺便说一句，在我写这篇文章的时候，谷歌（Google）刚满20年，脸书（Facebook）刚满15年，那时在硅谷的独角兽公司里工作的都是年轻人。

未来的技术像飓风一样袭来。但技术必须社会化——被采用、被理解、被接受、被拥护——而引人关注的是未来社会化部分的过程有多漫长和曲折。1945年，第一颗原子弹被投在日本。人类什么时候才能弄清楚怎么来遏制这种可怕的技术？你可以说，我们仍然不能。但后来至少又过40年时世人终于把悬着的心放下。贝尔在19世纪70年代发明了电话，第一通国际电话是在1881年打通的。就公众接受程度而言，电话何时成为新宠？——20世纪20年代。公众花了40年时间才接受电话。为什么呢？因为花了40年时间，世界才弄清楚电话是什么。例如，在很长一段时间里，电话公司确信它主要是一种商业工具——B2B而不是C2C。电话公司阻止大家频繁地使用这种工具，即一个人给另一个人打电话问候。他们甚至不希望妇女使用它。他们花了很多年才意识到，电话对农民——在社会上被孤立的人——可能比城市居民更有用。

这些是孤立的例子吗？完全不是。第一台ATM机是在20世纪60年代末推出

的。但在80年代，我仍然去银行取钱，我怀疑你也是如此。你相信机器会给你钱吗？除非你考虑过它，并对它进行了实验，慢慢地改变了你的习惯。对社交媒体的讨论有一个奇怪之处，即认为消费者今天使用脸书、推特、照片墙（Instagram）和色拉布（Snapchat）的模式和做法是对消费者明天使用这些平台的方式的预测。但我们为什么会这样想呢？这些都是处于起步阶段的技术，而人类创造历史的最好证据是未来的发明和应用是在不同的时间线上进行的。技术部分很快就会成为焦点，社会部分则需要更多的时间。五年后的Twitter会是什么样子，我有一种感觉，但要弄清楚五年后的Twitter对其用户意味着什么，就不是那么简单了。

这本书的第二部分，即困难的部分——才是我们需要全力以赴的。

30年前，一位名叫菲利普·泰特洛克（Philip Tetlock）的加拿大青年心理学家参加了一场关于美苏关系的会议。那是一个由一些全球顶尖的"冷战"研究专家组成的蓝带小组。该小组的任务是对当时如火如荼的超级大国冲突进行预测，让泰特洛克感到震惊的是，许多专家的预测是相互矛盾的。在这里，他们是世界上关于这一问题的最顶级的权威。然而，他们在任何问题上都无法达成一致，这意味着他们中有些人一定是错误的。泰特洛克决定测试这个想法。在接下来的20年里，他沉浸在有史以来最大的预测研究中：他把来自不同领域的专家聚集在一起，让他们回答各自专业领域的问题。对一个能源专家，他会问在未来12个月内，油价会上涨还是下跌？对一个经济学家，他会问今年年底的利率会提高还是降低？魁北克会脱离加拿大的其他地区吗？泰特洛克最终收集了惊人的8.2万个预测，在对结果进行统计后，他得出了一个令人震惊的结论：专家们在预测方面的表现是糟糕的。在大多数情况下，对这些问题感兴趣的任何人都会像随机抛硬币一样得出结论。

这是一个令人清醒的事实，特别是对未来感兴趣的人而言。人类所走的那条迂回的道路——当他们适应和应对创新与变革时——真的很难预测。但泰特洛克

的研究还没有结束！在对数据进行整理后，他发现并不是每个人都不擅长预测未来，有一小群人实际上非常擅长预测。他们是谁呢？他们是思想开放的人，愿意在必要时改变方向，并承认自己错误的人。他们是普通人，而不是专家。他们有能力从不同的角度来看待问题。换句话说，优秀的预测者的专业知识并不来自对特定世界观的教条式承诺，而在于拥有好奇心和对未来可能是什么样子的憧憬。

你手中正是这样一本书。请用心阅读吧！

马尔科姆·格拉德威尔
——畅销书《异类》《引爆点》的作者
被誉为"21世纪的彼得·德鲁克"

自序

杰里米·古奇（JEREMY GUTSCHE） \\

曾经有一个小男孩，他看到了别人看不到的机会

有一种非同寻常的动力驱使我帮你发现属于你的伟大创意，我相信自己的能力并愿意对此做出承诺！为了说服你，我要讲一个关于儿童商人、书呆子和偷奶酪的故事。

这个儿童商人就是我的父亲。他在一个贫穷的移民家庭长大，与父母、两个兄弟合住在一个非常小的房子里。他们没有多少钱，但他们总是吃得很好，因为他的母亲擅长用普通的食材做出美味的佳肴。

八岁的某一天，这个小家伙在当地的杂货店和妈妈一起购买生活用品，这时一种"卡夫·费城奶油奶酪"吸引了他的眼球。趁妈妈不注意，他把奶酪塞进了嘴里。妈妈震惊了，抓住儿子的脖子，向店主走去，并大声喊道："我抓到这孩子在偷东西！"作为对"罪行"的忏悔，小男孩被"判处"在杂货店扫地一个月。在第一周结束时，他注意到一个被忽视的机会：杂货店会扔掉那些还可以食用但卖相不好的食物（这种食物浪费的问题至今仍困扰着商店）。

尽管还只是个孩子，我父亲的第一个商业想法就此诞生。他同意继续扫地，以换取剩下的食物。然后，他把这些食物推荐给他的贫困邻居，为他们提供超低的折扣，这让邻居们非常高兴。很快，他就成了街区里第一个穿着皮夹克、拿着气弹枪的孩子。

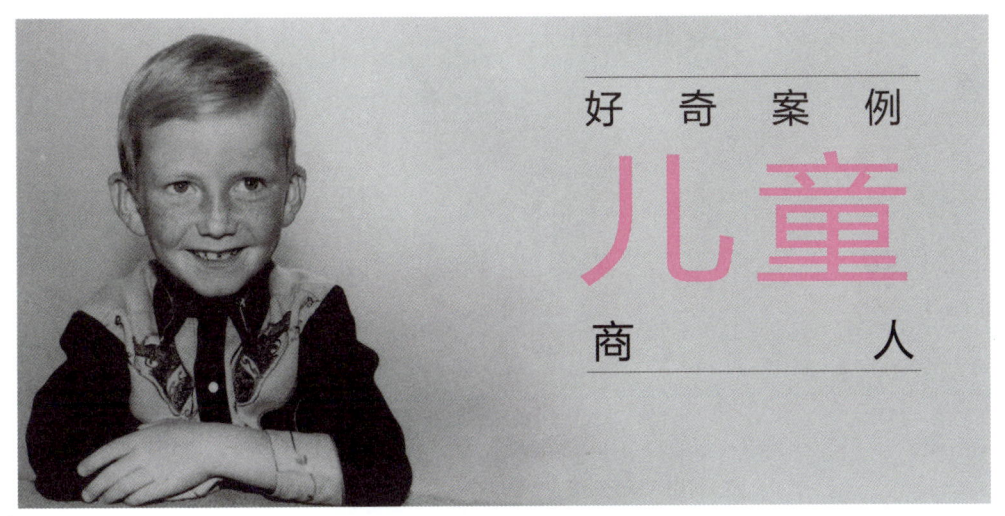

成功的秘密

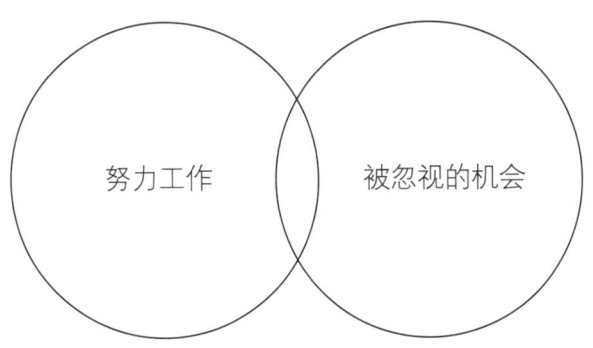

　　他把送货上门的业务扩展到各种剩余物品。这让他的创业生涯充满了起伏，他成功的关键是发现其他人忽视的机会和企业的潜能。

　　我在《纽约时报》畅销书《更好更快》（*Better and Faster*）中讲述了我父亲更丰富的故事，尽管我一直在重复分享它来践行我的使命。我父亲的故事给我留下了一个特别宝贵的经验，永远地印在我的脑海里。

要想获得成功，你不仅仅需要工作，还需要发现被忽视的机会。

...然后第二个儿童商人出生了

下图是我的照片。虽然那酷酷的毛衣和可乐瓶眼镜表明我是一个酷酷的孩子,但实际上我是个书呆子。你可能在想,"杰里米,你不可能是个书呆子!这正是德雷克(演员,说唱歌手)的模样!"

但庆幸的是,我是个拥有"商业想法"的书呆子。我一直在寻找可以成为我下一个创业项目的点子,你在读完本书时将发现这一点。

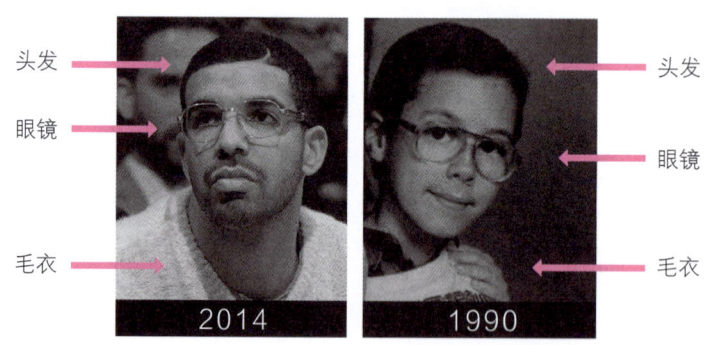

稍加对比,你就可以看出,我领先时代很多年。现在谁是"趋势猎人"——德雷克?

追随父亲的脚步,我试图推出十几项业务和发明,但似乎没有什么合适的。

- 花生酱公司
- 胡萝卜蒸锅
- 加湿器—风扇组合
- 草坪和花园
- 摄影师
- 网页设计
- 油漆公司
- 发明指南
- "杰里米的无用之物"
  (销售非常用物品)

最后一笔小生意可能让我的父母感到震惊。想象一下，他们的儿子贴出海报"来看看杰里米的无用之物"。我父亲认为我需要一个新的商业理念，他有一个帮助我的计划。每个月，他都会买不同类型的杂志，我们一起翻到介绍新发明的部分。"你对这个想法怎么看？""那，这个呢？""我们需要什么零件来制造这个？""我们这个周末可以去车库大甩卖买零件吗？""我们做这个要花多少钱？"

追寻创意的过程启发了我，但也开始吞噬、淹没我。我开始发现遍地都是机会，却不知如何选择。今天，我想许多人都处于同样的境地：获得灵感的行为已经变得不堪重负。

10年的探索之后，我成为一名企业创新者，如果难以做出选择，只是喜欢猎取创意，最终就会进入这个领域。我想我将学会如何利用别人的预算来猎取、研究、测试和优化创意。在这一过程中，我希望人生的突破会不期而至。

我心无旁骛地学习创新以便酝酿出伟大创意，却在不经意中学到了在银行业取得成功所需的各种技能。28岁时，我成为"第一资本"（Capital One）公司最年轻的董事之一，负责创新和经营该公司陷入困境的高端业务线。

我的团队有一个目标，就是控制新的预订量缩减不超过20%。太振奋人心了！凭借新的创新策略和对创意的痴迷，我们推出了一系列成功的产品。我们的预订量没有缩减，而且每月的预订量增加了三倍，并增加了10亿美元的投资组合。我在银行业的职业生涯已经"定型"，但对我来说，这令人恼火。我已经证明我可以为别人找到伟大的创意，但在20年后，我依然没有找到属于我自己的东西。我开始不安，对自己说："想象一下，如果能回到12岁，告诉自己'你长大后会成为一名银行家'！"我一定能走上另一条自己渴望的人生道路。

大多数人期望创意如同魔法，
事实是，你必须全力以赴。

让我们创造未来

在长达20年孤注一掷地寻找伟大创意的过程中,我报名参加了MBA课程学习。我希望在课堂上能达成我的心愿,但听完一堂又一堂课,我开始质疑我的决定了。我做了什么?这些课程对我成为创业者有什么帮助?接着发生的一件事改变了我的世界。

我的营销学教授杰伊·汉德曼说:"今天,我们要谈的是对'酷'的追寻。"我的思想被唤醒了。他在说什么呢?我们读了格拉德威尔于1997年发表的著名文章《猎酷》。这篇文章谈到了"酷"的流行趋势是如何运作的,以及研究趋势和文化以弄清整个行业的未来。我大为震惊。我怎么会不知道这事?难道我在银行工作的时间太长了?

我受到启发,开始了对"酷"的追寻。我意识到我可以自学编程,并建立一个人们可以分享新想法、趋势和创新的网站。我称之为"趋势猎人"——它是最早的共享社群之一。

说到这里,我没有想到"趋势猎人"会发展成今天的样子——世界上最大的趋势研究平台,拥有数十亿次的浏览量。我当时的梦想很简单,因为我是在2005年建立这个网站的,当时脸书和"油管"还没诞生。创造以"病毒式"传播的东西并不像今天这样普遍。相反,我的灵感可能来自某个人在"趋势猎人"上分享的一个想法,从而激发了我的伟大创意。我没有意识到,其实"趋势猎人"就是我孜孜以求的伟大创意。

我也没有意识到这个新网站基本上就像我童年时代浏览的杂志,不同的是"趋势猎人"是数字化的。这意味着我从未将这些灵感与我父亲联系起来,直到我的出版商指出这一点。我的出版商要求我采访我的父亲,以便更好地认识到他对创意的不懈探索如何激发了我的创意。因此,我花了一个周末询问父亲所有我小时候从未问过的问题。

采访之后的一周，我父亲心脏病发作，去世了。我很受打击，回望过去，我意识到，如果我知道父亲会去世，就会用最后一个周末去采访他，这正是我原本要做的。

我父亲看到了"趋势猎人"的雏形，但他没能看到它的成长。如果看到我的小项目成长为今天的样子，他一定会非常自豪。短短几年内，网站的浏览量从几千次到几百万次再到几十亿次。我们开始获得比地球上几乎任何纸媒都大的流量。

作为一个研究平台，没有什么比这更重要的了。"趋势猎人"在市场研究方面的研究速度比我在银行管理创新时的任何调研都要快20倍。利用人工智能、1.5亿访问者和一个研究团队，我们可以在几小时内完成数月的研究。我们开始为品牌定制研究报告，从而使其能够更有效地进行创新、更快地发现伟大的创意。

2009年，我想写一本创新手册，以记录我在寻找创意的过程中所学到的一切。书名叫《利用混沌》（*Exploiting Chaos*），这在当时是最恰当不过的书名。世界开始变得非常混乱，而我突然成为了"混沌管理大师"（Chaos Guru）。我开始收到急需帮助的《财富》500强CEO们的邀请。先是几个大客户，然后增加到50多个、100多个、200多个到现在，我们服务了700多个品牌。

如今，"趋势猎人"已经成长为最大的"趋势研究与咨询"公司，并成为一个创新加速器。我们非常幸运地参与了超过10000个定制项目和创新工作坊。我们甚至还应邀参与了美国宇航局的"火星之旅"项目！

从每一次经验中我和我的团队都学到了很多东西，本书正是我们所学、所做的合集。我真诚地相信这些经过实战验证的创新与变革方法将帮助你和你的企业更快地发挥潜能。如果想了解更多，请注册获取我们的免费周报，访问TrendHunter网站，或在"未来节日"（Future Festivals）活动现场和我们见面。

祝阅读愉快！

杰里米·古奇

人类历史上最快速的变革、颠覆和机会迎面而来……

这意味着我们比以往任何时候都更接近创造更多的可能——创造新的产品、服务、模式、思想,或者只是不同的行为方式。

问题:变革和创新的能力受到七个陷阱的约束。这些陷阱使我们的创新潜力下降了93%——本书将用简单的游戏来证明这一数字。这些陷阱不仅阻碍我们看到机会,更驱使我们陷入墨守成规的泥潭。这就是为什么大多数人的潜能被白白浪费。然而,现实并非必然如此。

解决之道:人人都可以逃离陷阱,快速识别机会,促进创新和变革。本书将带你了解并掌握迪士尼、星巴克、美国运通、IBM、阿迪达斯、谷歌和美国宇航局等基业长青的创新引领型公司所使用的创新和变革战略与方法。

生命之作:本书是我和我的团队以及数千名客户的集体智慧,他们奉献了经过实践验证的企业创新与变革智慧。本书不是聚焦于某一特定主题观点的偏狭的集合,而是致力于呈现来自全球顶级创新型公司的实用、全面的企业创新及其管理指南。

智慧结晶:历经一万多个创新项目的验证,我和我的团队"趋势猎人"(Trend Hunter)多年来助力全球领先品牌预测并一次次创造崭新的未来。本书汇集了大量经过实践验证的企业变革和创新战略与方法——帮你赢得并创造属于自己的未来。这些战略和方法比以往任何时候都重要,因为未来5~10年将重新定义人类。

想象未来:读心术被发明与应用、用意念使用手机、写作不用键盘、不用控制器玩视频游戏,或者走进一个知道你想买什么的商店。想象一下:在增强现实(AR)中看世界、更安全的交通、更高效的工作,或者充满乐趣的运动;如果技术能恢复残疾人的行走能力、触觉、视力,或者对抗疾病、修改DNA;如果机器人开始建造房屋、送快递、驾车出行,抑或自动驾驶。当这一切到来的时候,人

类会面临怎样的挑战？

未来已来： 上述设想事实上已成为现实。随着生物技术、人工智能和精益创业的发展，人类进步的步伐将变得超越人类的理解能力。我们所熟悉并习惯的生活即将发生巨大变化，而这必然带来无限的机会和可能性，以及无法想象的挑战。

在人生和事业的征程中，你是否愿意做出改变——增加创造未来的无限潜能？

开始行动吧！但请允许我介绍一下我本人以及写作本书的背景……

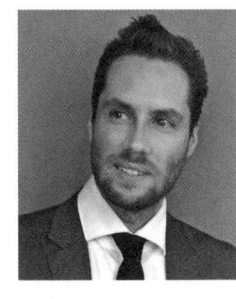

杰里米·古奇（Jeremy Gutsche）是《纽约时报》畅销书作者、屡获殊荣的创新专家、"世界上最受欢迎的主题演讲人之一"（《太阳报》），也是全球排名第一的趋势网站和创新咨询公司"趋势猎人"的CEO。该网站浏览量超过30亿次，完成了上万个创意项目。他的"未来主义者"（Futurists）团队帮助700位富豪、亿万富翁和CEO预测并创造未来。此外，他还曾参与美国宇航局"火星之旅"的早期项目。

伟大创意尽在掌握……

当今世界比以往任何时候都有更多的机会。好消息是,我们可以通过学习更好地理解趋势并预测机会。

- 人工智能
- 全球化
- 基因组编辑
- 大数据
- 云计算
- 大国间竞争
- 3D打印
- 婴儿潮一代 VS 千禧一代
- 可持续发展
- 个性化定制
- 社会商业
- 网红/意见领袖/影响力营销
- 虚拟现实(VR)
- 增强现实(AR)
- 多重感知
- 众筹
- 团购
- 女性赋权
- 对平等的追求
- 颠覆性创新

卓越潜能尽在掌握。

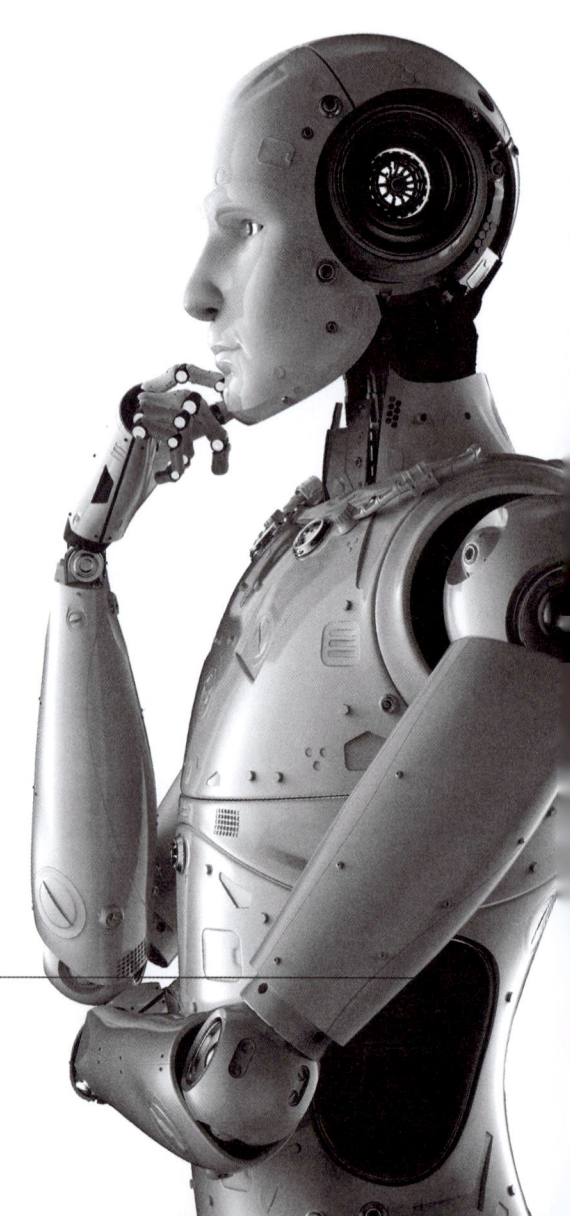

不过，聪明人也有失手的时候

大公司的平均寿命已经从20世纪50年代的75年下降到今天的15年。如果看一下2000年的《财富》500强公司名单，超过52%的公司现在已经消失或被取代，而且这种颠覆的速度正在加快。

讽刺的是，那些最善于创新的公司正是那些经常犯错的公司。

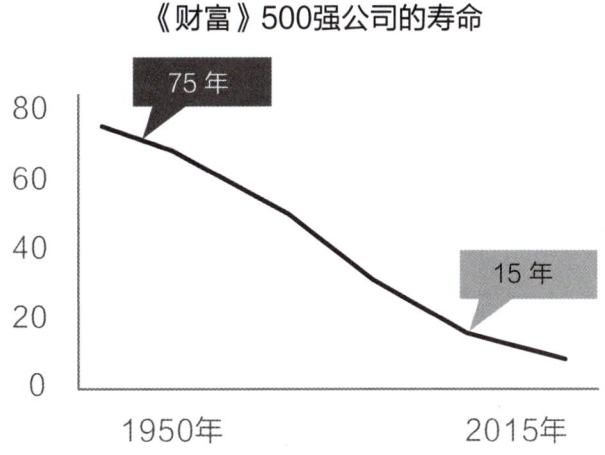

《财富》500强公司的寿命

尽管《财富》500强公司拥有充足的资源和哈佛大学的MBA，他们仍然需要创新，但不知何故，创新并未如期而至。

虽然人们执着于创新，但必须认识到————让变革发生是成功的一半。

人人都期待创新和变革……

几乎所有大公司的CEO都会告诉你,创新是他们的核心能力之一。这表明,每个大公司都有强大的承诺、支持和创新能力。但我们的研究发现,事实并非如此。

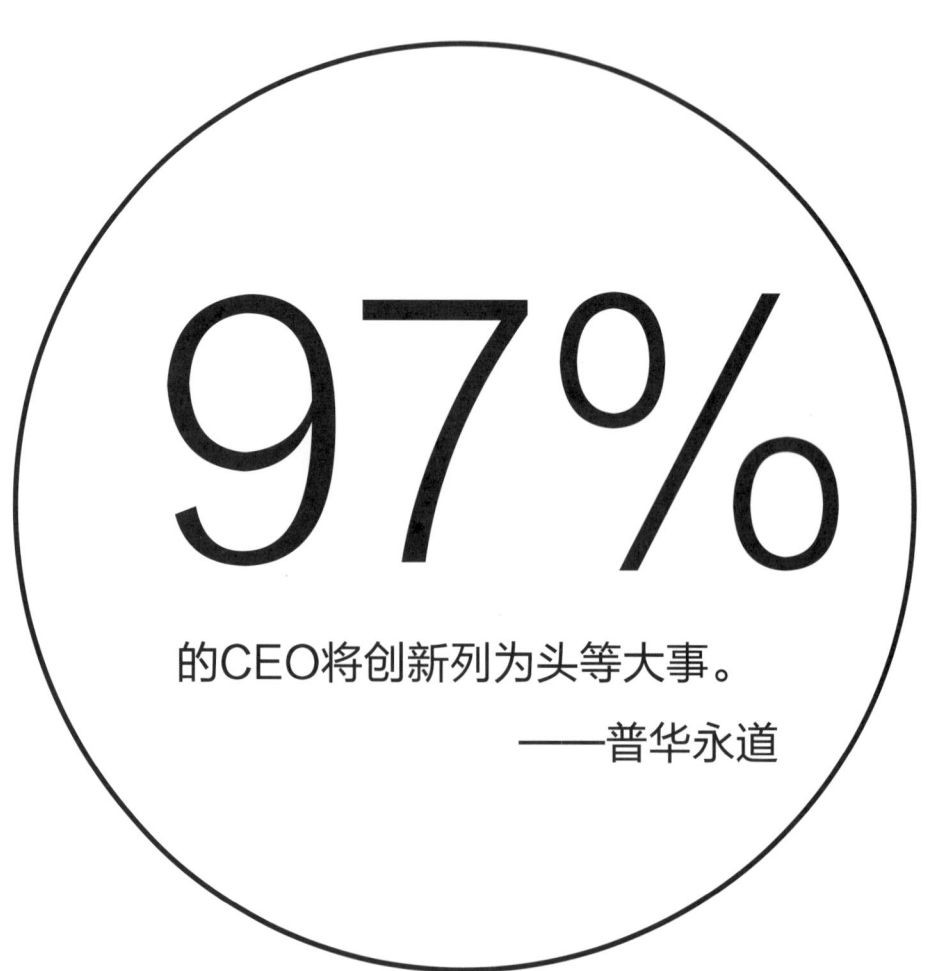

97% 的CEO将创新列为头等大事。

——普华永道

但"不是每个人"都全力以赴地让创新发生

大约一半的领导者认为,他们的公司缺乏强有力的创新计划,也没有花充足的时间去打磨并完善创意,更缺乏让创意落地的能力。这里存在着巨大的鸿沟,这也解释了为什么如此多的公司被颠覆或日渐式微,被市场和消费者所抛弃。

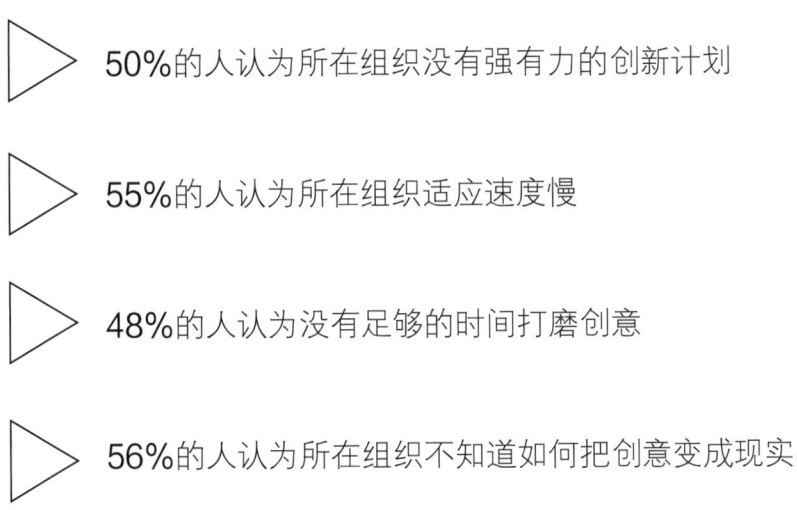

▷ 50%的人认为所在组织没有强有力的创新计划

▷ 55%的人认为所在组织适应速度慢

▷ 48%的人认为没有足够的时间打磨创意

▷ 56%的人认为所在组织不知道如何把创意变成现实

资料来源:"趋势猎人"评估(样本数:=30000)

这一鸿沟表明,企业的变革和创新潜能未被充分挖掘,
　　　　　尽管人人都渴望掌握创新之策,
　　　　　　　　　　学会创新,体验成功的新高度。

本书系统呈现经过反复验证的创新与变革之道，为你创造未来助一臂之力

在开展了一万多个创新工作坊和客户定制的创新项目之后，我们团队的几乎遇到了任何类型的创新与变革问题。我们与客户一起完善了本书的创新与变革管理框架，以创建终极指南，使创新和变革得以真正实现。

创造未来框架

猎取机会 → 适应性创新 → 病毒式传播

定义 / 概念化 / 完善 / 原型制作 / 试验

创新文化

⇧ ⇧ ⇧ ⇧ ⇧　变革能力　⇧ ⇧ ⇧ ⇧ ⇧ ⇧

目录

第一部分 → 变革能力（正面）   1

忙碌的生活让人们陷入了可预测的怪圈，日复一日地重复着昨天。这使人们难以发现机会，更难以采取行动。即使有伟大的创意，要得到他人的认同，使其受到影响，并使变革发生，也是一场挣扎或斗争。其实这一切本可避免。

第二部分 → 创新文化（背面）   1

文化比战略更重要。文化是组织适应能力的基础，而剧烈变革的时代放大了文化的重要性。组织很可能意识到了对适应能力的需求，但不确定性和阻力却使创新陷入瘫痪。赢得未来始于创新文化。

第三部分 → 猎取机会   103

创新和战略优势取决于预测趋势和识别下一件大事的能力。通过使用本书中的前沿框架，创新的企业可以在混乱中透视未来、识别机会，从而有的放矢，全力以赴地进行创新。

第四部分 → 适应性创新   143

工程师、设计师和科学家已经投入不计其数的时间、金钱等资源来探索、释放、增强人类的创造力。通过把已验证的最佳实践应用到熟悉的领域，企业可以从大处着眼，从小处着手，迅速创造新机会。

第五部分 → 病毒式传播   159

精心包装的故事比以往任何时候都传播得更快。不幸的是，大多数营销人员被困在由传统广告和陈词滥调主导的世界里。通过病毒式传播，创新会引发消费者共鸣，助力企业获得竞争优势。

阅读、浏览标题……

信息革命以来，人们的阅读习惯已经完全改变。在杂乱无章的媒体信息和注意力下降的双重压力下，人们只着迷于头条新闻。因此，本书通过视觉化和行动化的设计提供两种阅读方式。

第一，从前往后阅读。

第二，只需阅读标题，然后在大脑中重现已阅读的内容，激发创意。在理想情况下，你可以从任何一页开始阅读本书。

开始阅读吧！

……或加入1000万人的队伍观看主题演讲视频吧！

我的专长是，通过引人入胜的主题演讲和工作坊将创新带入生活，这些演讲和工作坊将激动人心的故事与战术性的收获相结合。如果你是一位视觉学习者，请观看我的"油管"（YouTube）视频。到目前为止，我的YouTube频道上大约有三小时与本书相关的内容。在本书出版时，超过1000万人观看了这些视频。

在线观看：JeremyGutsche网站

在推特（Twitter）或照片墙（Instagram）上加入我 @JeremyGutsche

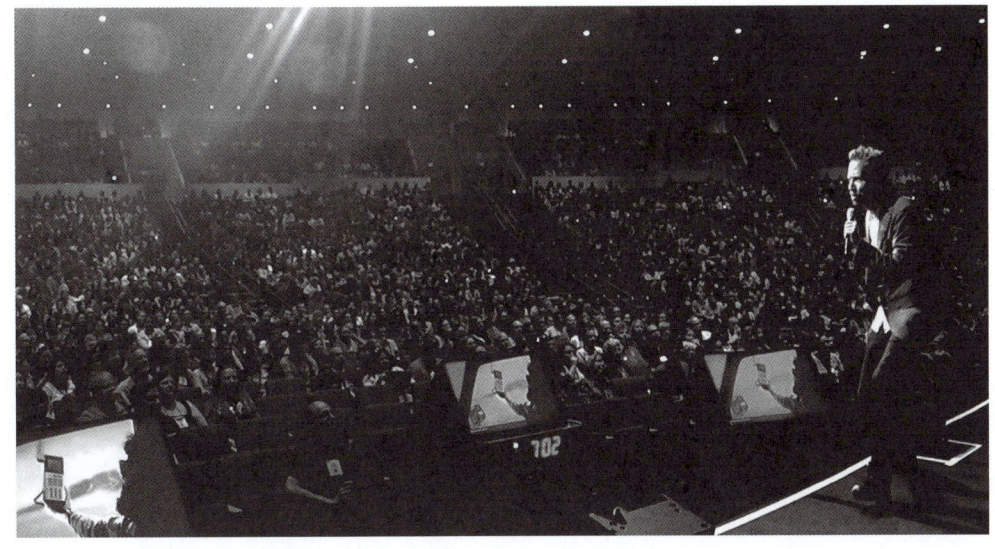

创造未来框架

| 猎取机会 | 适应性创新 | 病毒式传播 |

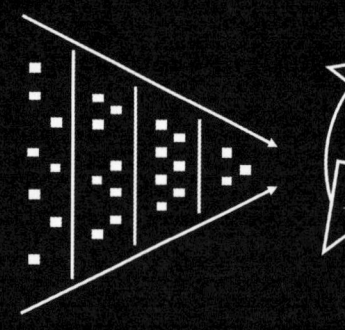
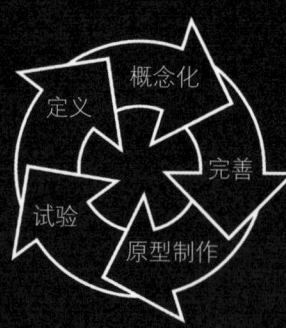
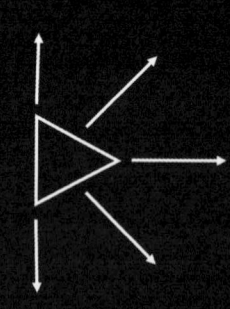

概念化　定义　完善　试验　原型制作

创新文化

变革能力

第一部分
变革能力

　　许多人会告诉你，文化是推动创新最重要的条件，我曾经对此也深信不疑。然而，在与700多个领导团队和品牌合作后，我有了更深刻的认识：无论你是正在构思下一个伟大创意的创业者、一个雄心勃勃的职场精英，还是一个亿万富翁，在未来呼啸而来的当下，你需要的最重要的特质是变革能力。

　　驾驭变革，你就能更好地发现创意、把握机会、采取行动，并说服他人追随你的愿景。

　　关键是你要认识到，变革能力受到七个陷阱的阻碍，而这七个陷阱都与专业知识有关。这些陷阱就像拼图一样，一旦认清了它们，你就可以攻坚克难、战无不胜。

人们比想象中更依赖过去的决策

太空中没有马，但你可以想象太空中正好有两匹马，并且这两匹马有4英尺8.5英寸（约1.4米）宽。为什么是这个尺寸呢？这是因为美国宇航局的固体火箭助推器就是精确地按照这个尺寸设计的，正好是两匹马的宽度，而这并非巧合。

如果真的想要理解美国宇航局的做法，就必须回到罗马帝国。当时罗马人控制了最广阔的疆域，因为他们能够用双马战车在地面巡逻。而这些战车会碾压土地，留下深深的车辙。如果一个农民驾驶马车，便可能会陷进车辙中，导致车轮损坏。

然而，聪明的农民会测量这些车辙的宽度，并意识到它们都是4英尺8.5英寸宽，即罗马双马战车车轴的宽度，然后就可以自己设计马车来匹配车辙的尺寸。

很快，所有的马车都变成了4英尺8.5英寸宽。第一条铁路是专门为采矿马车而修建的，所以把铁路轨道也定为4英尺8.5英寸宽。

很自然地，第一批欧洲火车相继使用了4英尺8.5英寸宽的轨道。尽管美国人也设计了他们自己的火车，但那时轨道的最佳宽度已经确定，即4英尺8.5英寸。

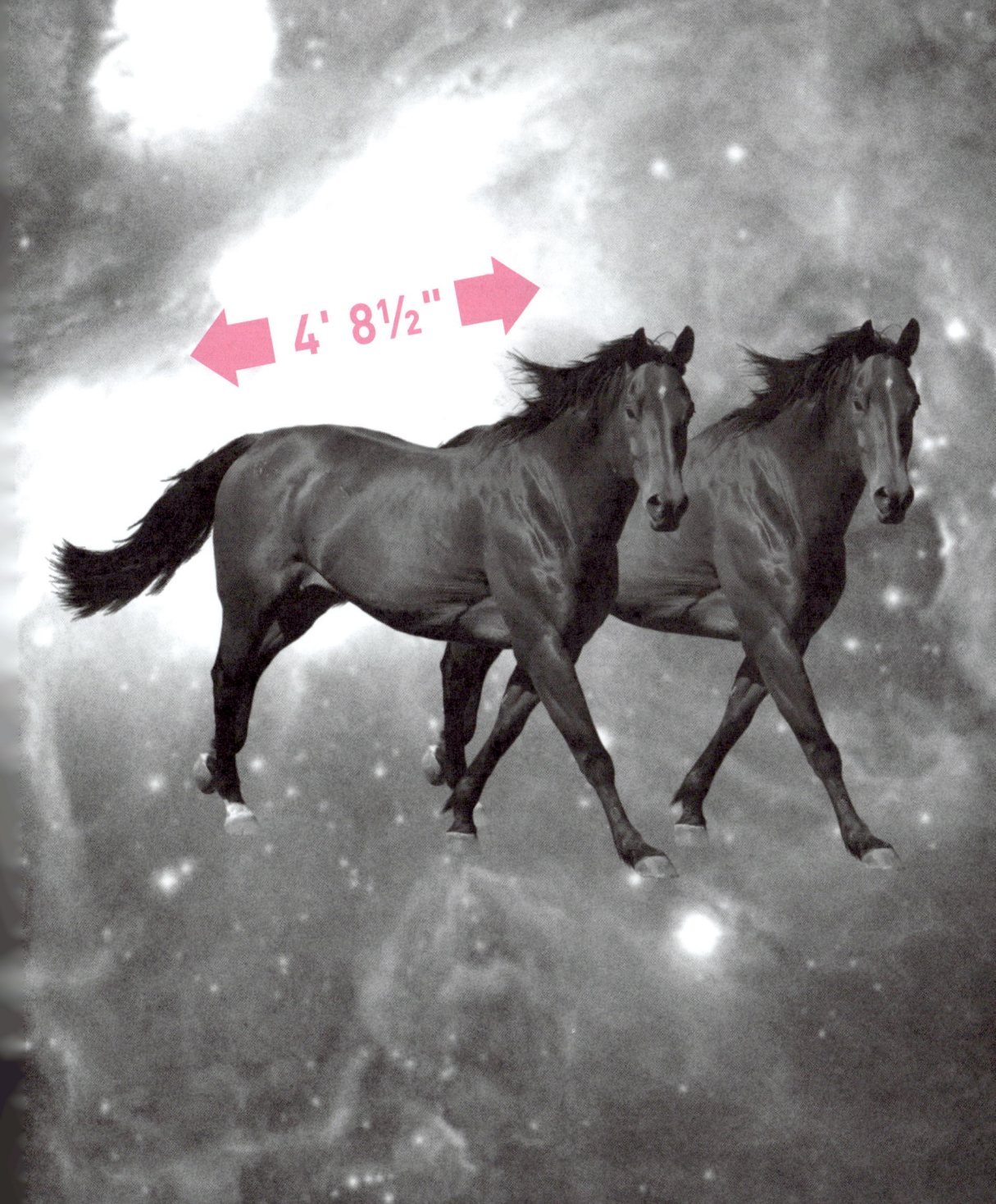

4' 8½"
4' 8½"
4' 8½"
4' 8½"
4' 8½"
4' 8½"
2.5x 4' 8½"
4' 8½"
2.5x 4' 8½"

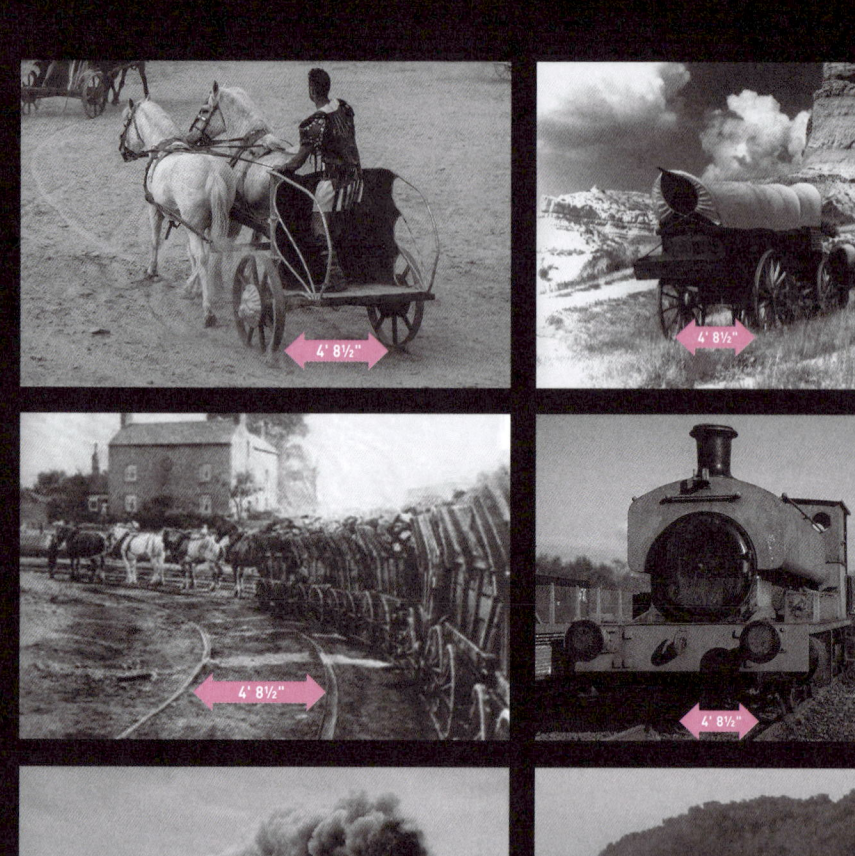

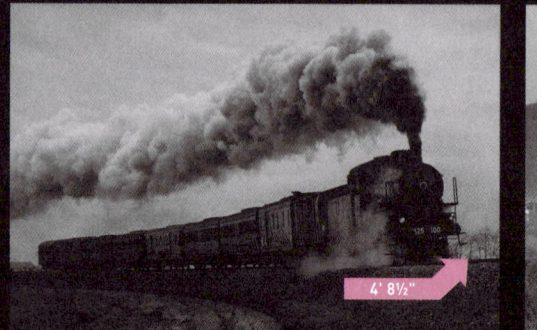

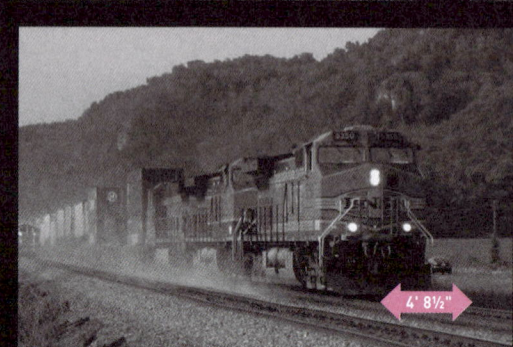

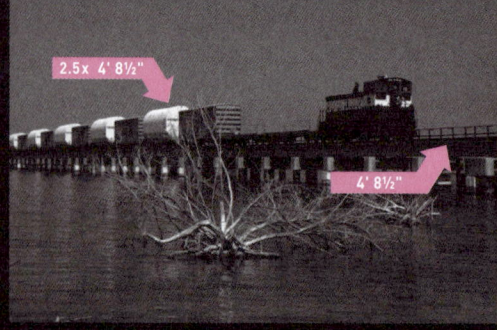

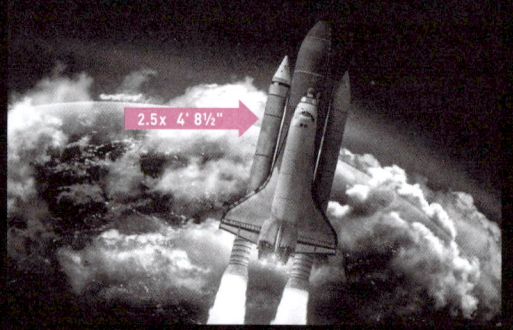

不久，聪明的人类有了更大、更好、更快的现代火车，但是轨道尺寸依旧没变。很多高速列车，即使时速超过200英里（约321.8千米），仍继续行驶在4英尺8.5英寸宽的轨道上。

由此看来，当美国宇航局开始制造固体火箭助推器，并将其从犹他州运送到佛罗里达州时，也要考虑到它们需要符合火车轨道的宽度——4英尺8.5英寸。

固体火箭助推器有些过宽，因为它们与轨道的宽度重叠。虽然随着时间的推移已经测试了一些不同宽度的轨道，然而，令人震惊的现实是，我们使用的标准仍与罗马人相同，固体火箭助推器的宽度正是由两匹马的宽度决定的。

下次看到航天飞机图像时，仔细观察可以看到，虽然没有两匹马拉着航天飞机，我们在探索外太空的过程中，却仍然采用罗马战车决定的宽度。

今天看来，这可能很荒谬，但在每一个关乎人类进步的决策中，人们可能都会在权衡各种选择后，简单地决定坚持以前的做法。这使人类陷入了困境。

结论是，我们比我们愿意承认的更依赖于过去的决策。一旦设置了路径，我们经常会盲目地沿着它走，而不去质疑为什么要从那里开始，以及是否存在更好的路径。

人人都想创新，但不是每个人都能摆脱路径依赖。

摆脱路径依赖，必须避免七大陷阱

随着时间的推移，我们似乎找到了固定解决路径，就像罗马帝国战车的车辙一样。以前，制造适合这些车辙的马车，似乎比设计新车更容易。

前一个决策影响着下一个决策，最终决策会变得毫无道理。有很多因素导致我们沿着原有的车辙行走，我称之为路径依赖的七大陷阱。

—— 摆脱陷阱，
　　　你将发现新机遇。

我一直在与世界上最聪明的人们一起研究应对这些陷阱的策略，读完本书，相信你将能更好地走出这些陷阱。

如果你曾经梦想自己也能拥有伟大的创意，那么本章将培养这种感觉，并提供策略和练习，帮你充分发挥潜能。这些策略将推动你摆脱路径依赖和陷阱，从而走向新的可能。你将掌握开发伟大创意的工具，并让变革成为现实。

—— 如果要创造未来，
　　　就需要避开那些让你行走在老路上的陷阱。

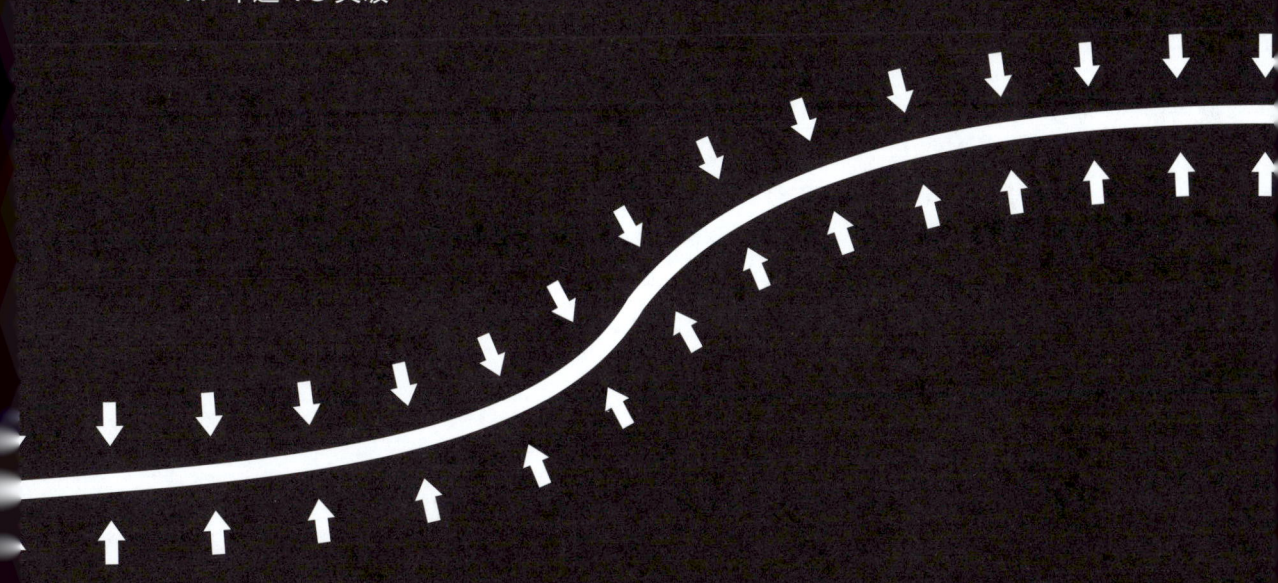

路径依赖的七大陷阱

1. 微妙的机会
2. 思维的捷径
3. 无为的安逸
4. 短视的选择
5. 成功的困境
6. 线性思维
7. 不适 VS 突破

路径依赖的七大陷阱

1. 微妙的机会
2. 思维的捷径
3. 无为的安逸
4. 短视的选择
5. 成功的困境
6. 线性思维
7. 不适 VS 突破

微妙的机会

当人们错失本行业的机会时,并不是因为他们对新想法视而不见。通常情况下,聪明人之所以会错失机会,是因为新想法看起来奇怪,且不被理解。为了找到突破口,你需要更好地识别那些微妙的线索,它们往往意味着伟大的创意。

实现突破的机会近在眼前，但很容易错失

先分享发明家托尼（Tony）的故事。托尼本质上是个了不起的创业者，始终致力于想出伟大的创意，他只知道一件事情，那就是他的创意最终将成为商品。他在飞利浦（Philips）电器公司工作，并荣任战略和新创企业副总裁一职。

最终，他想出了关于硬盘驱动器的新奇想法。他多次推销该创意，但公司里没人相信他。然而，他致力于将自己的想法变为现实，所以他辞掉了工作，开始创业。但问题是他无法筹集数百万美元以制作产品原型。四处碰壁两年后，他觉得自己的梦想就要破灭了。

在完全放弃之前，他找到了一位 CEO 好友，并让出了这个创意的全部知识产权。作为交换，这位 CEO 要为托尼制造这一产品提供资源。尽管公司还在苦苦挣扎，他的 CEO 好友还是接受了。经过几个月的创新，产品原型制作完成，托尼兴奋地登上飞机，把它带到急切地想看到产品的 CEO 面前。不幸的是，当他下飞机时，产品原型从他的口袋里滑落了！幸运的是，航空公司动员了好几个员工花了 2 个多小时帮他找到了，原来是掉到了两个座位之间。在这个故事中，托尼的好友实际上就是史蒂夫·乔布斯，这个公司就是苹果公司，而这台产品原型就是历史上第一台 iPod 原型机。

后来托尼成为苹果新部门（后来的 iPhone）的负责人，开辟了一条改变世界的道路。

—— 通向伟大的路上往往充满怀疑。

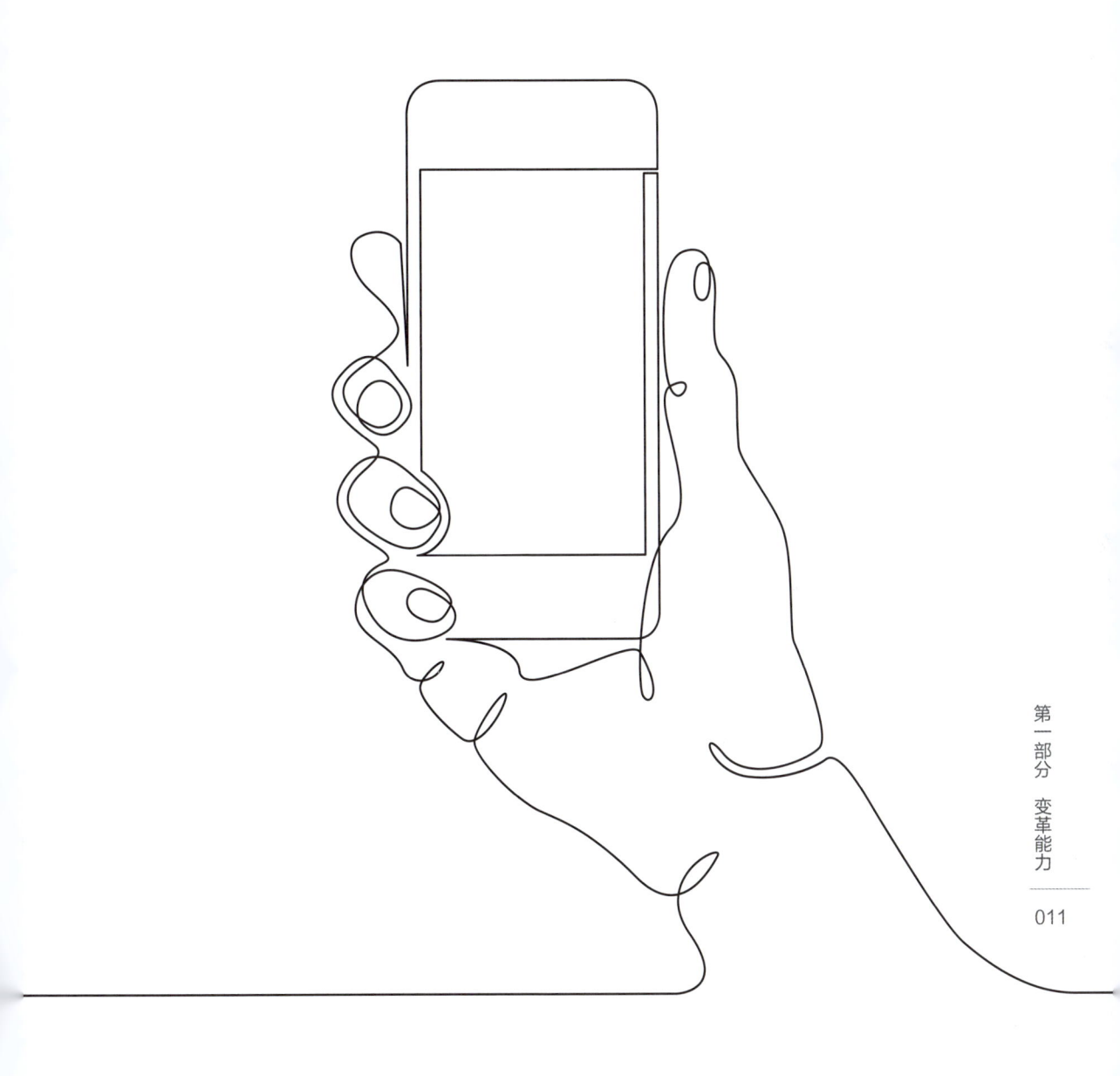

—— 伟大的创意总是奇妙无比，
　　　　请相信自己。

第一部分　变革能力

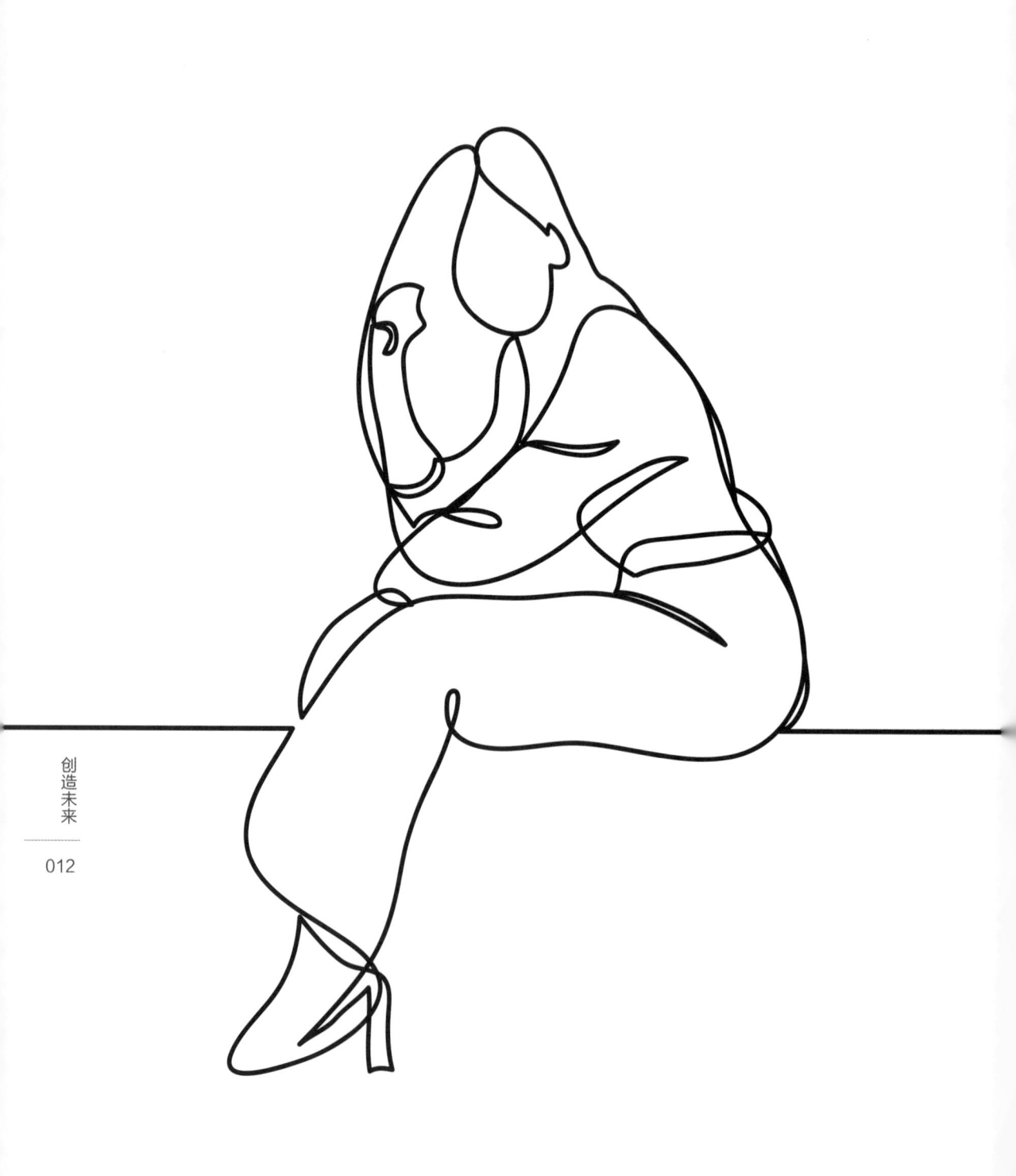

创造未来

012

即使是改变世界的创意，也可能不被主流企业家看好

大多数人能立刻看到托尼的创新有巨大的潜力，但这个行业中最成功的人士却没有意识到。那些当初不看好iPod的知名人士或企业包括：

1. 飞利浦（Phillips）：放弃了时任战略和新创企业副总裁的托尼。

2. 微软（Microsoft）：彼时身价410亿美元的史蒂夫·鲍尔默（Steve Ballmer）——"不可能成功！"

3. 摩托罗拉（Motorola）：伍丝丽（Padmasree Warrior，曾经担任摩托罗拉公司和思科公司首席技术官）——"毫无革命性……"

4. 奔迈（Palm）：彼时身价34亿美元的艾德·科林根（Ed Colligan）（奔迈公司CEO）——"这个产品不会有市场。"

5. 诺基亚（Nokia）：（拥有10亿用户的行业龙头），首席战略家安西·范约基（Anssi Vanjoki）——"即使有了Mac，苹果在手机领域仍然会是一个小众品牌（因为人们对手机的期望是相同的），人们不得不转而使用Android系统，这就像芬兰的男孩在冬天为了取暖而'尿在裤子里'。"

6. 黑莓（Blackberry）：彼时身价20亿美元的迈克·拉扎里迪斯（Mike Lazaridis）——"（通过苹果的广告）可以吸引顾客来到商店（买走黑莓手机），实际上它促进了我们的销售。"

当几乎所有人都能意识到这样一个革命性的产品将惊艳世界时，为什么这些行业龙头却不屑一顾？原因是他们在自己熟悉的道路上走得太过舒适和自信。

后来，为了制造一台更好的恒温器，托尼选择离开苹果公司，创办了名为Nest的新公司。再后来，这家初创公司以32亿美元的价格卖给了谷歌。

成功的悖论是新的创意往往看起来很奇怪，——从而导致它们经常被忽视。

聪明的人往往会高估他们的掌控力

有一个叫费鲁乔（Ferruccio）的人，他擅长修缮旧物。第二次世界大战后，他几乎把所有废弃的战争器械都改造成了农用设备。后来，他创办了拖拉机公司。

初次创业即取得成功，随后，他买了一辆法拉利，并加入了法拉利赛车俱乐部。正是在那里，费鲁乔遇到了恩佐·法拉利（Enzo Ferrari），他告诉恩佐一个可以改善汽车离合器的想法。这却惹恼了恩佐，他对费鲁乔说："你制造的是拖拉机，而我生产的是汽车。"

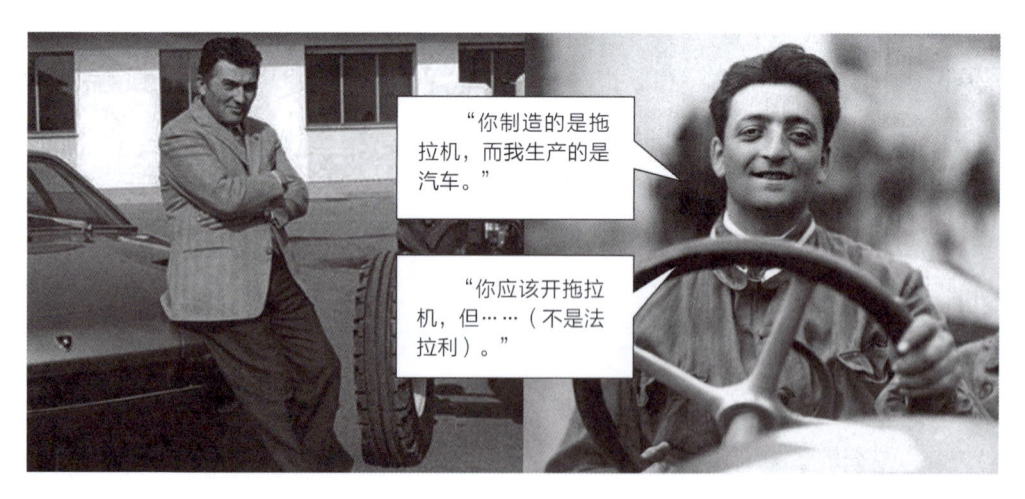

"你制造的是拖拉机，而我生产的是汽车。"

"你应该开拖拉机，但……（不是法拉利）。"

事实上，费鲁乔的姓是兰博基尼（Lamborghini）。这个故事给我们的启示是，那些成功的人或公司往往高估了自己对市场的了解和掌控。

—— 通常，那些被拒绝、被排斥、被轻视的想法，日后足以颠覆世界。

讽刺的是，行业龙头面临着更大的失败风险

恩佐·法拉利并不是第一个拒绝卓越创意的市场领导者。历史上还有很多这样的例子，他们看不到竞争对手创意的潜力。

忽视伟大创意的市场领导者包括：

- 英国拒绝了托马斯·爱迪生的灯泡，说它"不实用，不值得科学人士关注"。
- 西部联盟电报公司（Western Union）否定了亚历山大·格雷厄姆·贝尔（Alexander Graham Bell）发明的电话机，说他"白痴！没有人想使用这种不雅观和不实用的设备"。
- 《堪萨斯城市星报》（*Kanasas City Star*）解雇了沃尔特·迪斯尼（Walt Disney），说他"缺乏想象力，没有好创意"。
- 柯达公司（Kodak）在1975年发明了数字摄影，却没有适应市场，以破产告终。
- 惠普公司（HP）三次拒绝了史蒂夫·沃兹尼亚克（Steve Wozniak）的电脑创意。
- 雅达利公司（Atari）本来可以用50000美元拥有苹果公司33%的股份。
- EDS本可以收购微软（6000万美元）。
- Excite本可以买下谷歌（100万美元）。
- Myspace本可以拥有脸书（7500万美元）。
- 雅虎（Yahoo）本可以拥有脸书（10亿美元）。
- 大英百科（Britannica）本可以成为微软百科（Encarta），但其拒绝了比尔·盖茨。
- 微软百科全书（Encarta）本可以成为维基百科（Wikipedia）。
- 百视达（Blockbuster）有三次机会收购奈飞（Netflix）（5000万美元）。
- 如果你我把所有的钱都投入亚马逊，我们可以变得超级富有。

行业龙头往往会错失伟大的创意，因为他们高估了自己对市场的支配地位。

几乎所有半途而废的故事背后都有一个"聪明人"对新想法不屑一顾

我来描述一个标志性的创新者。这是一个猜公司的游戏。

这家公司：

- 发明了"有史以来最成功的一个产品"
- 发明了鼠标
- 发明了图形化的用户界面
- 发明了电子邮件的概念
- 发明了联网的计算机
- 奠定了互联网的基础

你猜是苹果？微软？或者你知道正确的答案是施乐（Xerox）公司？现在这只是一个猜谜游戏，但在1973年，施乐公司帕克研究实验室（Xerox Parc Research Lab）的研究人员推出了施乐·奥托（Xerox Altos），这个产品将要改变历史的进程。

"奥托"有一个鼠标、图形化的用户界面，能发电子邮件，并能随意复制、粘贴和打印文件。"奥托"可以提醒即将到来的约会，甚至还有图像处理功能，就像如今的GIF动画功能。施乐公司的这一机型领先时代至少10年。施乐公司建立了1000多个"奥托"工作基站，却从未出售，因为公司忙于为有利可图的复印机开拓市场。

—— 成功的公司往往难以看到不同寻常想法背后的潜力。

1979年，也就是"奥托"项目启动大约10年后，史蒂夫·乔布斯和比尔·盖茨参观了这台机器。包括拉里·特斯勒（Larry Tesler）在内的发明者非常高兴，他们对该项目很感兴趣。特斯勒说："在那次展示的过程中，史蒂夫非常兴奋。他在房间里走来走去，时不时看看屏幕。"乔布斯说："在等什么呢？你们坐在金矿上。为什么不做点什么呢？"

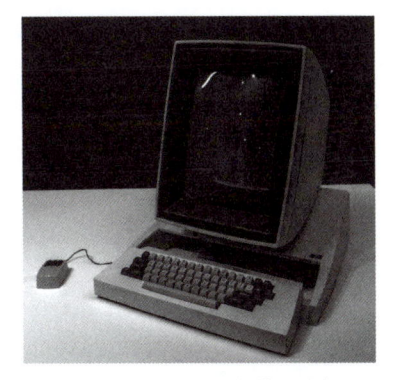

1973年的"奥托"

讽刺的是，特斯勒坦言，他们其实只向乔布斯展示了施乐公司成就的冰山一角。五年后，苹果和微软相继推出受"奥托"项目启发而生产的设备。

用史蒂夫·乔布斯的话来说，"在10分钟内，我就很明显地感觉到，未来所有的计算机都会这样工作。施乐公司只是复印机巨头，它不知道计算机能做什么，其实它本可以拥有今天的计算机帝国。"

> 行业的旁观者更容易看到创意的潜力。

新事物的潜力难以被看到

我的一个朋友，托德·亨利（Todd Henry），向我讲述过一个命运多舛的音乐家的故事。音乐家的名字叫詹姆斯（James），他很有天赋，但和其他数以百万计的音乐家一样怀才不遇，他们需要的是一个突破口。

有一天，詹姆斯得到了一个终生难遇的机会。世界上最成功的乐队之一听了他的歌曲之后，邀请他做开场表演。和乐队一起举办世界巡演，走遍27个城市，这是每一个音乐人的梦想。

他怀着激动而兴奋的心情第一次走进体育场，面对眼前的观众，他觉得自己成名在即。当他开始弹奏吉他，随着音乐摇摆，在他期待观众欢呼的时候，出乎意料的是——观众很沉默。他安慰自己不用担心，继续唱第二首歌，但台下仍然是一片寂静。在他演唱第三首歌时，观众席甚至传来嘘声。

对音乐人来说，这是一个可怕的亮相，但他告诉自己要坚持。然而在第二场音乐会上，观众从第一首歌就开始发出嘘声。到了第六场音乐会，他还没开始弹吉他就听到了嘘声。他向观众竖起中指，扔掉吉他，退出了巡演。

经历过这样的挫败，人很容易就会放弃，但他没有。这就是詹姆斯·马歇尔·亨德里克斯（James Marshall "Jimi" Hendrix）为门基乐队（The Monkees）开场的故事。亨德里克斯演奏的是前所未有的、创新的音乐，而门基乐队的歌迷还没有准备好接受它。

—— 即使是你未来最狂热的粉丝也需要时间来接受你新的做事方式。

大多数市值数十亿美元的初创企业都或多或少地被拒绝过

互联网的诞生可以追溯到1952年，但在将近40年的时间里，它并没有受到充分的关注。互联网的"重大突破"发生20世纪在70年代，当时电子邮件的概念被提出。直到80年代，电子邮件才汇聚了互联网的大部分流量。

正因如此，杰克·史密斯（Jack Smith）和沙比尔·巴蒂亚（Sabeer Bhatia）开始向投资者介绍 Hotmail 的概念。想象一下：世界上任何人都可以完全免费获得自己的电子邮件服务！这是一种相对简单的商业模式，但可以通过广告获得收入。

这似乎并不那么复杂，但投资者却不以为然。史密斯和巴蒂亚的想法被拒绝了上百次。最终，私募股权公司德丰杰（Draper Fisher Jurvetson）为他们开出了30万美元的支票。Hotmail推出一年半后，以4亿美元的价格卖给了微软，大赚了一笔。

其他曾拿不到资助的著名企业：

1. 谷歌
2. 苹果
3. 思科
4. 领英
5. 亚马逊
6. Salesforce
7. 爱彼迎

新事物的潜力——通常难以被看见。

拥抱可能性

工作坊问题

- 你会在何种程度上改变每周的习惯，以确保对颠覆性思维和不寻常的想法保持开放态度？
- 最近有哪些被提出的建议或被否定的想法？
- 如果你让 10 位与你行业无关的人参与进来，他们会提出什么建议？

策略

1. 假定自己是错误的
2. 乐于接受新的想法
3. 奖励和鼓励不同意见
4. 指定一个故意唱反调的人
5. 讨论研究同类替代品
6. 进行新形势下的案例分析
7. 拥抱多样性
8. 积极追踪潮流趋势
9. 研究其他市场
10. 逼迫自己在奇怪的想法中看到潜力
11. 了解那些错过关键机会的同类企业
12. 让局外人提出你可能忽略的想法
13. 聘用来自不同领域的领导者
14. 举办创意大赛
15. 邀请初级员工、客户和局外人参加工作坊

下一步做法

为了把握机会,必须付出努力。

我们经常错过本行业中的创意,因为:

1. 我们很忙。

2. 我们觉得一切尽在掌握中。

3. 我们拘泥于原有解决途径(此章中讨论的七个陷阱)。

4. 有太多东西需要考量。*

* 事实上,获得灵感有时会令人不知所措,无法集中精神,但这是必要的。必须花时间来寻找创意,筛选出最好的想法,并寻找机会:

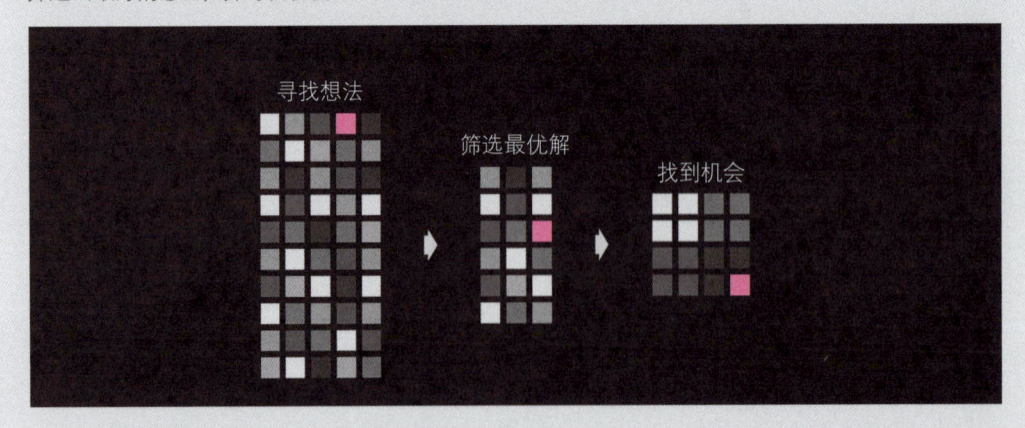

寻找想法 ▷ 筛选最优解 ▷ 找到机会

许多猎取机会的方法将在本书的姊妹篇中进行更详细的讨论。关键是,如果不想错过新创意,就主动去探索吧。

—— 留意与你的行业有关的创新,
并花时间思考有哪些变化。

如何寻求更多灵感?

如果想更深入地了解趋势或寻找机会,欢迎加入全球最大的创意收集平台"趋势猎人",和数百万人一起免费获得灵感。

当创建"趋势猎人"时,我实际上是在尝试能够实现自动地收集来自世界各地的观点,希望可以搜寻不同的想法并形成自己的观点。如今,它能够提供丰富的资源,使得跟踪消费市场趋势变得更简单。

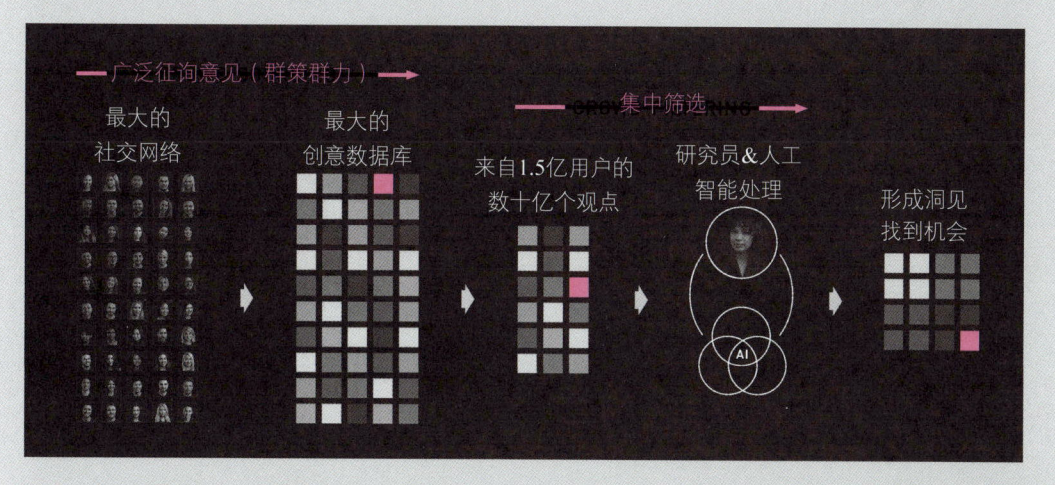

"趋势猎人"鼓励全球每个人贡献想法,目前,已有超过20万人注册。通过发布最棒的创意,并利用网站的1.5亿受众筛选出最受欢迎的创意。迄今为止,我们已经分析了数十亿个实际案例。最后,我们结合了研究员的意见和人工智能筛选出核心模式。

下一步当然就要靠个人了。找到对你有意义的趋势和见解,并将它们转化为行动!

免费追踪你想了解的主题 ——
定制化的操作界面,请登录TrendHunter网站。

路径依赖的七大陷阱

1. 微妙的机会
2. 思维的捷径
3. 无为的安逸
4. 短视的选择
5. 成功的困境
6. 线性思维
7. 不适 VS 突破

思维的捷径

通过创建捷径，大脑处理信息的速度和效率得以提升。这些捷径使人们能够快速应对熟悉的情况，但是，也会因此跳过或错过机会。而且，当对如何完成某件事驾轻就熟后，人们往往会抗拒改变，尤其是对擅长的事情。

可悲的是，我们学会了如何限制自己的创造力

这是我侄女，爱丽（Alee）。你会在接下来的故事中发现她拥有非同寻常的创造力。爱丽身上最显著的特点是她非常喜欢恐龙。

我想知道她到底有多爱恐龙，所以我提出给她买一个全新的公主娃娃来换她的恐龙。她很快对我说："霸王龙会把公主当作早餐吃掉！" 我听完非常震惊，但觉得有可能是真的。

知道了这些后，让我来告诉你，对爱丽来说，最糟糕的一天是怎样的。有一天，她正在看一部关于恐龙的纪录片，突然哭了起来。

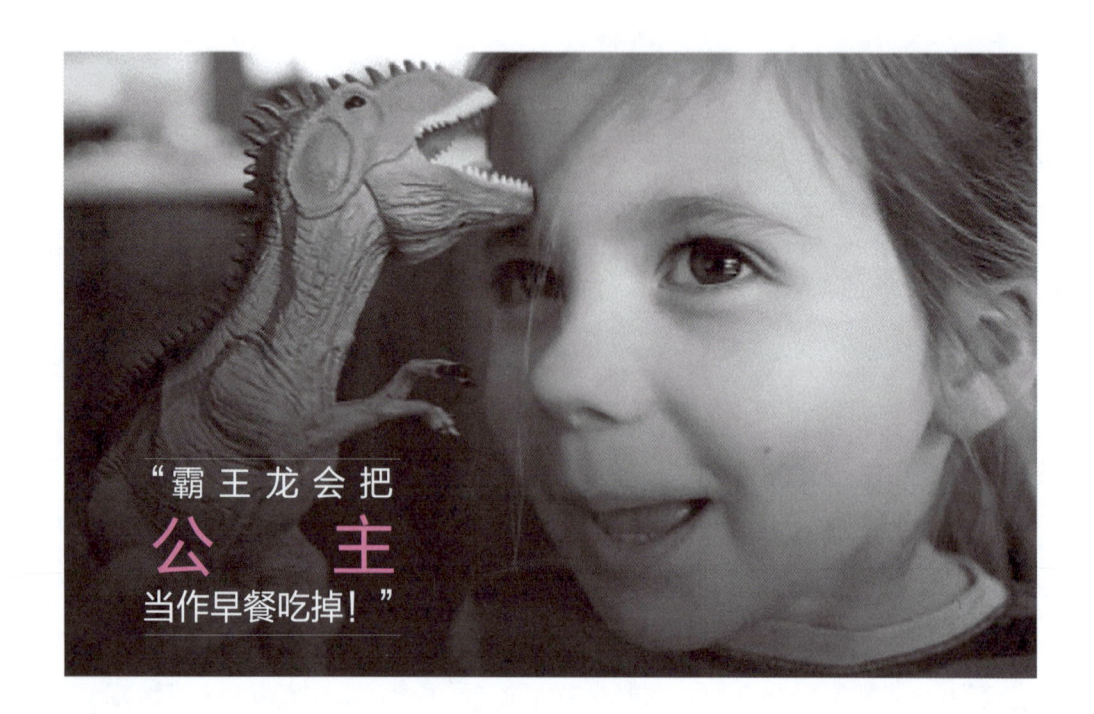

"霸王龙会把
公 主
当作早餐吃掉！"

一开始我并不知道她哭泣的原因，直到最后，她解释了为什么这么伤心。她说，她很伤心，"是因为已经没有恐龙了"。我觉得她的意思是恐龙的灭绝令人悲伤，但她继续解释说，她沮丧的原因是"生物考古学家已经找到了恐龙的骸骨"。真是让人心碎！

值得思考的是，成人倾向于解释恐龙并不存在。然而，当告诉小女孩恐龙不存在的时候，你实际上是在限制她的想象力。

随着年龄的增长，并踏入社会，我们经常会经历想象力受到限制的情景。当踏入工作领域时，人人都得学习规则、政策、程序、结构、服从、过往投资经验和品牌标准。

我们仍然希望自己拥有创造力，并希望他人把自己当作一个富有创造力的人，但我们也会为个人生活、伴侣、孩子、项目、会议和无数个最后期限而忙碌。在还没有深入研究思维的捷径之前，这些现实的生活已开始降低我们为创意努力的意愿。

当终于有了出色的新想法时，如果把它提出来，在很多情况下我们会遭到质疑。我最喜欢的客户之一、环球影城的首席战略官比尔·海登（Bill Hayden）向"未来节日"创新大会上的听众解释了这种困境，他说："会议室里有很多人，他们的职业追求纯粹就是质疑他人的想法，并指出哪里错了。"

生活中，这些现实在慢慢消解我们的创造性思维能力。

—— 我们的创造力受到教育和生活中我们所做的所有事情的限制。

对快速与高效的追求造成了盲点

大脑通过创造思维的捷径来确保我们成为高效、思维敏捷的人。捷径有很多好处，但也会对创新和变革产生影响。要想了解产生影响的方式，需要了解大脑的一个组织：髓鞘。

当塞雷娜·威廉姆斯（Serena Willliams）第一次拿起球拍、奥普拉（Oprah）第一次拿起麦克风、J.K.罗琳（J. K. Rowling）第一次拿起笔的时候，她们必然经历笨拙和茫然，远远不像现在功成名就后的得心应手。同样，当第一次尝试新事物时，每个细节或过程都需要付出很多努力。比如开车，必须考虑有没有压线、什么时候加速和看哪里。当你成为老司机的时候，开车已经变得游刃有余。

当你第一次做某件事时，大脑需要弄清楚要做什么。因此大脑会沿着一条新的神经通路发出指令。一旦开始反复练习某件事情，大脑就会选择通过髓鞘这条"近路"来使它变得更容易。髓鞘是一种白色的脂肪组织，引导脑中的突触，使行为变得更好、更快。当掌握一项技能时，大脑开始建立大量的髓鞘。事实上，大脑的40%是由髓鞘组织构成的。任何人为掌握某项技能付出10000小时后（达到熟练程度大约所需的时间），该技能通过髓鞘组织可以使效率提升100倍。但问题是，当拥有了熟悉的通路，人们往往每次就会以同样的方式做事。

—— 反复做某件事会让大脑产生髓鞘，让人变得更聪明、更高效，同时也变得更保守、更固执，不屑于尝试新事物、新方法。

当练习新技能时，大脑开始产生髓鞘

思考解决方案
意味着新的神经通路/行为倾向

没有髓鞘时

有髓鞘时
效率提高100倍以上

但问题是
这就是你做事的方式了

派对新游戏：大脑中的捷径如何影响行为

阅读本书不会让读者做大量的任务，但在继续阅读前请花点时间尝试一下这两项任务。就我个人而言，我属于那种对书中的小任务不屑一顾的读者，但我保证，如果你试着做做这一页中的任务，你会更喜欢这一章节（并学会一个新的聚会小把戏）。

任务1.

首先，双手抱臂，要快速！

很好，大家都做到了！非常简单。

任务 2.

现在，放下双臂然后再次抱臂，要快，但是把左右手臂的位置互换。

任务 1 很简单，因为它是习惯性的；但是交换手臂位置后会感觉很别扭，因为我们形成了习惯——这就是髓鞘在起作用。你已经双手抱臂数千次，并且髓鞘已经在你的运动神经通路中建立起来，使这种行为毫不费力地发生。但是，当稍微改变位置时，你就必须思考一下自己该怎么做。

那么想象一下，如果任务变得复杂，会发生什么？

任务3.

可以用一个回形针做什么？

希望读者可以认真完成这项任务。合上本书，想想可以用回形针做的所有事情。当然，可以用回形针夹纸张，但需要你快速列出其他用途……

在完成任务 3 之前不要翻页。

快速验证
双手抱臂
换一个位置

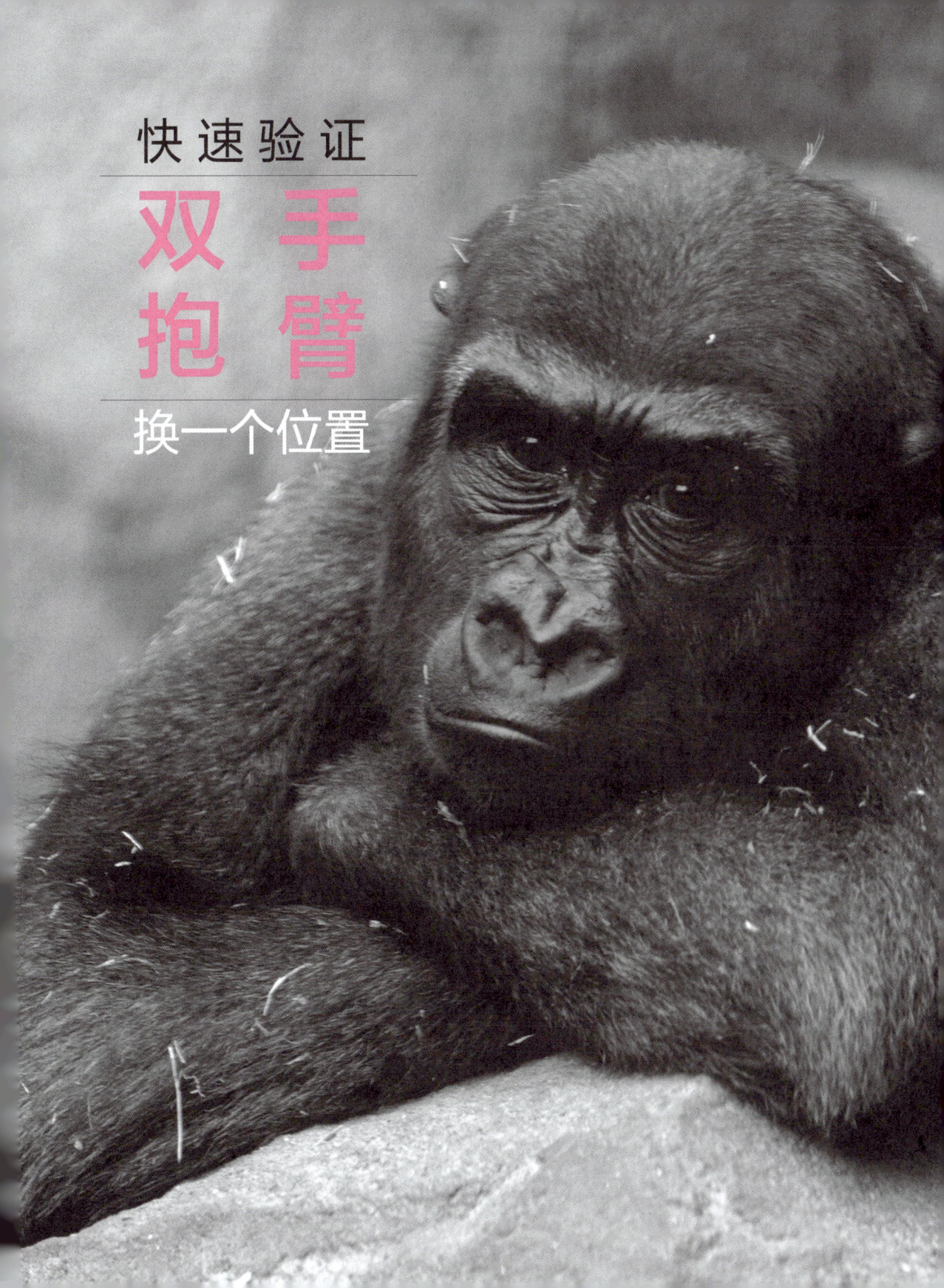

回形针有多少种用途？

闭上眼睛想一想、试一试，或者让你的好友们做这项任务，你们可能会想出10~15个具体的用途。

这项任务有两个有趣的结果：

1. 大多数幼儿园的孩子实际上可以想出200个用途或更多。
2. 我通常可以猜到成年人会有哪些想法。

这项任务的结果之所以可以预测，是因为大脑（和髓鞘）将思维缩小到我们以前做过或决定过的事情的范围内。髓鞘在要求速度的情况下表现得非常出色，但如果事关创新和变革，它就是一个可怕的陷阱。这还只是关于回形针，但不难想象，这一盲点会如何影响我们更复杂的决策。

↻ 我猜你会说的一些答案

1. 开锁
2. 唤醒平板
3. 重启设备
4. 挖耳
5. 手镯
6. 链条
7. 耳环
8. 水烟筒
9. 圣诞装饰物
10. 剔牙
11. 钱夹
12. 鼻带水
13. 开瓶/撬耳？
14. 固旋光物
15. 婴儿创性

如果认真地做这项任务，你可能会被结果惊讶到。如果不屑一做想要跳过，请让你的同事或朋友试一试，你会发现结果是一致的。

这项任务所指出的困境是，随着时间的推移，我们可以说变得越来越聪明，但失去了95%的原生创造力。

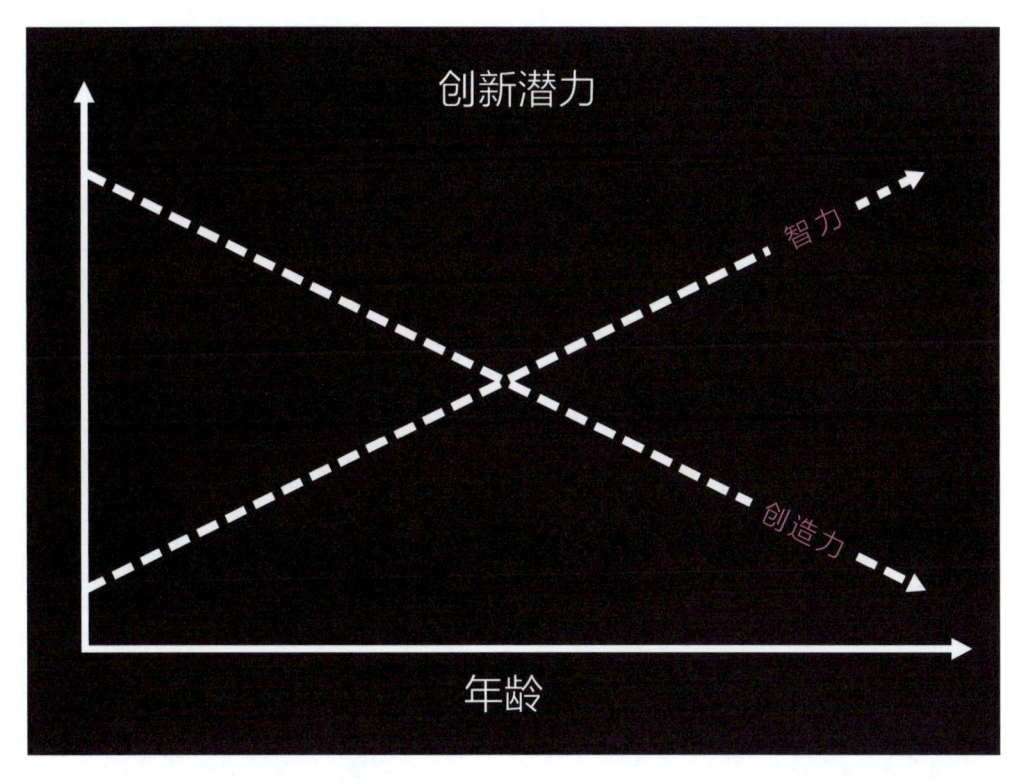

这种创造力的缺失与髓鞘和大脑想建立捷径的欲望有关。被称为替代用途测试（J.P. Guilford）的回形针实验可以追溯到 1967 年，也可以用其他物品来重复这个实验。髓鞘使人们的行动更迅速，但它也创造了"车辙"——也就是一条习惯路径——使人们在过去的决定中循环重复。

这项任务的重要启示并不是说我们的想法比孩子少，而是通过重复以前看到和做过的事情会限制我们的思维。

创意触手可及

这个活动的意义是，了解人们往往有比意识到的更多了不起的创意，但为了获得这些创意，需要以不同的方式做事，还需要认识到自己的盲点，并通过做某些特定的活动从大脑中获得绝妙的创意，否则大脑会限制思维，从而成功地错失创意。

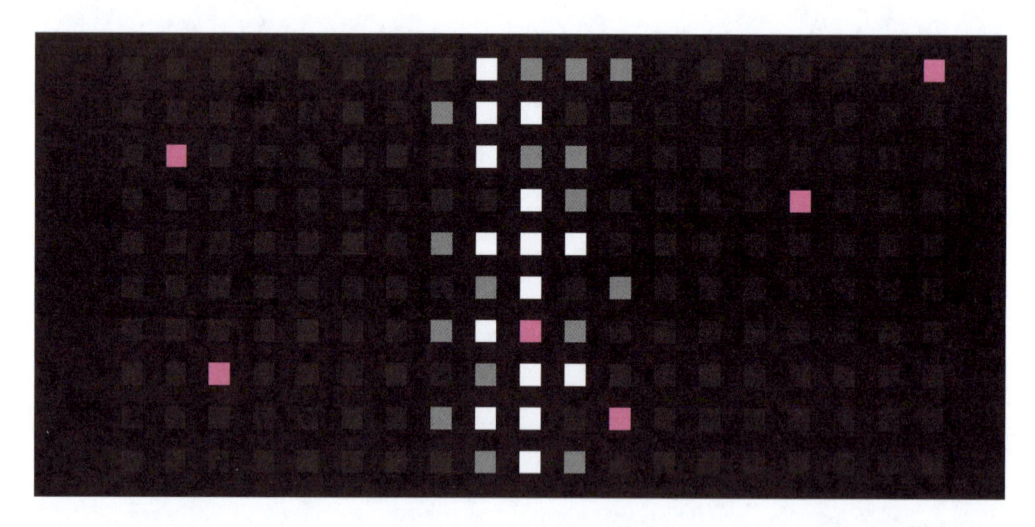

为了获得非凡创意，人们需要从多个角度看问题，这一点可以通过参加工作坊实现。在工作坊中，人们可以：

- 和持不同观点的人交流；
- 模拟其他公司如何处理同一个问题；
- 迫使自己用不同的方式解决某个已知的问题。

—— 工作坊的好处——打破常规，
　　　　　让创意的诞生成为可能。 ——

然而，更激动人心的好处是，人们也在训练大脑建立新的髓鞘，从而能够从不同的角度来看待问题。

创造力练习活动让人更聪明、更高效、更善于创新和变革。

这种扩展性思维是我在为谷歌和可口可乐等高绩效团队举办工作坊时，被要求帮助他们培养的。这些团队里不乏聪明人，他们对各种各样的解决方案都进行过详尽的思考，但总有不断更新的东西、被忽视的方面，或者需要适应不断发展的技术或文化转变的想法。

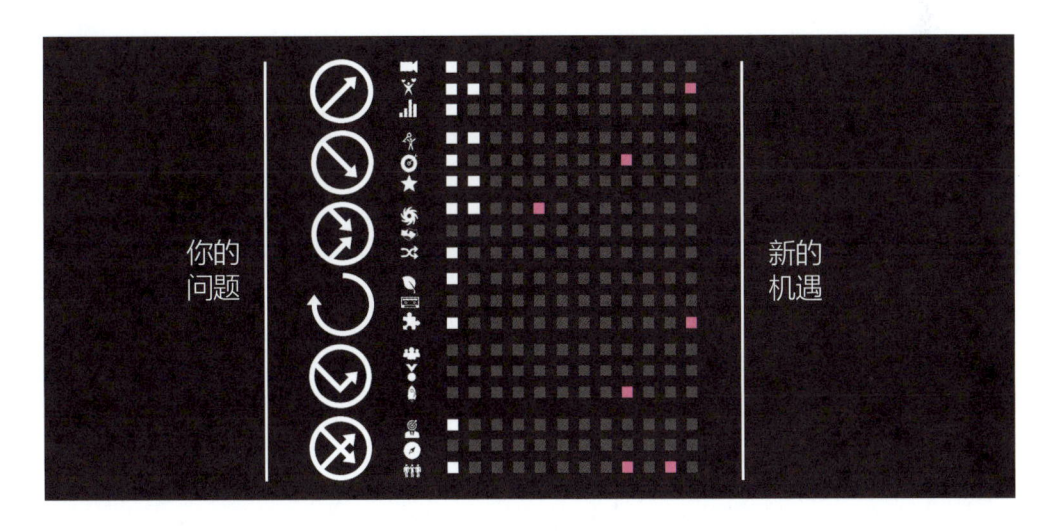

当从不同的角度看待问题时，便更有可能激发隐藏的潜力。同时，新的髓鞘会建立，使大脑更擅长解决创造性问题。接下来的几页介绍了一些工作坊的案例。建议读者也多做些类似的练习活动。

如果想充分激发潜力，就需要练习创造性思维 —— 并通过参加工作坊在脑中建立新的髓鞘。

有效的工作坊能带来创意，同时训练大脑，使其更有创造力。

作为一个举办过上千场工作坊的人，我主要开展了以下类型的工作坊。

"趋势猎人"工作坊类型：

1. **快速开发新品**——如果让你快速开发一个新产品或新服务，你会怎样做？（本书的第二部分讲述如何做到这一点。）

2. **模拟训练**——想象市场上出现了颠覆性技术或新机会，你会如何应对？

3. **反乌托邦 VS. 乌托邦**——想象一下，如果公司五年后没落了，或者越做越好，有了更大的名气。哪些因素可能导致上述情况？

4. **白手起家**——如果你白手起家创业，会比之前有什么不同？思考每个细节和可能性。

5. **模式工作坊**——运用"趋势猎人"提供的六种机会识别模式，从不同角度看待世界。你能否发现新机会？

6. **案例研究**——观察其他市场，可以将哪些好的想法运用到自己的行业中？

7. **重新连接**——如果观察了所在行业的所有可能发展趋势，试着重新连接不同的节点，你能否看到更多的机会？

8. **分析相似行业**——挑选五个不相关但相似的行业。你能从其新战略和创新中学到什么？

9. **设计未来**——如果把团队分成多个小组，每个小组能想到的可能引领未来的关键因素是什么？

10. **和局外人一起头脑风暴**——如果你和你的团队与10个开明的成功人士一起举行头脑风暴会发生什么？

11. **编程马拉松**——如果在特定的时间内（如 6 小时、24 小时或 5 天）给团队无限自由，会发生什么？

12. **探索趋势**——你可以从所在地或参访过的城市中最有创意的初创企业学到什么？

13. **颠覆者**——如果要颠覆其他行业，如饮料、零售或电子商务，你会怎么做？

14. **被颠覆**——竞争对手会如何颠覆你的公司？深入探讨一下这个问题。

优步，或者是亚马逊、谷歌、脸书、巴塔哥尼亚（Patagonia）会如何进入你所在的赛道或市场？工作坊上，我通常让 CEO 和他们的领导团队研究某些不相关的公司会如何进入他们的市场。例如，如果你得知"谷歌人工智能"（Google AI）已拨款 10 亿美元来抢占你的行业市场，你认为他们可能采取什么战略？

了解其他公司可能会如何看待你的业务。这类讨论会帮助你看到机会，也会帮助你了解自己的优势和劣势所在。

	价值主张	颠覆性特征	主要产品/服务
谷歌	人工智能 > 速度、洞察力		
优步	便捷		
亚马逊	高度定制化和精益化		
巴塔哥尼亚（户外品牌）	绿色环保		

工作坊在增强团队能力的同时也解决问题

像许多公司一样，我们"趋势猎人"团队每月都有"快乐日"，这一天我们轮流举办城市探索活动或团队工作坊。工作坊总是更令人兴奋、更有吸引力，而且成本更低。我们在快乐中完成了工作。

这样做的好处和目标主要有：

1. 团队凝聚力——让不同部门的人联系在一起。

2. 快乐日——通过一些更具包容性的活动（如喝一两杯啤酒）来取代尴尬的团建。

3. 培训——团队学习更多的商业知识，以及如何开展工作坊。

4. 解决商业问题——要达到这个目标可能需要付出更多的代价，但我有意把它放在最后提醒自己，其他好处已经足够了。

这是我们最近为一个规模达70人的团队举办的工作坊案例。我们的客户总监吉吉·哈蒂德（Gil Haddi）向我提出了一个想法。她想在我们的"未来节日"创新大会上设立一个"推荐计划"（口碑营销的一种模式），她有相应的研究成果、实施细节和建议。我们本可以立刻执行这一方案。但是，作为一个包容的问题，不同的想法可能会带来更好的解决方案。因此，我和团队约在星期五的下午2点，就此提议开展了如下工作坊活动：

步骤1——激发灵感、了解背景、聚焦（30分钟）。为即将解决的问题做准备，也就是探索不同类型的"推荐计划"。每个团队都把不同的想法记下来，以激发灵感。

步骤2——6~8人分为一组（15分钟）。把不同级别和部门的人员组合在一起。这一安排加强了团队建设，使思维多样化，也能调动成员的积极性（尤其是和企业领导者在一起时）。

步骤3——三次聚焦的头脑风暴（60分钟）。要聚焦讨论的问题，以确保得到切实有用的想法。建议使用以下表格模板提炼出尽可能多的想法，也可以更改某些规则以保持创造性。

	规则	快速简单的创意	复杂的创意	梦想清单
大会举办前的推荐计划 20分钟	仅列出提要（简短）			
大会进行中的推荐计划 20分钟	依次循环交流（每人依次说出想法，循环进行）			
产品推荐 20分钟	"不讨论"的头脑风暴			

步骤4——安静思考前十个被推荐的创意（10分钟）。每个人都安静地思考，以防陷入群体思维，并确保内向和外向的人都能多样化思考。每个人通过电子邮件发送他们最喜欢的三个创意，从而形成一个长长的清单。

步骤5——确定最佳创意并展示（30分钟准备，30分钟展示）。不管是哪个行业中的哪个小组，这个环节一般都是一天中的亮点。每个人都喜欢看到创意变成现实。

成果：在此案例中，有几个创意比我们最初想象的要好得多。例如，"趋势猎人"最近宣布，我们将资助种植200万棵树。有个团队建议我们将这些树以人的名字命名——例如，"如果你带一个朋友参加'未来节日'创新大会，我们会种一棵以你的名字命名的树"。这个简单但有趣的想法非常符合我们不以金钱为导向的行动标准。

如果你不能定期和团队举办工作坊，——就是在浪费他们的才华。

尽管存在各种陷阱，但人人都可以更有创造力

当看到下一页列表上呈现的人在各个年龄段所能达到的能力巅峰时，我立即"嫉妒"起我六岁的侄女了。显然，她在创造性想象力方面比我强多了，这可是我最看重的能力。这个列表唯一让我感到开心的是：我可以跑得更快、力气更大、基础数学更强。随着年龄的增长，人们确实在很多方面失去了创造力，尽管更胜任那些对创新力或创造力要求不高的职位。

然而，随着时间的流逝，人们也更善于理解不同的观点、预测变化、考虑多种可能的结果、承认不确定性，并寻求妥协。

释放新技能潜力的关键是要承认成人的思维方式越来越受限。因此，需要内化髓鞘（和其他捷径）在大脑中的工作方式。正是这些捷径造成了神经系统的盲点，这也意味着人们会不由自主地忽略其思维方面的缺点和不足。

—— 大脑随着人年龄的增长而不断变化，也带来新的机会和新的挑战，了解大脑如何进化有助于我们成为更好的创造者。

这些能力达到巅峰时的年龄：

5岁——创造性想象力

7岁——学习一种语言

18岁——大脑的处理能力

22岁——记忆名字

25岁——举重

28岁——马拉松长跑

40岁——诺贝尔奖级别的研究发现

50岁——算术和基础数学

51岁——情感理解

60+岁——理解不同的观点

60+岁——预测变化

60+岁——考虑多种可能的后果

60+岁——承认不确定性

60+岁——寻求妥协

71岁——词汇量

来源：《商业内幕》（*Business Insider*）

训练大脑
增强创造力

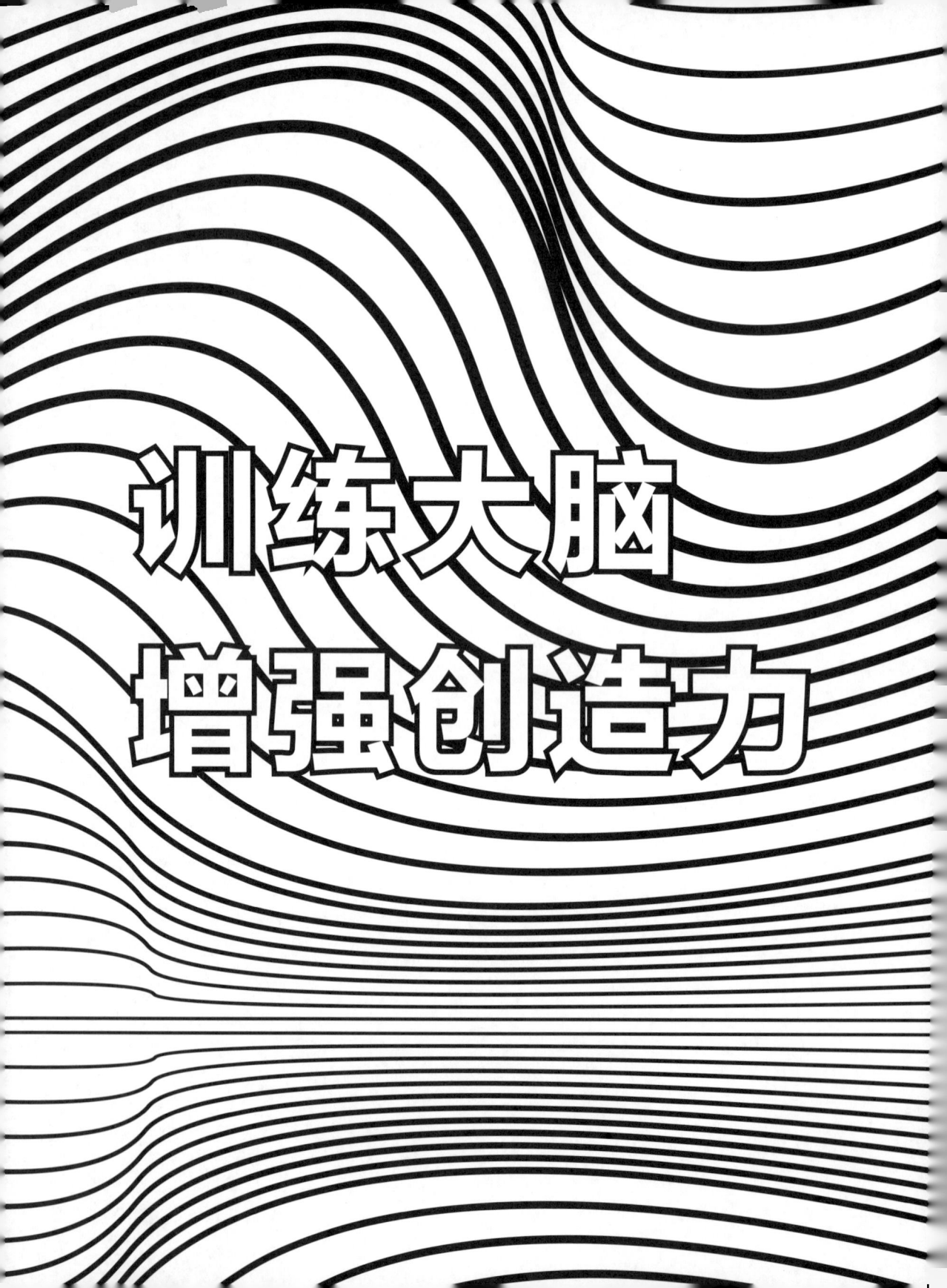

工作坊问题

- 如果机会识别能力可以通过训练而提高,你愿意进行哪些练习?
- 如果每月要举办一次轮换主题的工作坊,接下来四个月的主题是什么?(反观上文可获得更多关于工作坊的想法!)
- 团队的创造力有得到释放、促进与利用吗?有哪些方法或活动有助于团队创新?

策略

1. 鼓励游戏
2. 不要关注答案(而要提出问题)
3. 打破规则
4. 构建多样化的团队
5. 增强团队凝聚力
6. 主动征求意见
7. 为创新性的爱好投资
8. 追踪其他市场发展趋势
9. 和团队共同举办工作坊
10. 每周举办"蓝天会议"
11. 举办主题创意日
12. 参观创新型企业
13. 参加跨行业会议
14. 养成"没有坏点子"的思维方式

_____

_____

_____

_____

路径依赖的七大陷阱

1. 微妙的机会
2. 思维的捷径
3. 无为的安逸
4. 短视的选择
5. 成功的困境
6. 线性思维
7. 不适 VS 突破

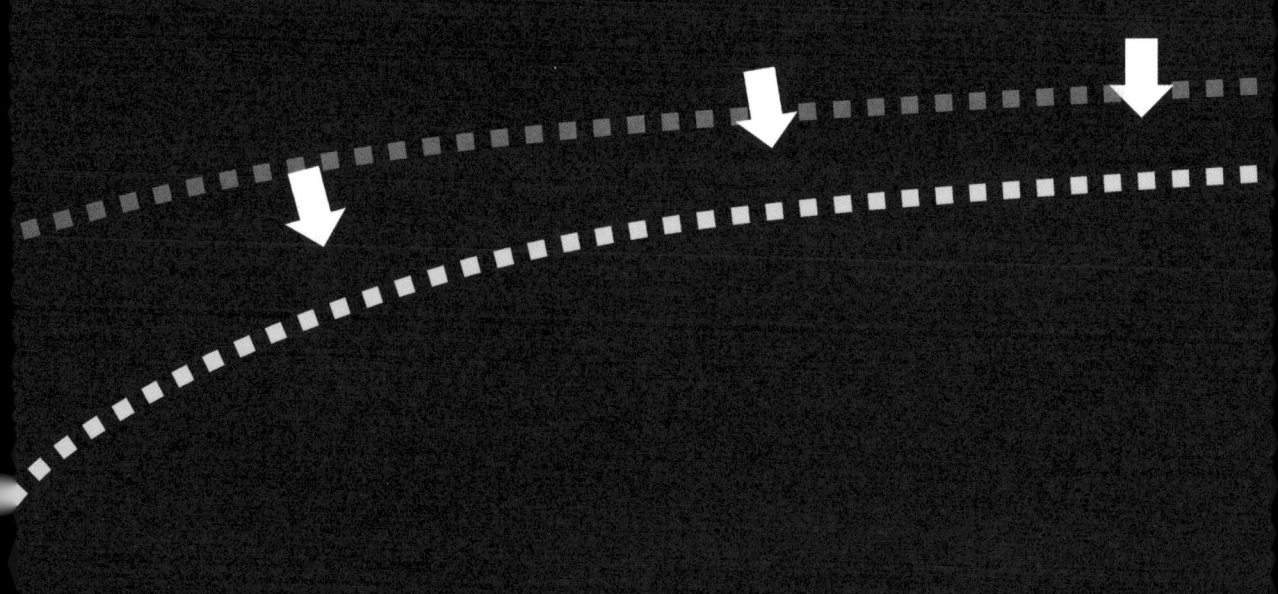

无为的安逸

聪明人往往不会刻意抵制变革或演变,但一件又一件不得不完成的事让人们深陷其中,以至于对那些观点不同的、不属于工作范围之内的或者不是最关心的想法,变得不再积极。造成人们缺乏紧迫感的原因有很多,妥善应对这些因素有助于激发创造未来所需的行动力。

人们对变革都有某种程度的抗拒……

你会打字吗？当然，而且像99.9%的打字员一样，你习惯使用传统的QWERTY键盘。QWERTY键盘是为第一批打字机开发的，这种排列设计能够确保按键不会互相干扰。

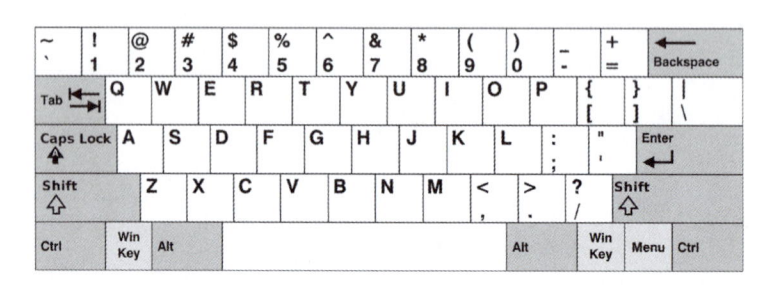

但是，现如今，你可以打开手机设置，切换到Dvorak键盘。这种按键的布局方式完全不同于传统键盘，但它符合现代打字规律。你需要花六个月的时间来适应它，但六个月后你会因为犯错频率降低，打字速度将提高30%。

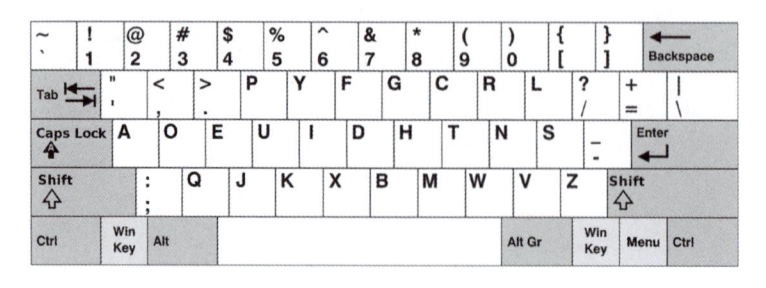

如果是你，你会更换键盘吗？为什么不呢？我为你提供了一个机会，可以让你在处理日常事务时提高效率。难道你不愿意改变吗？

—— 越是忙碌，就越容易囿于当下路径，忽视其他，并错过机会。

……而且，很多因素助长了人们对变革的抵触情绪

我们都倾向于保持现状，这并不是什么秘密，例如，希望维持家庭生活、政局和职业的稳定。稳定不是敌人，相反，它有利于生活。但当需要创新和变革时，情况就复杂了。下面是采纳不同方法时可能面临的问题：

没有足够的时间
+ 简单化倾向
+ 从众心理
+ 害怕失败
+ 结构僵化
+ 只希望优化
+ 生活忙碌
+ 精神焦虑
+ 限制因素
+ 集体思维
+ 超出工作范围
+ 问题与我无关
+ 责任分散

───────────────

= 抗拒改变

仅仅阅读这份清单就令人感到无奈、疲倦，因此，在实际工作中，要说克服这些障碍是一项难以逾越的任务，一点也不奇怪。

首先，审视生活中那些抑制行动的因素

一个人如果不能改变对变革与生俱来的抗拒心理，也肯定不会想要彻底颠覆生活中的一切。但是，若想要改变现状，就需要在一定程度上从内心转变某些习惯和结构性因素对决策产生的影响。

通过研究这些因素产生的影响，可以了解自身需要做出哪些改变，如增加灵活性或协调性。

以"忙碌"为例。你是否意识到，每当回复一封简单的电子邮件或清理收件箱时，就会得到一点多巴胺的刺激？正因为如此，人们从回复30封看似无关痛痒的电子邮件中得到的分心的快乐，要比花时间进行深度思考获得的快乐更多。你会因此规律性地花时间处理囤积的电子邮件以获得短暂的快乐吗？

看看那些让你分心的事务，有多少影响了你的深度思考能力？假如根据这个清单发散思考，就可能找到解放时间的新方法。以下解决方案可供参考：

- 周一上午不开会
- 20分钟的会议上限
- "蓝天"创新会议
- 头脑风暴，白手起家开启创业

——如果想要减少变革的阻力
　需要清除阻碍深入思考的障碍。

抑制行动的因素

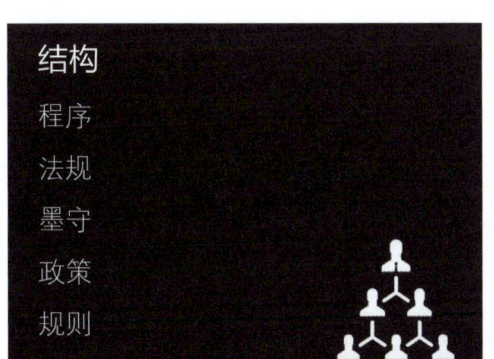

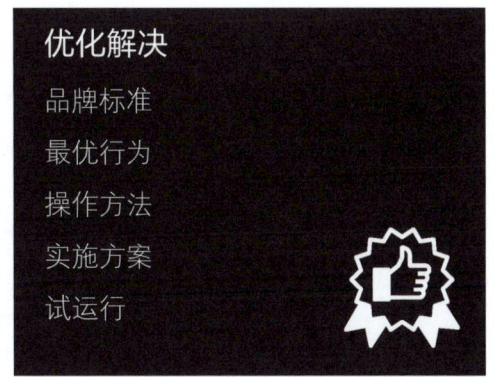

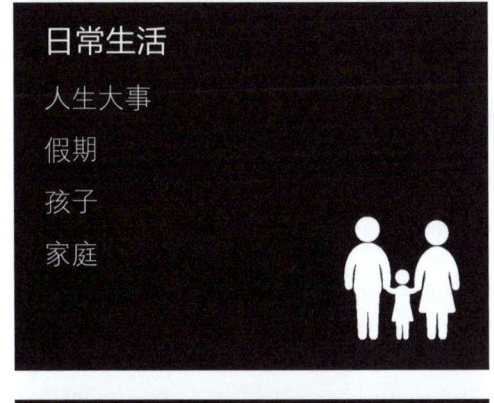

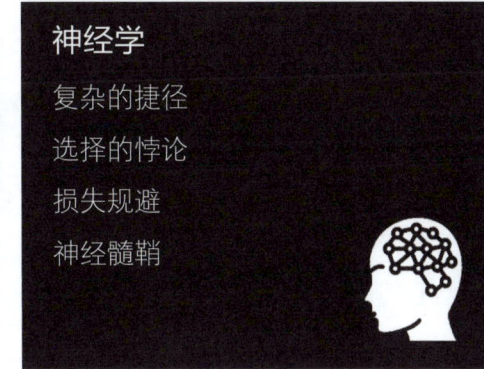

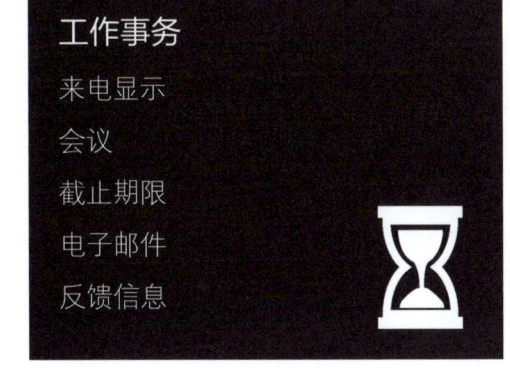

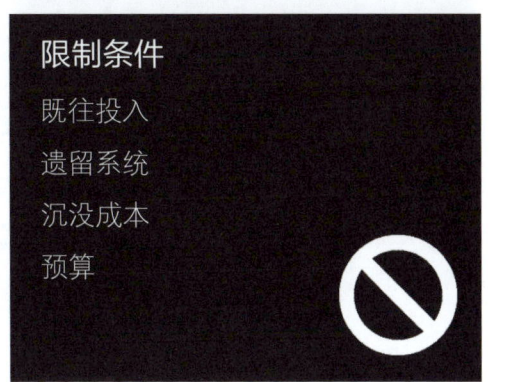

结构	优化解决
程序	品牌标准
法规	最优行为
墨守	操作方法
政策	实施方案
规则	试运行

日常生活	神经学
人生大事	复杂的捷径
假期	选择的悖论
孩子	损失规避
家庭	神经髓鞘

工作事务	限制条件
来电显示	既往投入
会议	遗留系统
截止期限	沉没成本
电子邮件	预算
反馈信息	

激励行动，必须制造紧迫感

喜欢颠覆性创新吗？人们似乎很喜欢这个词，在各种场合都可以听到有人正兴奋地谈论颠覆性创新。不过现实中这个词并不总是那么美好：劳动者失业、心爱的品牌走向衰败……我们正在创造一个充满不确定性的世界。

问题是，因为缺少紧迫感，多数公司破产前并未意识到这种不确定性。未来5~10年内，目前《财富》500强企业中的40%将近乎消失。本应具备的紧迫感，很多人并没有。根据我的个人经验，人们可以根据他们对业绩的自我评估来预测哪些公司最有可能破产。

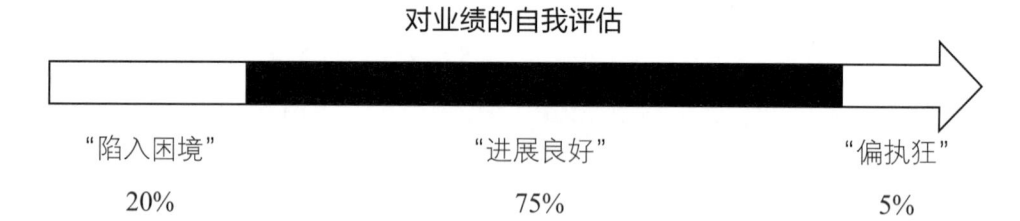

对业绩的自我评估

"陷入困境"　　　　　　"进展良好"　　　　　　"偏执狂"
20%　　　　　　　　　75%　　　　　　　　　5%

在出版了关于混乱的书之后，我的客户中大约有20%的人属于"陷入困境"的这一类——他们对接下来的一年感到恐慌。实际上，这种恐慌有助于他们增强凝聚力和动力。他们往往带着紧迫感经营公司，也更能接受变革和不确定性。因为不想被颠覆，这些公司对新想法最为包容，相对而言，主动变革损失更小。

例如，在之前的工作中，面临经济萎缩和萧条，我为"第一资本"创造了价值10亿美元的投资组合。我的既定目标是仅以缩减20%的高端业务为代价度过危机。将此作为奋斗目标，一旦成功，就意味着可以在年底告诉女朋友："亲爱的，我只把业务缩减了20%就解决了问题。我就是这么厉害！"但实际上，我们比你想象的更加努力，我们提前行动，推出新产品，使每月的预订量增加了3倍。这一切都是因为紧迫感而发生的。

再举另一个例子，十年前，达美乐比萨（Domino's Pizza）正处于困难期，股

价暴跌近85%，跌至3美元。尽管形势严峻，却给了团队进行试验和冒险的自由。2012年开始合作后，我们意识到对方强烈的变革意愿。于是，2015年，达美乐推出了新的订购系统，即通过简单发一个比萨饼的表情符号来订购比萨。此外，他们还推出了应用程序，里面没有任何选项或者定制化内容。消费者只需打开，无须任何操作，一个比萨就会出现在面前。2019年，公司的股价已经高达299美元，上涨了近百倍，成为美国增长最快的股票之一。

变革之所以奏效，是因为人们感到自己迫切地需要采取行动。否则，假设你在一家运转良好的比萨公司工作，你若提出"我认为人们可以只用符号点餐"，同事们的哄堂大笑可能让你在尴尬中逃离会议室。

与此相对的是，有一小部分极具颠覆性的公司，它们对自身的表现以及竞争对手的担心达到了堪称"偏执狂"的程度。这些公司包括一些行业巨头，如谷歌、沃尔玛、环球和美国宇航局。它们无比畏惧大厦倾覆，为了支持创新，它们有持续的工作坊、创新计划和文化驱动力。它们包容失败，并且探讨一切颠覆公司的潜在可能性。它们永远怀揣着紧迫感。

不幸的是，数量庞大的中间群体，即那些认为自己"进展良好"的公司其实是最糟糕的一类，因为这通常意味着自满以及变革来临时的"眼盲"。据数据显示，对于75%的公司来说，所谓"进展良好"实则是幻觉。因为几乎一半的品牌将在未来十年内破产。

对于个人来说，结论同样有效。如果当下运气不好，并且迫切需要新思路，那么事实上你正处于一个极好的位置，因为多数伟大的创意都源于类似的紧迫感。如果缺乏紧迫感，可能在某个看不见的角落，机会正擦肩而过。

如果想改变现状，请点燃紧迫感和目的性，
从"困境"到行动。

你可以转"危机"应对为积极行动

十年前,我接到一个名为托尼·亨特(Tony Hunter)的陌生人的电话,作为《芝加哥论坛报》(Chicago Tribune)的出版人,托尼是一位富有激情和魅力的领导者。他表示非常喜欢我的第一本书《利用混沌》,并将此书送给了公司的经理们,另外,他还选取了书中的部分内容制成海报张贴在办公室的墙上。听到这里,我对这位粉丝充满了好奇,所以兴高采烈地飞往芝加哥,路上不停想象着这位粉丝究竟是何方神圣。

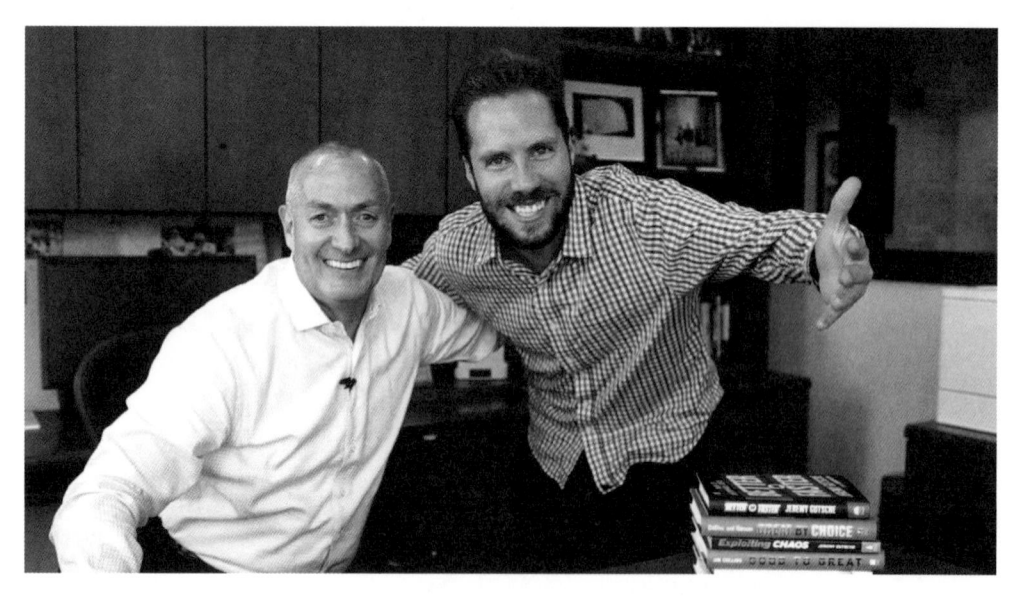

之前,我认为《芝加哥论坛报》只是另一个别无二致的报纸媒体,但在见到托尼之后,我真正了解了在这样一个知名机构工作是怎样的体验。他在论坛报大厦(The Tribune Tower)门口迎接我,并带我参观了它大教堂般的入口,那里装裱着记者和作家的名言。显然,对托尼来说,《芝加哥论坛报》的意义远非一份谋生工具。

但问题是,托尼的生活即将发生翻天覆地的变化。

在15年的职业生涯中，托尼在人生舞台上取得了光彩炫目的成就，其强劲的发展模式也有迹可循。所以我们很难想象他的世界竟也会被颠覆。事实上，市场发生了变化，博客在崛起后开始与传统报纸相抗衡。以我为例，我的员工虽然只有七个人，但"趋势猎人"的页面浏览量却比《芝加哥论坛报》多得多。因此，托尼与我有很多话要谈。

几年后，令人惊讶的事情发生了。在公司经营困难时期，托尼接到了他梦寐以求的电话：他被电话那边邀请担任首席执行官。但条件是，他需要向银行申请《芝加哥论坛报》破产，解雇他的朋友，激励留下的人，缩减报纸规模，并且还要卖出更多广告。

这就像给你一个"泰坦尼克号"船长的角色，你有权操控这艘心爱的船驶向冰山。假如接受这一设定，你将亲手毁掉你心爱的公司，毁掉你的人际关系网，并且基本上宣告"职业自杀"。如果要这么做，你必须注销你的领英账号，删除所有信息资料，告诉人们你在社交媒体上彻底消失了。

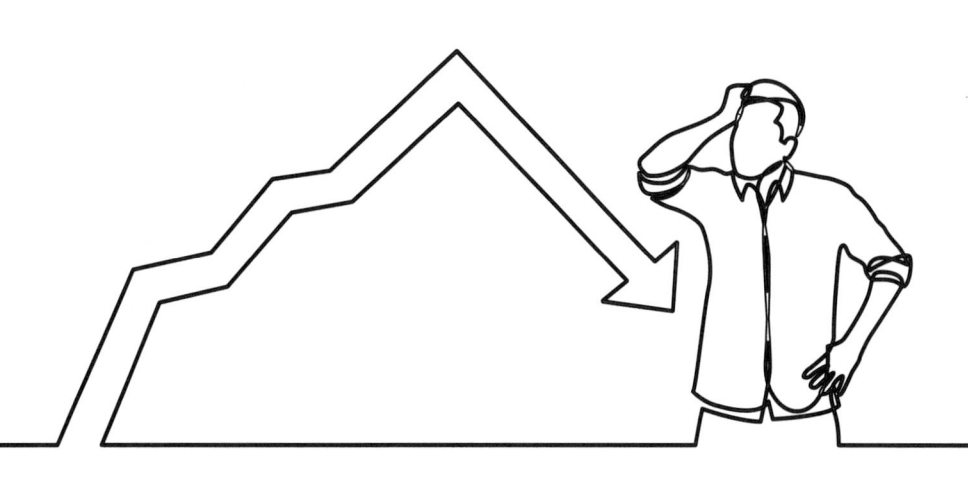

尽管这一挑战令人生畏，托尼还是扮演了船长的角色，接受了拯救《芝加哥论坛报》的任务。但是，在真正申请破产时，他很快地接受了现实。虽然计划是公司重塑，但这感觉一定像是在为他心爱的孩子签署死亡证明。

托尼的下一个任务是裁掉团队中的大部分人——其中许多人是他的朋友。他对我说："那是一个相对来说比较困难的日子，我们认识到必须缩减公司规模，解雇15%~20%的员工。我认为，无论何时，只要作为一个领导者，你就不得不做这样棘手的决定。因为面临的对象是人，那是无比艰难的日子。"

他解释说："我还是度过了那段日子，因为我知道，我们要么选择让所有员工都失去岗位，要么选择挽救一些员工。而会导致所有人失业的做法就是保持一成不变。"

随着这两大艰难又明晰的任务的完成，托尼接下来的任务是激励剩下的人，减小报纸的版面规模，并卖出更多广告。这或许是他职业生涯中最困难的时期。

用托尼的话说，"我相信，在颠覆性时代，领导者的使命是创造变革的途径和理由。我们必须从一个报业公司变成一个恰好出版报纸的媒体和商业服务公司。我们需要在论坛报大厦里认真思考这个问题。"

为创造变革的途径，托尼开始定期举办员工大会，广泛征求意见，与员工讨论备选方案，举办工作坊以取得团体共识。这些工作坊让员工对《芝加哥论坛报》的重生有强烈的参与感，同时还激发了团队实现变革所必需的紧迫感。

下文将举例说明我在托尼团队使用的一些工作坊形式，但需要注意的是，对于一些细节，我将笼统地概括，以避免透露过多团队成员的信息。但我会具体阐释如何将这些工作坊应用于你所在的公司。

乌托邦 VS. 反乌托邦，创造紧迫感

我最喜欢的创造紧迫感的会议形式叫作"乌托邦VS反乌托邦"。其概念是，如果让人们以为他们正在走向灾难性的而非阳光遍地的未来，他们就会捕捉到公司面临的关键风险和机会，并体会到变革的迫切性。没有人想要灾难性的未来。［当在"第一资本"负责创新时，我从工作坊的负责人阿尼克·卡里姆吉（Anik Karimjee）那里学到了这个策略］。

第一步：影响未来的五种因素

反乌托邦	乌托邦
1. 2. 3. 4. 5.	1. 2. 3. 4. 5.

想象一下五年后的世界，此时公司已然日薄西山：团队进展不顺，项目无果，你不得不考虑跳槽。结合实际去思考：导致公司垮台的关键因素是什么？以《芝加哥论坛报》为例，是什么导致公司全面崩溃？是因为没有拥抱数字化？或是因为与年轻人脱节？还是因为没有调动团队成员的积极性？

接下来，想象另一种截然不同的情况。哪些因素会驱动公司进入一切进展顺利的乌托邦世界？我经常在50~500人的团队开展这种讨论活动。以6~10人为单位划分小组，5~10分钟后，各小组将完成他们各自的表单，然后一组一组地分享。

两大关键结果：
  第一，开始有紧迫感，因为你意识到，不作为意味着反乌托邦；
  第二，抵达乌托邦需要付出很多。

第二步：决定三个最高优先级

下一步是让每个小组选出他们最关注的三个优先事项。尽管有时候参会者人数众多，我也会确保每个小组都有机会分享他们的讨论结果，目的在于发现公司行动的晴雨表。如果每个小组都进行了这样的反乌托邦设想，并且选出了三个最重要的创新领域，此时参与者便会对亟待解决的问题有强烈的认知。《芝加哥论坛报》团队最终做出了他们的选择：缩减规模、卖更多广告、激励团队。

第三步：快速成型

在确定了三大优先事项后，下一步分别进行三次头脑风暴练习，为每个优先事项提出短期、长期和梦想清单计划。毫无疑问，由于你使团队参与到重大变革的进程中，通过头脑风暴你会收集到非常多的奇思妙想，但与此同时，也会收获更多的支持和配合。

	短期计划	长期策略	梦想清单
优先事项1：缩减规模			
优先事项2：卖更多广告			
优先事项3：激励团队			

将团队纳入工作坊讨论的策略对提升动力有很大影响。它向团队成员们展现了领导层听取意见的意愿，并提供了一个激发创造性思维的平台。此外，因为三个优先事项是集体讨论出来的结果，事实上，之后的三次头脑风暴也正是他们想要开展的谈话。

第四步：通过六种机会模型进行深度探究

一旦收集到尽可能多的初始创意，可以利用"趋势猎人"的六种机会模型进行深入探究。这些模型就像特殊镜片，可以帮助人们从不同角度思考问题。了解更多与此相关的信息，本书会在后面的机会猎取章节展开进一步描述。

模型	子模型	问题
发散	• 个性化 • 定制化 • 地位+归属感 • 风格+时尚化 • 代际反叛	• 大众对你的行业有何不满？ • 你怎样才能更具个性、独一无二或者与主流不同？
收敛	• 结合+分层 • 增值 • 品牌联合+结盟 • 实体产品+数字化	• 你的产品还可以提供哪些服务？ • 你可以与哪些公司合作？
加速	• 完善某件事 • 鼓舞人心的图标 • 夸张的卖点 • 重构解决方案	• 具体来说，你想实现什么目标？ • 你如何重新确定本公司最重要的特色？
缩减	• 专业化 • 合并部门+高效 • 外包 • 订阅	• 消费者实际上关心业务中的哪些部分？ • 如果将公司拆分成五个子公司，哪个最有价值？
周期循环	• 回归 • 代际特征 • 经济性+季节性 • 重复周期	• 自从上一次形象重塑以来，公司的风格、技术、文化发生了多大程度的变化？ • 下一批目标客户如何看待你们之间的关系，以及如何重新定位？
重新定位	• 重新聚焦 • 转变路径 • 惊喜 • 游戏化	• 需要适应哪些大趋势？ • 可以提供哪些令人耳目一新的服务？

了解更多关于这些模型的信息，请从背面阅读《创新手册》或选择更加便捷的方式——浏览TrendHunter网站。

积极主动的团队战无不胜

当《芝加哥论坛报》正值危急存亡之秋，托尼却能够凝聚团队共识。事实上这并不是一项容易完成的任务，但当人们对业绩的自我评估从"进展良好"转为"陷入困境"时，他们就知道是变革、调整和行动的时候了。

托尼是怎么做的呢？他并没有缩减《芝加哥论坛报》的版面，相反，他决定做一份更大的报纸。这一举动让《芝加哥论坛报》在芝加哥成为默认的新闻来源，因为如果想要了解本地新闻，读者就需要一份覆盖面广的报纸。这就是"发散"型思维模式。

在思考如何销售更多广告时，他们将目光投向了客户的需求。地方报纸往往是由当地的广告商支持，而这些广告商往往并不具备卓越的营销策略。

我们认为，《芝加哥论坛报》与当地很多企业有良好的关系基础，而且《芝加哥论坛报》往往是他们最重要的广告投放渠道。一旦转型为一家商业服务公司，《芝加哥论坛报》可以制定更全面的营销战略，为这些公司发挥更大的作用。这就是"缩减"型思维模式。

最重要的是，该团队感到亟须落实这些大胆的创新战略。

结果是什么？托尼·亨特带领他的团队从濒临破产到成为美国最盈利的新闻机构。

情境模拟有助于创造紧迫感和目标感

托尼·亨特能够创造紧迫感可部分归因于他的报纸当时濒临破产。但是，你也可以通过情境模拟来创造紧迫感。下面的案例涉及太空啤酒和火星之旅。

你可能没注意到，2003年，美国航天飞行项目被取消了。这意味着，每当美国宇航局需要送一名宇航员到太空，他们都要向俄罗斯支付8000万美元，以获得俄罗斯Soyuz号火箭的一个舱位，这是一张无比昂贵的机票。那么，为什么美国宇航局会同意这样做呢？原因其实很简单。美国宇航局当下致力于到火星去，故而希望排除航天飞机项目的干扰。如果要完全致力于一项伟大的任务，必须做到专注。

然而问题是，去火星并非易事。我的邻居克里斯·哈德菲尔德（Chris Hadfield）是一位天文学家，他对我说："如果你要去月球执行为期三天的任务，假如过程中有任何失误，地心引力会把你带回地球。但是，目的地是火星，大约12分钟的发射完成后，接着要执行为期18个月的任务。假如过程中有任何失误，你将永远沉睡在太空为你打造的'棺材'里，你的孩子最终可能会放弃科学。"

哈德菲尔德向我解释了另外一种复杂情况，他说：我们当下对火星的探索，事实上和莱特兄弟让世界上第一架飞机首次穿越足球场的时候相类似。想象一下，假如你在那个时候走到他们面前说"太棒了！你们准备好穿越大西洋了吗？"他们会做出什么表情？当然，飞机最后穿越了大西洋，我们最终也一定能够抵达火星，但目前仍有大量事情需要弄清楚。我们可以随意谈论火星，但与此同时，人类仍然需要不断发明新技术，直到技术成熟到能够说服宇航员愿意让自己在飞船上生活一年多之久。

哇！这份工作的风险听起来貌似要比我自己的高不少。话虽这么说，事实上，美国宇航局日常面临的挑战与你自己的相比可能也差不多。当然，他们建造的是火箭、飞船，但本质上，他们仍然是一个试图改变和适应变化的人的集合

体。他们和我的其他客户一样，都在努力解决很多问题，包括驾驭僵化的结构、资源竞争、在闭塞的环境里工作，以及与官僚体系周旋。这就是我被请来帮忙的全部原因。

描述这份工作最好的办法是，想象你有世界上顶尖的火箭科学家、生物学家和化学家。火箭科学家希望尽早抵达火星并插上美国国旗，在外太空竞赛中击败竞争对手，这大概需要8~10年的时间。化学家想把火星上的岩石带回地球，这预计需要15~20年的时间。同时，生物学家希望将人类生命带到这颗红色星球，而这可能需要25~35年的时间。

但问题是，你不可能在实施一个项目的同时又不完全影响其他项目，所以应当存在优先级或者部分的妥协。然而，由于时间跨度太长，通过妥协，人们则不具备完成任务需要的紧迫感，而是分别专注于自己的项目。那么如何创造紧迫感和目标感呢？

尽管是两个不同的行业，这个问题的答案与《芝加哥论坛报》的情况非常相似。这次，我举办了一个工作坊，各小组必须从这三项任务中选择一个来开展模拟讨论，接着以同样的步骤推进：乌托邦、反乌托邦和头脑风暴。

在要求各小组分享讨论结果时，一位退休的宇航员站起来说："我们的团队想要以最快的速度——8年之内实现在火星上插旗的目标。原因是我们希望赶在自己失业前完成它。"起初房间里的人都笑了，但随后他解释说他是认真的，他说："在我的职业生涯中，有17次任务被取消，总有一天你们会知道，如果不能在总统任期内完成它，你们也定会经历同样的事情。"房间里顿时鸦雀无声，人们开始意识到紧迫感和目标感的重要性。

突然间，你不再关心自己的那10个想法，而是意识到你需要谨慎地选择战斗。当谈到挑选出三个优先事项时，大多数参与者都在获得公众支持、短期成就和部门间合作上达成了一定的共识。

然后，当开始原型设计时，人们必须深入挖掘这三个优先级。有一个团队令我印象深刻，团队负责人警告说："我接下来会说出我们小组的想法，但首先我必须给你们打个预防针，因为你们会笑话我们。但我们是认真的，而且我们真想这么做。"

他补充道："我们都想成功。我们知道火星上发现了水这样的突破根本无法触动公众。当然，我们也知道，一位新总统有权取消我们制定的计划。因此，我们需要找到一些既能让各个团队参与，又能获得公众支持的东西。我们的答案是，太空啤酒！"

他还说，一开始你们可能会笑，但最后事实会验证我们的想法。我们必须到达火星，因为这让火箭科学家很高兴。我们需要在火星上收集水源，因为这让化学家很高兴。我们需要在火星上种植植物，因为这让生物学家很高兴。而现在，突然间所有公众会开始关心在火星上收集水源这样的小突破，一切都是因为……啤酒！最后，想象一下，假如你是美国总统，你会在自己任期内取消在火星上酿造啤酒的计划吗？

不过，太空啤酒？谁知道它是什么东西？

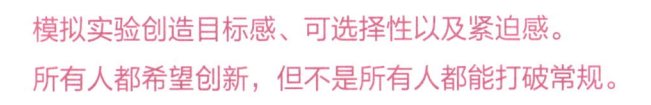

模拟实验创造目标感、可选择性以及紧迫感。
所有人都希望创新，但不是所有人都能打破常规。

采取行动的时机就是此刻！

工作坊问题

- 可以采取哪些策略、符号或工作坊来实现变革？
- 想象一下，从今往后五年内，哪五个因素会实际导致公司濒临破产？哪些因素又可能带来成功？根据思考结果，你认为三个最值得关注的领域是什么？
- 如果创建一个风投基金，在目前被搁置的五项倡议中，你会付诸行动的是什么？
- 如果最大的竞争对手将于明天收购你的公司，他们会对公司的哪些部分立刻进行变革？

策略

1. 简化方案
2. 团队参与
3. 顾客至上
4. 抓住机遇
5. 定期开展竞争性的替代方案讨论

_____

_____

_____

_____

_____

路径依赖的七大陷阱

1. 微妙的机会
2. 思维的捷径
3. 无为的安逸
4. **短视的选择**
5. 成功的困境
6. 线性思维
7. 不适 VS 突破

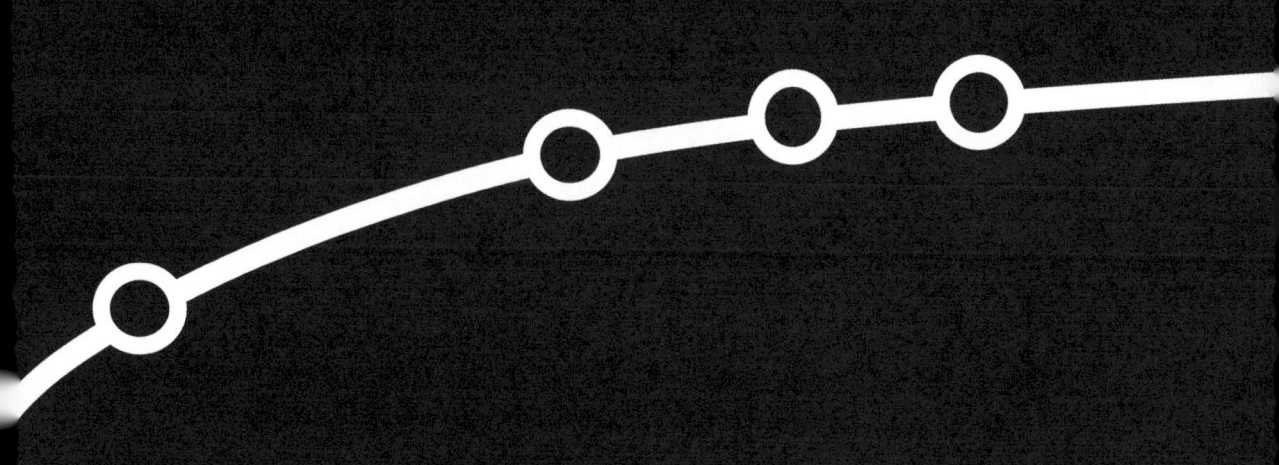

短视的选择

我们倾向于做出可以收获短期利润的决定，而并未意识到某些选择会将我们束缚在当下的道路上，抑制未来的发展潜力。短视的选择是指目前的决定没有增加未来的选择权。

我们所做的重大决定要比想象中的少……

一位客户曾告诉我,"你在职业生涯中会做出的一万多个决定,其中只有三四个真正决定了你的成就。"这句警世恒言来自罗伯特·戴维斯三世(Robert Davies III),他曾是"丘奇和德怀特"(Church and Dwight)公司的CEO,这家公司负责生产"艾禾美"(Arm & Hammer)小苏打。当时公司迷失了发展方向,公司的董事会认为罗伯特没有帮助公司摆脱困境,所以解雇了他。几年之后,公司情况依然没有改善。

公司运营依旧艰难,出于无奈,这家有着150年历史的公司重新雇用了罗伯特。罗伯特重拾过去的身份,以新的眼光发现了他此前忽视的机遇。"艾禾美"小苏打曾经是人们烘焙饼干的首选原料。但现在,离开一段时间后,罗伯特发现了这种久经考验、效用单一的产品的新用途。

在家庭类杂志中,"艾禾美"作为完美的食品级安全的冰箱除臭剂出现的次数和作为烹饪配方出现的次数几乎一样多。因此,罗伯特将小苏打重新命名为冰箱清新剂。它的流行也说明了一个事实,即环保产品正在占据市场,而小苏打的转变也是一个自然的选择。

他将该品牌瞄准了洗衣液市场。随着世界范围内绿色可持续发展时代的到来,罗伯特计划将小苏打作为化学洗涤剂的生态友好型替代品进行销售。它不仅可以是冰箱除臭剂,也可以是腋下除臭剂。与此同时,他们的牙膏销量也急速增长。如今,"丘奇和德怀特"公司的规模扩大了近10倍。

—— 走上一条崭新的路,
抓住极少数能重新定义旅程的机会。

……那些微不足道的选择让我踏上了漫漫人生路

从阿迪达斯到美国注塑成型协会,我曾有机会与很多不同行业的客户合作。随着时间的推移,我意识到,不同行业商业领袖之间的相似度比想象中的要高。这让我感到好奇,为什么这个人选择注塑行业,而另一个选择阿迪达斯?

现实层面的原因是,某些选择会产生持续性的影响。那个最终止于注塑行业的人最初在学校选择了一门课程,那门课程影响了他的专业选择,所学专业指向一些面试,最终他选择了那份比其他岗位多出2000美元的工作。那时,这些似乎都是微不足道的选择。他接下来升职、结婚、再升职、有了孩子,并且在注塑行业取得日益亮眼的成就,之后的改行意味着巨大的经济风险。显然,他身陷注塑行业。

把你引向现在所处位置的关键选择是什么?当时是如何做出这些选择的?

我们经常随意地做出看似很小的决定,并认为它们只有短期影响,而事实上,这些决定可能对未来产生深远的影响。

怎样才更好地做出决策?

生活是由出乎意料的极少数选择决定的,而我们倾向于以一种简单化的方式做出选择。

选择的目标是做出能增加你未来选择权的决定

选择权（期权）原本是金融领域的概念，意思是人们做决定的依据并非根据利润多少，而是考虑这些决定是否增加了选择权。

例如，"趋势猎人"公司举办"未来节日"活动时，我们举办的实际上是一场非营利的史诗级活动。这项任务挑战极大：我们需要组织"趋势之旅"、技术体验、创新工作坊、大型派对，并为主题会议制定一整套全新的方案。尽管任务如此之多，这一活动也让我们有机会与客户互动并且了解客户需求。长期来看，"未来节日"的举办使我们能够为客户创建更有意义的解决方案，所以它也创造了选择权。

再举个例子，假设一个人选修了一门课程，后来找了一份工作，并决定了在注塑行业长期发展。但如果想要转向不同领域，他仍然有很大的选择空间开启未来的职业旅程：

- 返回高校深造
- 加入不同的贸易组织
- 进入咨询行业
- 与不同行业的客户开展深度合作
- 有一个"副业"或者业余爱好
- 寻找需要相似技能而非相似行业的职位
- 了解其他行业的市场发展趋势
- 参加与注塑行业无关的会议

—— 做出能增加未来选择自由的决定。——

旧模式：

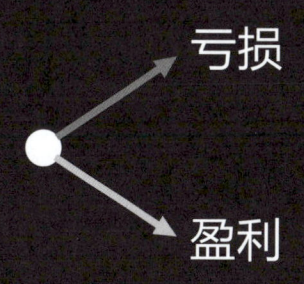

　　　→ 亏损
　●
　　　→ 盈利

新模式：

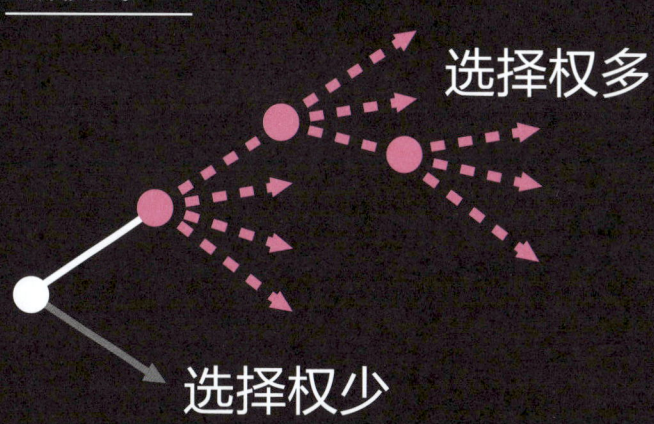

　　　　　　→ 选择权多
　　●
　　　→ 选择权少

策略

1. **观点碰撞**——在美国宇航局，我们有一位名为黛比·阿马托（Debbie Amato）的副首席技术专家。她负责营造组织的创新文化，采用的方法是安排那些原本不会产生交流的人聚集在一起。她使用的最佳策略是持续张贴海报——每个科学家都在方形海报上写下他们认为最天马行空的创意。海报散布在整个办公室，人们四处闲逛，每当遇到新的人，便与他们谈论各自的创意点子。她说，新科学实际上是由两个不同领域的科学家孕育出来的，他们的创意点子在海报会议之中发生了碰撞。

2. **允许失败**——在史泰博公司（Staples），我们的客户布莱恩·科普兰德（Brian Coupland）一直是公司的创新总监和零售副总裁。为了维持品牌的持续发展并拓展公司的选择空间，他营造了宽容失败的组织氛围，让员工愿意承担失败的风险。这样的文化氛围让员工意识到正在从事的是风险较高的项目，或者说是一个盈利周期较长的项目，从而让员工可以更自由地思考如何开辟公司未来的选择范围，而不是专注于短期收益。

3. **激发勇气**——在阿迪达斯，我们的客户米可·卢西尔（Mic Lussier）是公司未来部门的负责人。当大项目失败时，米可会为这个项目举办"葬礼"，让团队共同为"夭折"的项目悼念，让它"安息"；同时也激励队员，使他们不至于在失落之后穿过街道，选择为耐克工作。这也创造了一个有更多可能性的环境，因为员工不再恐惧失败。

4. **摆脱惯性**——马尔科姆·格拉德威尔（Malcolm Gladwell）认为，我们从文化教养中习得想法和观念，但有时这些观念是错误的。为了使他的选择保持开放性，他主动观看与其政治信仰完全对立的新闻节目。这让他看到了事情的另一面，而这有时会让他认识到原来的想法是错误的。

5. **点燃激情**——理查德·布兰森（Richard Branson）曾对我说，他创造选择权的最好方法是点燃团队的激情。他告诉我，热情的人往往可以带来更多好点子以及真诚的贡献，这些更有可能带领团队走向光明的未来。

6. **勇于创新**——在苹果公司，苹果电脑的发明者史蒂夫·沃兹尼亚克（Steve Wozniak）致力于推动团队探讨那些超出他们舒适区和项目范围的话题。尽管其中一些想法在短期内并不可行，但这些超越界限的思考会让人走上一条了解未来选择方向的道路。他告诉我，你需要"大胆一点，勇敢一点，刻意尝试不同的思维方式——超越他人。"

7. **突破极限**——罗珊·威廉姆斯（Rossann Williams）曾任是星巴克的美国业务总裁，但我们早在她管理加拿大办事处时就认识了。在加拿大，她在店内推出葡萄酒和啤酒，打破了星巴克的常规。验证了加拿大市场的接受度，为她在更加广阔的美国市场上找出行之有效的策略奠定了基础。这一创新行为也恰好符合我的生活方式，因为她让我看到了我所有喜爱的"恶习"。感谢罗桑！

8. **视角转换**——在贺曼公司（Hallmark），我们与克里斯蒂·悉尼·雅尼克（Kristi Heeney-Janiak）合作，她负责一个1000人创意团队的创意资源和人才发展。为了更好地了解公司潜在的机遇，她设立了人才交换机制，六个贺曼的高级领导人在星巴克工作一周，六个星巴克的高级领导人在贺曼工作一周。为了最大限度地发挥这个创意的潜力，双方都签署了法律文件和保密协议，以确保两个团队之间的信息完全透明，知识产权为双方共同享有。

9. **深思熟虑地做出能够拓展选择空间的决定**——在"趋势猎人"，当我们举办"未来节日"时，我们设计了非营利活动，该活动的重点在于体验环节，在此过程中，我们团队与客户建立起真正的连接，从而更好地洞察未来趋势与潜力。

允许失败

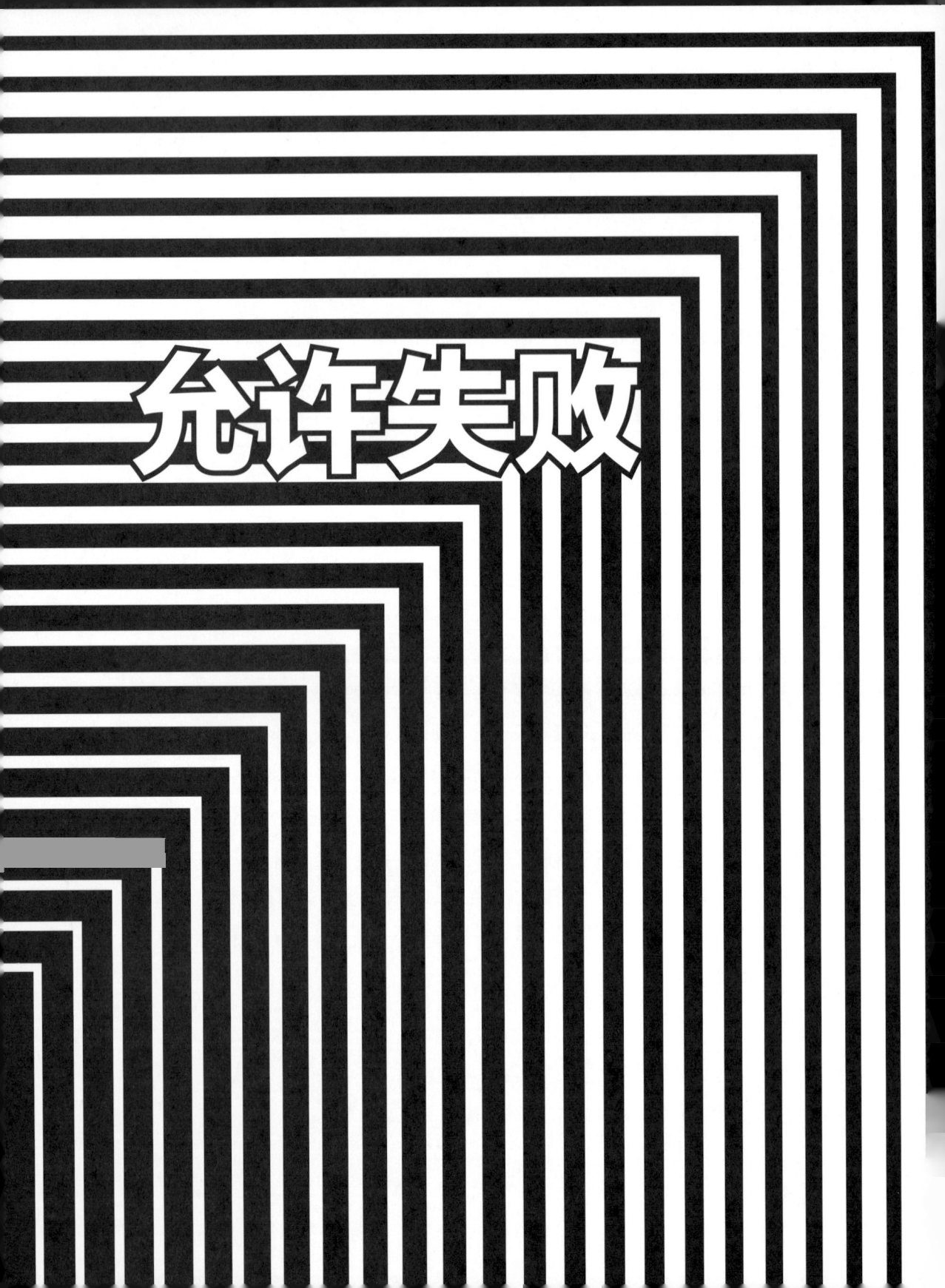

工作坊问题：

- 成年后，哪五个决定对你的人生影响最大？
- 当下做出的哪些决定可以拓展你未来选择的可能性？
- 可以从工作中创造哪些长期行之有效的选择方案？
- 如果对自己5~10年后从事的职业进行分析，你现在是否打算对其进行投入，从而提升其可能性？
- 如果把自己拆分成五个小角色，其中哪个角色你认为最有价值？如果对整个公司进行同样的实验呢？
- 哪些曾经较大的决策压缩了你的选择范围，哪些拓宽了你的选择范围？

路径依赖的七大陷阱

1. 微妙的机会
2. 思维的捷径
3. 无为的安逸
4. 短视的选择
5. 成功的困境
6. 线性思维
7. 不适 VS 突破

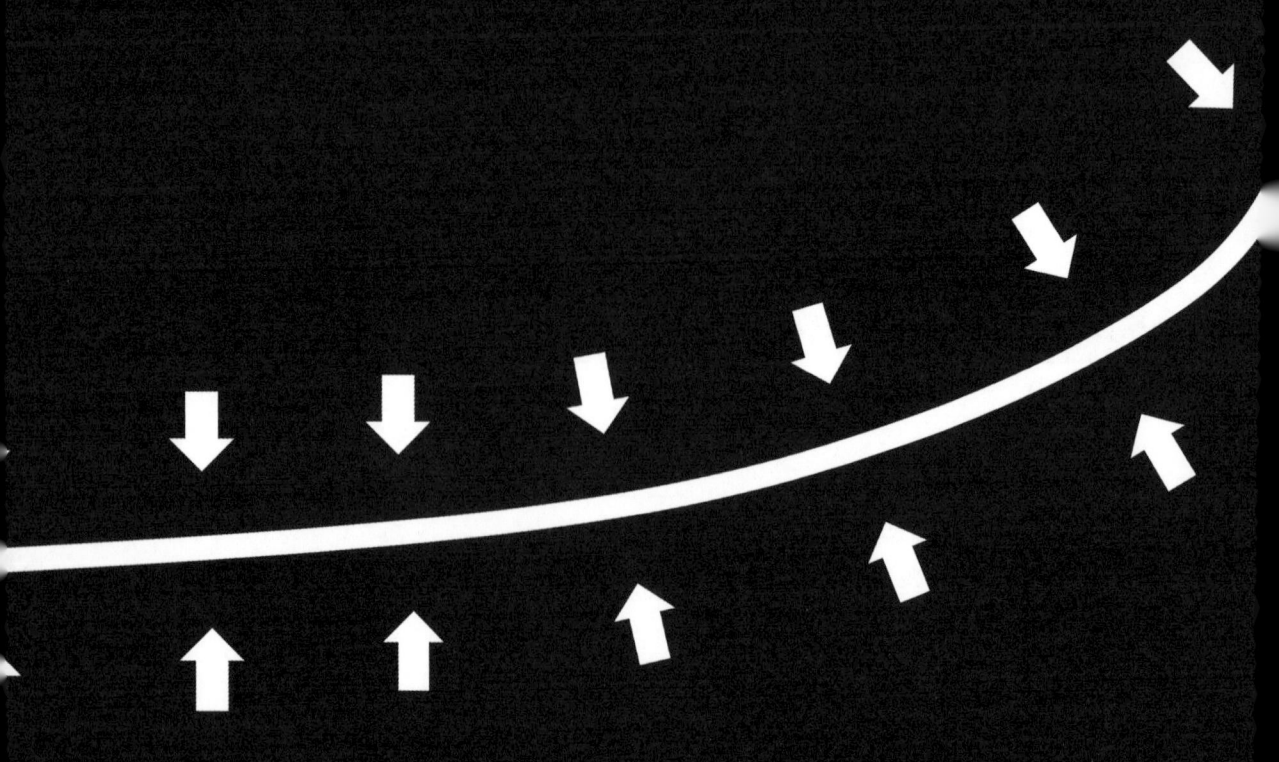

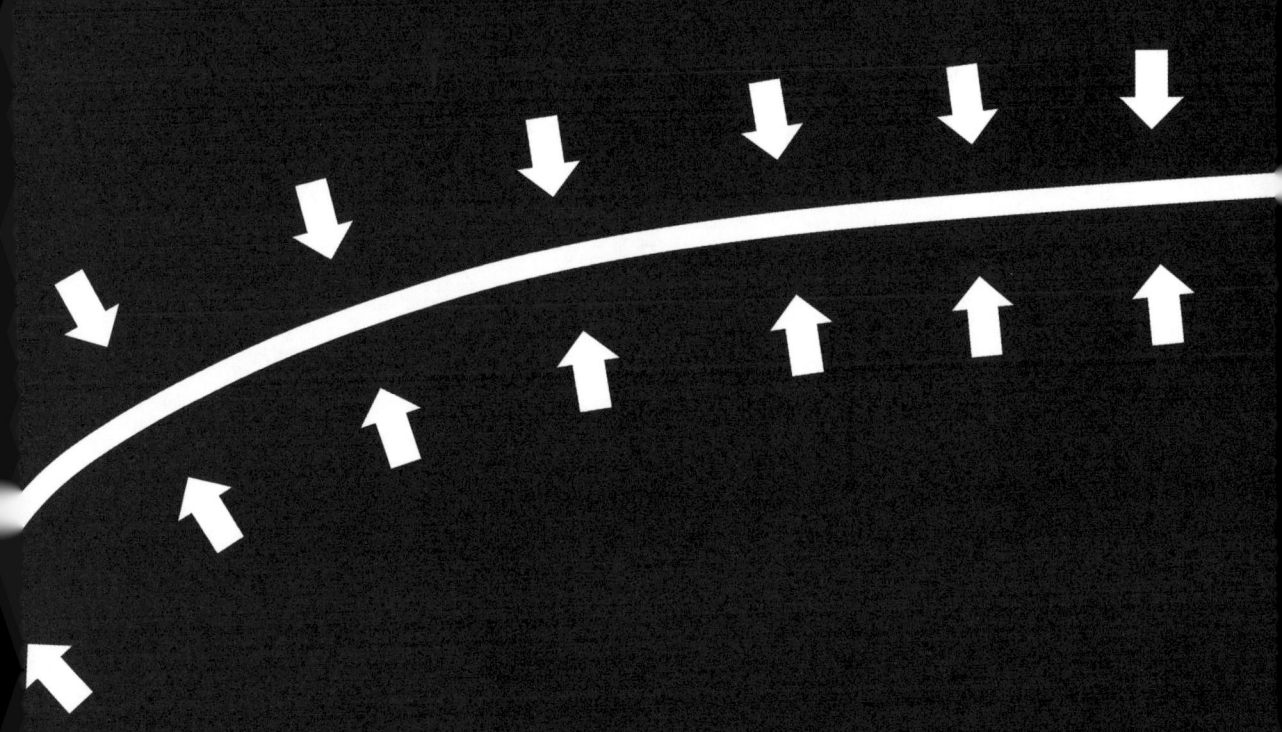

成功的陷阱

为了进化，人类天性中有了忠诚性、原则性和一致性。这些特质让人得以养家糊口，在各种环境下茁壮成长。然而，这些特质也有不那么美好的一面，那就是成功使人自满、因循守旧和自我设限。

万年的农耕文明让人类习惯于年复一年地重复劳作

一百万年前的人类是丛林猎手，过着游牧的迁徙生活，在弱肉强食的世界里求生存。一万年前，人类种下了第一批种子，此后，人类得以安居乐业，一切都变得不复从前。据统计，从此以后，人类开始聚居，形成较大规模的部落，并且制定规则来保护往年的收成。

重复和优化那些曾给人类个体或者团体带来成功的行为是人类的天性。当有了需要保护的东西时，人类选择一种返璞归真的耕耘生活方式。一旦没有什么可以失去，或者当一切都是崭新与未知时，人类才会选择进入丛林狩猎。

忠诚性、前后行为一致和纪律性是农民的宝贵特质。然而，这些特质同时也导致了他们的自我设限、易自满和因循守旧——对于任何团队来说，这些都是危险的陷阱。然而猎人正因为没有什么可失去，他们便是好奇的、贪婪的、破釜沉舟的。我们需要通过狩猎来寻找新的机会。

虽然这里存在部分对猎人的美化，但重要的是要认识到，在生活中，狩猎和耕作一样不可或缺。狩猎帮助我们适应新环境以及发现机会。耕作保护我们所拥有的东西，并从发现中创造长期价值。但更重要的是，我们需要在两者之间寻求平衡。根据我们的研究结果，大多数组织都倾向于耕作，他们过于因循守旧、害怕失去、自我满足。

在《更好更快》这本书中，我也介绍了与创新有关的概念。这个话题大约只占30页，但确实很吸引读者。同样内容的短短半小时视频，最终也获得了超过1000万次的浏览量（可在Jeremy Gutsche网站观看）。对我的团队来说，这是种下的一颗种子——需要我们培植和养护的东西！

我们收获的果实是，通过开发一个在线创新评估平台，得以对数以万计的商业领袖展开研究。在此基础上，我们构建了一个系统性框架，明确了几十种创新者的类型。

作为本章节的一部分，请用7~8分钟时间在TrendHunter网站上对自己进行一次创意评估。在对一系列的问题权衡取舍做出回答之后，读者可以下载一份长达10页的个性化分析报告，你将了解到使你成功的因素，以及那些阻碍、限制你的因素。

不过，首先来看一看这个框架。

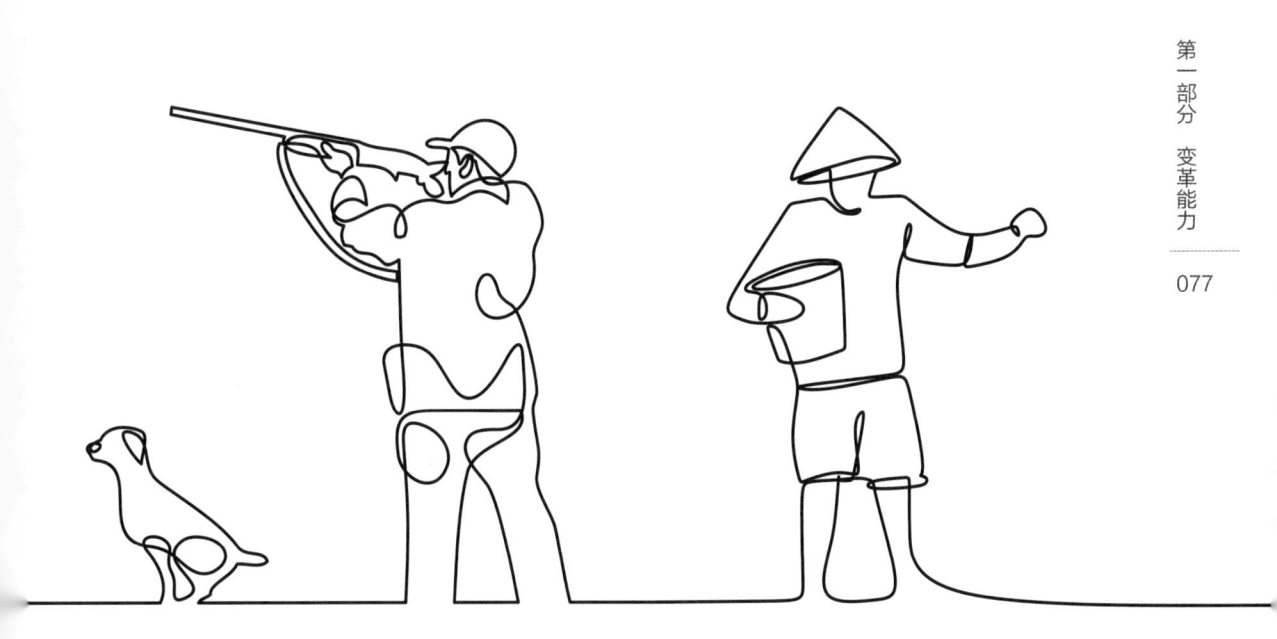

功成后，人们往往选择身退……

当获得一些成就后，我们变得——

忠诚性——我们重视并珍视对伟大思想、伟大团队和伟大人物的忠诚性。然而，这也会让我们趋于自保，并导致我们过度捍卫曾经的决定并且满足于现状。

一致性——我们希望复制过去那些成功的经验，这种心理是可以理解的。但同时这种想法也会带来自满，因为我们失去了收获未知的欲望。

纪律性——当成为某一领域的专家时，我们的思维会变得精密考究，甚至到了因循守旧的地步。可能我们讨厌"因循守旧"这个词，但从根本上说，我们往往依靠那些被认为是"成熟的经验"来做事。

企业界的体制架构对"农民"有利，但这往往导致颠覆。

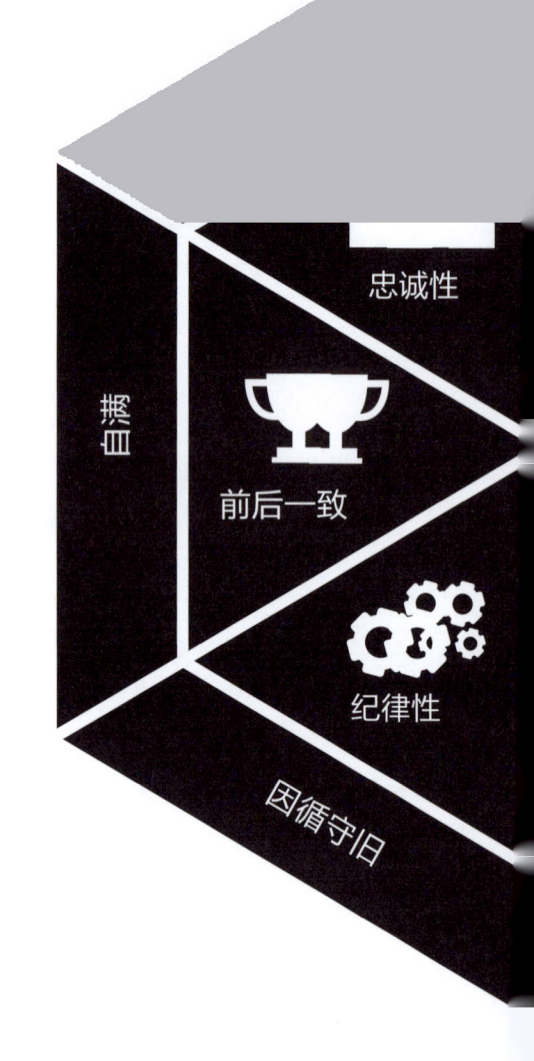

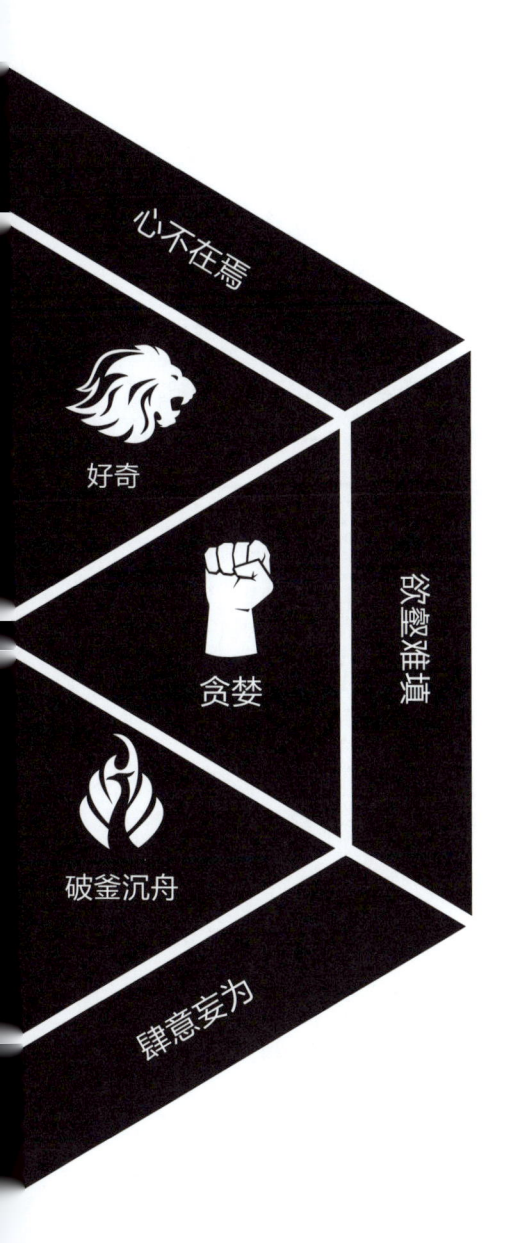

……但为了适应变化，我们必须像猎人一样

当面临新情况，我们往往变得——

好奇——纪律性和因循守旧的对立面是好奇，好奇是我们所重视的概念。但在某些极端情况下，有好奇心的人会被认为无法专注。

不知足——与前后一致和自满相反的是不知足。不知足意味着在处理任何问题时都预设自己可能是错的，同时不停寻找新的解决方案，以至于对现状总是感到不满。

破釜沉舟——与忠诚性和自我设限相反的是破釜沉舟，原因在于行动者没有什么不可失去的。在极端情况下，这将导致不计后果的肆意妄为。

我们需要成为一名猎人来适应新局面，但大多数团队因为害怕丛林陷阱踟蹰不前，以至于他们越来越偏离成为一名优秀猎人的目标，甚至会阻碍变革。

在对30000人展开研究后，我们的发现

深入了解"猎人—农民"框架可以帮助人们发挥其作为个体以及作为领导者的潜力。概而言之，我们总结了三个适用于所有人的法则：

1. **需要在狩猎和耕作之间取得平衡。** 狩猎将帮助你找到新的机会，而耕作则帮助你更好地实现固有之物的价值。太多的狩猎，你可能无法成功；太多的耕作，你可能无法适应。简单来说，六边形框架的中央部分都有利于你，框架的外围部分则都是陷阱。

2. **你的主要特质（最佳优势）虽使你更高效，但也预示着缺陷和弱点。** 理解一个人的优势与缺陷之间存在着内在关联，这并不是什么复杂艰深的学问，只不过这里的启示要更深刻一些。你的主要特质，比如说好奇心，会造成两种类型的缺陷。首先，最大的优势往往带来了相对应的缺陷。好奇心过强的对立面是缺乏纪律性；第二，假如将自己的主要特质发挥到极致，缺陷便接踵而至。对于好奇心强的人来说，这也意味着注意力分散。

3. **当接触一个"新任务"时，我们开始的时候往往是"猎人"，但一旦感到熟练，就会成为"农民"。** 当一段新的旅程开启，我们是好奇的、贪婪的，甚至愿意破釜沉舟，因为我们不害怕失去什么。只是当我们拥有一些需要保护的东西时，我们会寻求保护以避险。相应地，许多知名品牌都受到这一"耕作"陷阱的影响。

―― 如果CEO渴望创新，但团队缺乏相应的技能，那就弥补这个缺陷，成功自然到来。

我们还了解到一些令人耳目一新的关于创新的数据。一方面，97%的CEO表示，创新是一个十分关键的优先事项，然而——

1. 大多数人感到组织对创新的支持力度不足：

- 50%的人认为他们的组织没有强有力的创新策略。
- 45%的人认为他们的组织缺乏积极主动性。
- 55%的人认为他们的组织不具备快速的适应能力。
- 56%的人认为他们的组织没有将想法变成现实的明确流程。

2. 大多数组织没有对想法进行优先级排序：

- 48%的人没有足够的时间寻找创意。
- 30%的人认为组织鼓励创意想法。
- 17%的人不经常与同事分享想法。
- 21%的人不经常与上级分享想法。

3. 代际差异和性别差异困扰着许多组织：

- Z世代不太可能相信他们的组织有能力适应变化和保持竞争力。他们也很少与他人分享自己的新点子，尽管他们是最具有前瞻性思维的一代人。
- 男性更有可能认为，他们会因为所在组织对创新的不同态度或方法而辞职。
- 女性更有可能认为，她们所在组织没有充分做好部门间的合作。

看到上述数据，我们很容易感到气馁。公司难以调整以适应现状，尽管CEO们都认为创新很重要，但员工们没有时间、能力或足够的支持来孕育创新，这是最令人沮丧的事情。然而，这种脱节也说明我们的事业还有巨大的上升空间。

线上活动

免费评估，为你的组织制定基准。

有兴趣的人可以免费参加"趋势猎人"的创新评估活动，进而明确这些陷阱对你和你的组织的影响程度。

建议你现在就放下手中的工作并开始评估，这将有助于你的个性化学习。

经过8分钟的问答环节，你将得到一份10页的个性化分析报告，这将使你成为更好的创新者和领导者。

你还可以邀请你的组织一同开展此项评估，最终形成一份组织概览、基准数据以及一份与世界顶级创新者的对比分析报告。

这将有助于你以更加规范与高效的方式优化、调整公司文化。

以下是最受欢迎的成果应用方式清单，内容摘自我们的网站。

1. 确定你的独特优势，并学习如何应用这些优势。
2. 明确你的盲点，以及任何可能阻碍创造力的盲区。
3. 优化你与组织、上司和其他关键人物之间的互动方式。
4. 将你的技能与世界顶级创新者进行比较。
5. 获得快速发掘自身潜力的具体建议。

链接：搜索TrendHunter网站。

示例：

了解你的创新模型、优势和差距。

如果已完成评估，或许你已经了解到是什么使你与众不同。下面是我的评估报告：

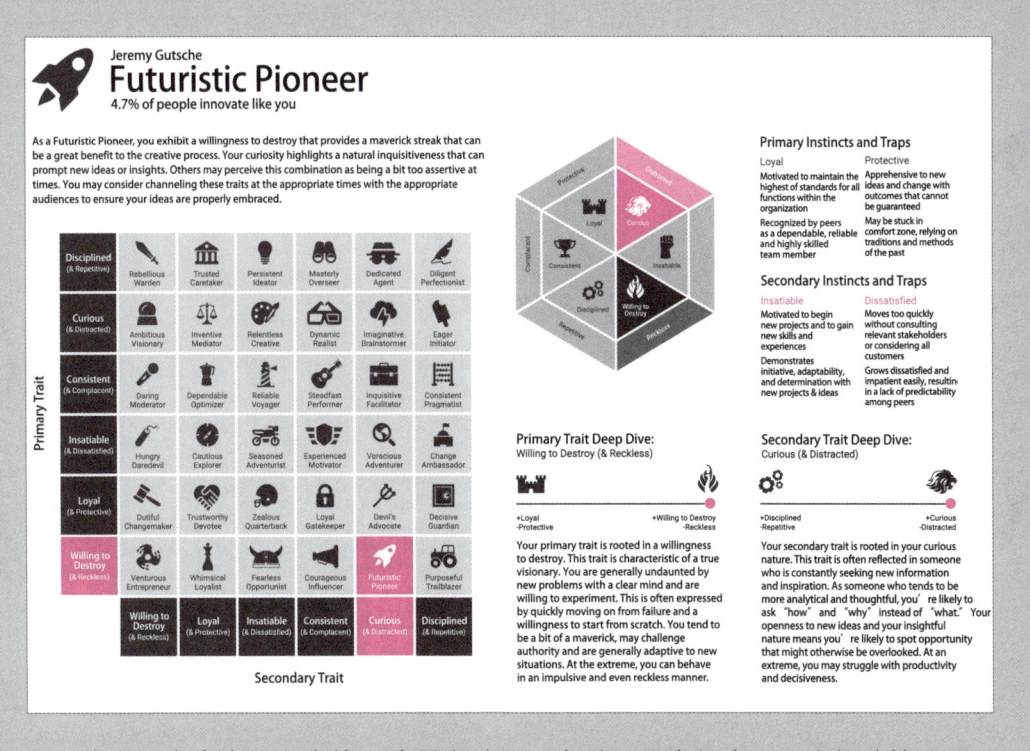

作为一个未来主义先锋，我愿意破釜沉舟并且具有好奇心。在极端情况下，我也可能会鲁莽或分心，尽管我很想否认这一点，但这与我从小收到的评价十分吻合（对不起，妈妈！）。为了最大限度地助力团队成功，我需要确保团队有一定程度的结构和秩序（而不仅仅因为我疯狂地享受这样……）。

在团队基准报告中，可以看到我们团队的好奇和苛刻，同时我也发现了我们团队在十大方面与基准存在很大差距。例如，当有人提出新想法时，相比于其他团队，我们更喜欢"列出风险和障碍"。这种挑剔扼杀了创新，所以报告中的一些建议我们正在付诸行动。

对创意永远保持渴望

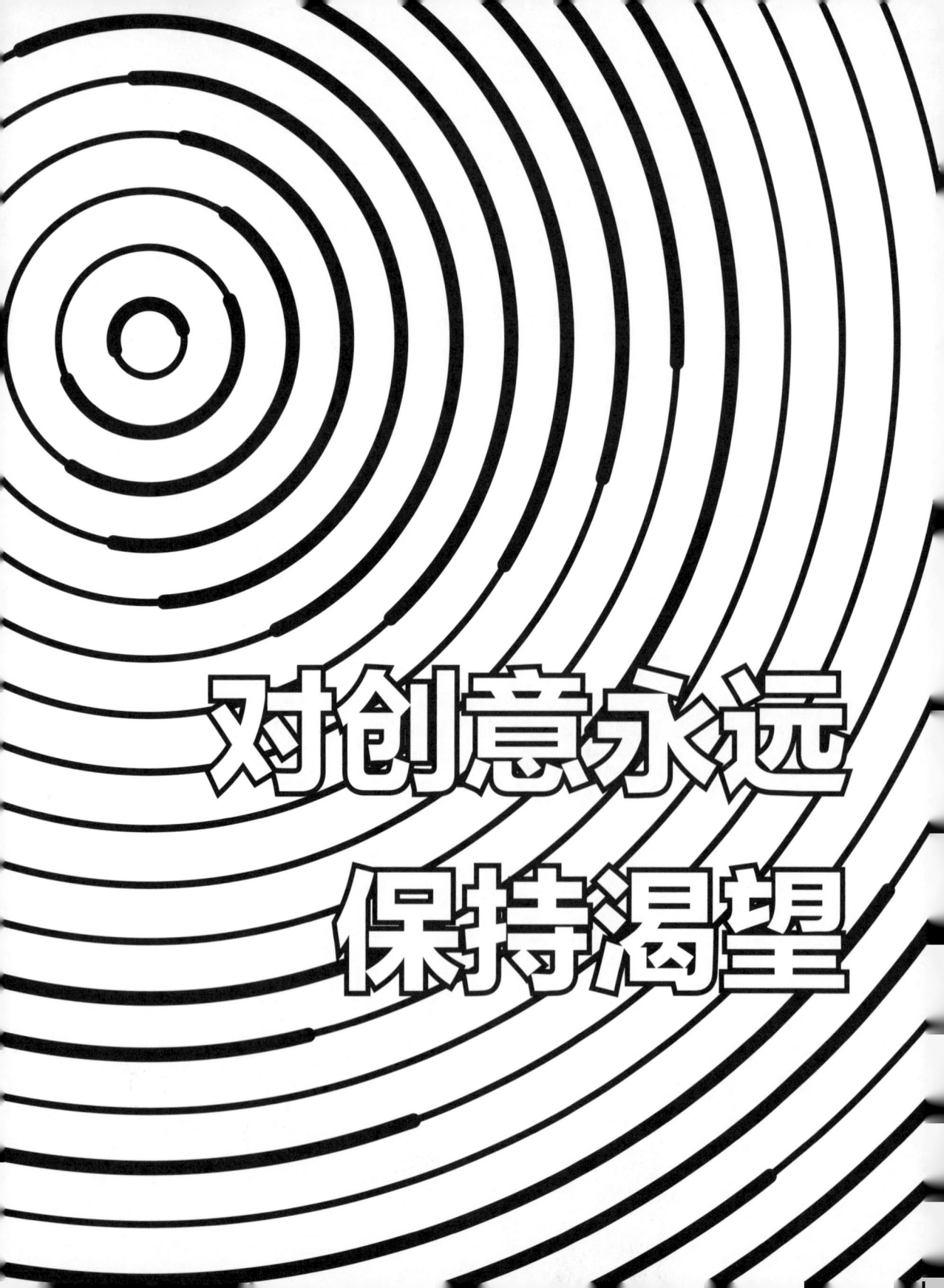

工作坊问题

个人创新水平评估：

- 你的优势和不足在哪些方面影响和塑造了你？
- 你想提升哪些特质？
- 你打算采取什么行动来改善不足之处？
- 你的评估结果和搭档的相比如何？与团队的整体评估结果相比怎样？

组织创新水平评估：

- 与行业基准相比，组织五个差距最大的方面是什么？是什么原因造成的？
- 根据以上结论，可以采取哪些微小的措施来完善企业文化？
- 将不同类型的成员分组，让他们对公司的一个大型项目进行思考。每个小组的看法和结论有什么不同？

策略

1. 保持好奇。
2. 不轻易满足。
3. 甘心摒弃（旧方法）。
4. 认识到你最大的强项也会导致你最大的缺点。
5. 寻求局外人的意见。
6. 进行白手起家的模拟。

路径依赖的七大陷阱

1. 微妙的机会
2. 思维的捷径
3. 无为的安逸
4. 短视的选择
5. 成功的困境
6. **线性思维**
7. 不适 VS 突破

线性思维

不幸的是，人类的大脑不是为这个指数级发展的世界而设计的。尽管知道世界正在发生变化，但我们却认为，距离下一场变革的间隔将与上一场相似。总之，我们很难理解变化带来的复合影响。

大脑深陷"线性思维"的陷阱

世界未来几年将发生怎样的变化?人们在预测下一年方面非常出色,在想象所在行业的未来远景方面也表现出了惊人的准确性。然而,聪明人在预测3~5年后的情况时,表现得却很糟糕。

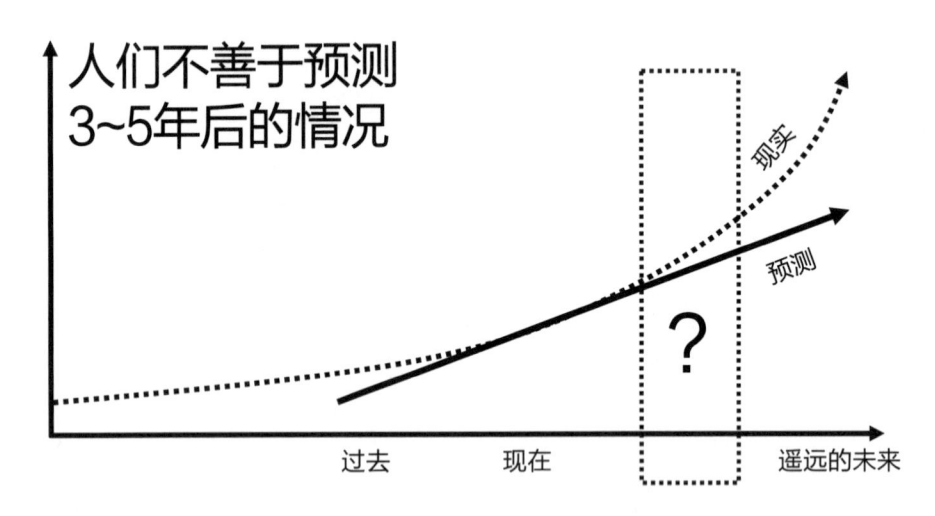

人们不善于预测3~5年后的情况

（图示：横轴为"过去、现在、遥远的未来",纵轴趋势图显示"现实"为指数曲线,"预测"为线性直线,中间有"?"区域）

我们高估了自己进步的能力,也低估了技术、竞争者和新入场者对比赛局势的改变程度。商业领袖和董事会在不同的变革时期磨炼出了他们的技能。因此,我们的行动比习惯的要快,但还不够快。

鉴于指数级的变化,当务之急是修复人类的线性思维陷阱。即使赶上了今天发生的事情,我们也无法预测明天,不要忘了变革的步伐不仅仅是加快了,而是在全力加速中。这是完全不同的概念。

好消息是,你即将学习一些有关预测"变革的步伐"和采取紧迫行动的实用方法。

用例子开始来解释说明我对这个主题的研究。早在2008—2010年,"趋势猎人"公司迅速蹿红,带来了最初的咨询客户——品牌传媒公司,使我们很荣幸能

为索尼、特纳、NBC、维亚康姆（MTV）、美国论坛公司和21世纪福克斯等标志性品牌的首席执行官、董事会，甚至是一些亿万富翁提供咨询。

令人惊讶的是，我发现这些当时很有名的企业领袖们很难相信社交媒体会发展到今天的规模。

当我提出诸如热门视频、博客、流媒体向电子游戏的过渡、博客的兴起以及自媒体人成为媒体品牌的趋势时，他们表现得非常抵触。

社交媒体和奈飞等网络媒体的概念现在看起来显而易见，但在他们看来，脸书和油管在2005年才刚刚推出。这些领袖们的确知道他们行业内新的创新和趋势，因为他们毕竟是专家。然而，他们并不相信这些创新会颠覆他们的行业，因为他们是控制者。

他们展现出了一切与成功有关的陷阱：他们善于自我保护、因循守旧、自我满足。那么该如何更加准确地预测未来？又该如何改变当权领导者的思想？

—— 如果想要创造未来，就要能够预测变革的步伐，并说服周围的人：巨变即将到来。——

理解变革的步伐，从而更好地预测未来

我花了很长时间试图劝服媒体行业领导者，他们的世界即将发生变革。直到我想出了一个相对简单的工作坊，才取得了巨大的进展。我称这个工作坊为"变革的步伐"。今天回过头来看这个练习很有意思，因为媒体世界显然已经发生了颠覆，所以这个例子特别有启发性。

回到2010年，当我问这些高管行业的遥远未来会是怎样时，他们预测了诸如虚拟现实和网络的概念。然而，在他们的预期中，这些变化将在2025年或以后发生。通过比较10年前与当时用户看电影的行为的不同，他们得以快速思考、得出结论。

案例：《电影产业中变革的步伐》（于2012年填写完成）

十年前（2002年）	现在（2012年）
• 浏览报纸上的评价 • 给剧院打电话询问上映时间 • 使用黄页查找剧院号码 • 用固定电话邀请朋友去看电影 • 忽略了一个大群体（太复杂了） • 用纸质地图寻找新剧院 • 排队 • 发现票已售罄……改为购物？	• 浏览烂番茄网站上的评价 • 网上订票 • 不知道黄页是什么 • 给朋友发短信邀约 • 给更多的朋友群发短信邀约 • 用全球定位系统 • 在影院观看…还是通过网络观看？
近期（3~5年）	未来
？	• 虚拟现实 • 互动电影 • 电子游戏与电影的融合 • 观众担当角色 • 交互体验模式——谁在影院里？ • 3D？4D？可移动座位？ • 剧院里电影类型可转变

我在《更好更快》一书中首次解释了这个有关电影的例子。但在接下来的篇幅中，我将深入展示"变革的步伐"如何练习。

2002年，人们仍然阅读报纸上的评论，打电话给剧院询问演出时间，用黄页查找剧院电话号码，用固定电话给他们的朋友留言，按照纸质地图到达剧院。一路走来，多个行业被颠覆，才有了我们今天的成就。

在这个练习中，你和你的团队首先要预测行业在10年以后会是什么样子。要善于识别可能发生的情况。然后，比较该行业在10年前和今天的样子。你可能会对短短10年内发生的事情感到震惊。通过深入了解已经发生的变革步伐，你会意识到预测未来并非不可能。当然，也许你预测的那些事情不是10年后发生，而是发生在3~5年。

试试为你们自己的市场和企业做这个练习。

你的行业：

十年前	现在
近期（3~5年）	未来（10~15年后）
?	

—— 可以通过深刻了解过去而对未来采取即刻行动。——

把人类的进步视作变革加速的体现

如果查看某一时间段内的变革指标,人们就可以衡量它的变化区间。以识字率为例,美国人在1900年达到了20%的识字率。接下来20%的增长用了50年,这意味着我们在1950年达到了40%的识字率。而下一次20%的增长用了不到40年的时间,再下一次的20%大约用了20年。

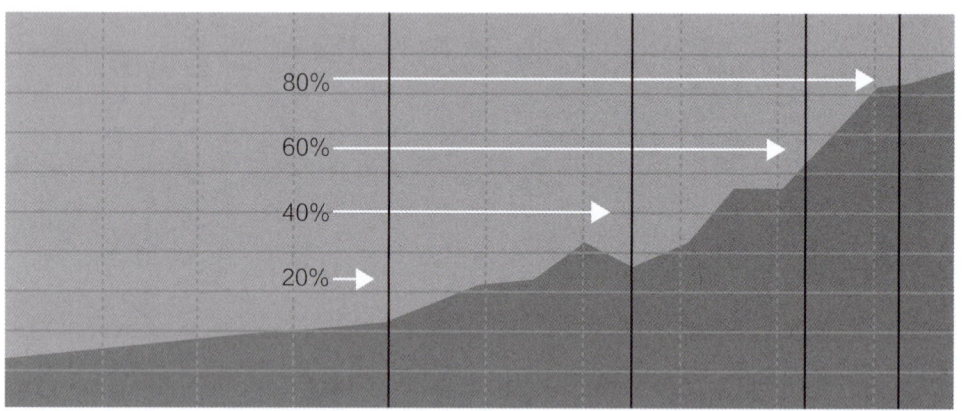

识字率

[图表:1820年至2014年识字率变化,纵轴标示20%、40%、60%、80%]

利用上述技术,我收集了关于识字率、民主程度、基础教育、极端贫困、儿童死亡率、疫苗接种、国内生产总值、计算能力、人口和二氧化碳排放量等数据。通过汇总这些数据的变化,可以估算出人类正在经历的一般变化量,也就是我所说的"变革的潜在速度"。

—— 通过运用"变革的潜在速度"这一方法,可以更加明智地预测变革,也更能说服他人及时采取行动。

人类在某些方面的进步：

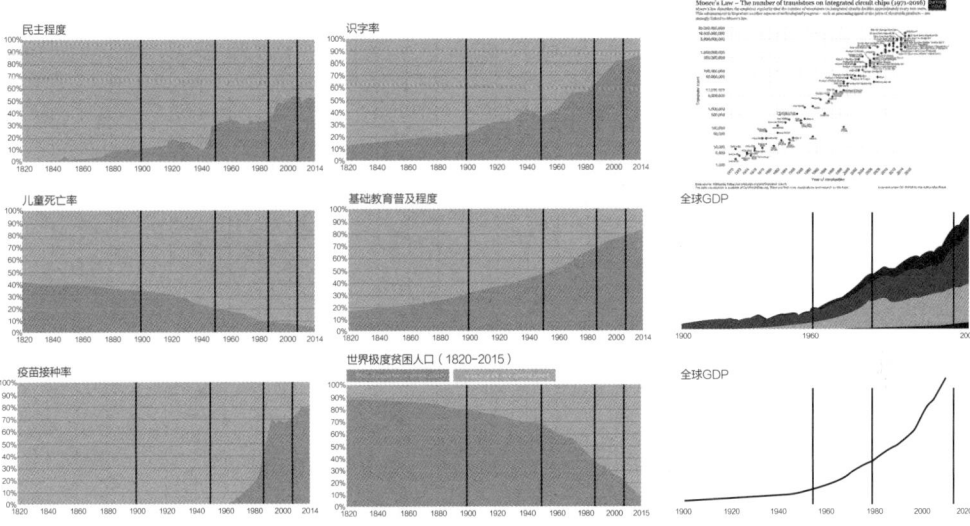

民主程度　　　　　识字率

儿童死亡率　　　　基础教育普及程度　　　全球GDP

疫苗接种率　　　　世界极度贫困人口（1820-2015）　全球GDP

成果：

"趋势猎人"公司研发的"变革的潜在速度"
（每个区间为相似全球变化的一个单位量）

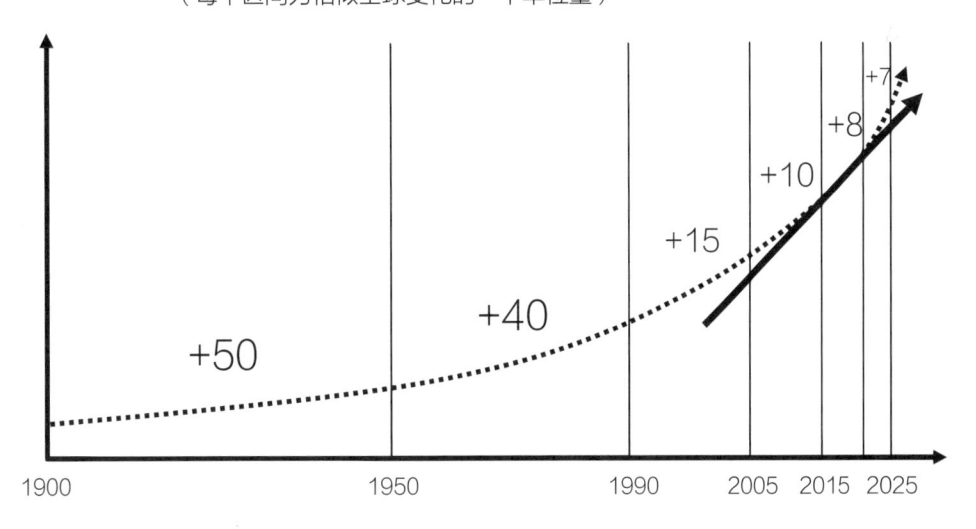

+50　　　+40　　　+15　　+10　+8　+7

1900　　　1950　　　1990　　2005　2015　2025

在接下来的几页中，你会看到这些区间在我祖父、我母亲和她的书呆子儿子——我身上得到体现。

第一段区间：1900—1950年（50年）

1900年，我的祖父乔·雷恩（Joe Lehane）是一位农业科学家，这无疑意味着他喜欢适应新鲜事物。在他成长的阶段，他从小骑马上学，以看书为乐，住在帐篷里。

对于我来说，这就是1900年。就像野营，但是没有电动充气垫、太阳能板手机充电器和Wi-Fi网络。而且一切都如黑白两色一般单调无味。看起来，这很糟糕。但是他们不知道这是糟糕的，因为那时是1900年。

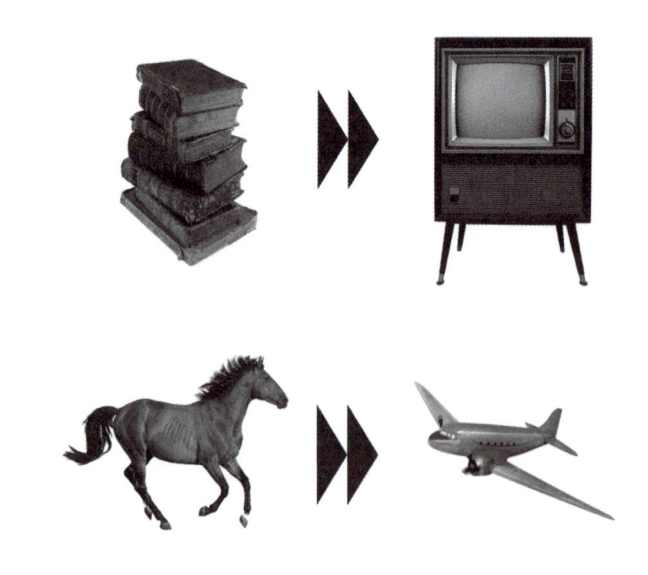

在乔的职业生涯中，人类从骑马、马车和书本的时代走向了杂志、电视、手机和商业航空旅行的时代。尽管他能适应变化，但是他目睹了太多变革，他的家庭还是整个街区里最后一家得到彩色电视机的。

—— 让我们称之为变革的一个单元。
它大概花了50年。

第二段区间：1950—1990年（40年）

我的母亲谢拉格（Shelagh）仅用了40年就经历了等量的变化。从1950—1990年间，她见证了世界从唱片机到音响和随身听，从打字机到计算机，从电视节目到任天堂游戏的变化。

尽管很多人并没有意识到这一点，但在1990年，世界上任天堂游戏机的总量比1950年电视机的总量还多。如果这听起来让你印象深刻，应该……是因为这最初是我编出来的。然而，当我做了一些研究，我发现这确实是真的！

1950年，世界上共有102 000台电视机；而在1990年，任天堂游戏机的数量达到了620万台。

这些游戏机，其影响与用于阿波罗登月的计算机相同。这也是一个单元量的变化，但这次只用了40年。

我母亲见证了从20世纪50年代的经典轿车到80年代和90年代的小型面包车（Minivan）的过渡。她一开始用唱片机听她最喜欢的曲子，之后是用8音轨播放器，然后是磁带和CD。她在她母亲的打字机上学会了打字，后来又熟练地使用电脑。

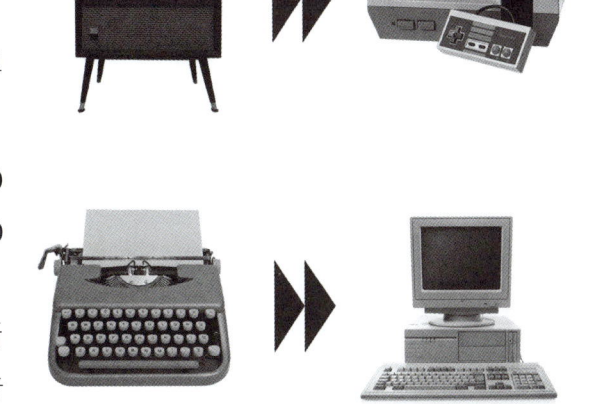

我的母亲也完整地经历了一个单元的变革。但这次不是50年，而是只用了40年。

第三段区间：1990—2005年（15年）

在下一个周期，变革的速度大大加快了。在1990—2005年间，世界上出现了互联网、摩托罗拉翻盖手机、iPod（尽管还没有iPhone）、特斯拉跑车和基本的网络。雅虎是寻求资讯的最佳场所，亚马逊就是一个书店，而人们用ICQ和MSN来交友和社交。

这听起来与现代相似，只不过脸书还没有上市，"油管"的网站也刚刚开始。但是只要把表盘调回2005年，我们就会进入一个看似古老的时代。

回到那时，我们没有推特，没有优步，没有爱彼迎，没有照片墙，没有拼趣（Pinterest），没有色拉布，没有Tinder,也基本上没有乐趣。取而代之的是，我们需要发短信、学开车、住宾馆、交朋友、培养爱好、离开住所、去和人进行面对面交谈。

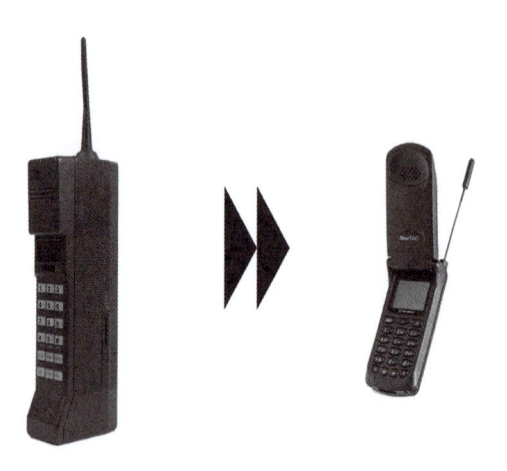

—— 这也是一个变革的单元。
但是这次，只用了15年。

第四段区间：2005—2015年（10年）

在下一次2005—2015年的间隔中，世界发生了翻天覆地的变化。这次，只花了短短10年。

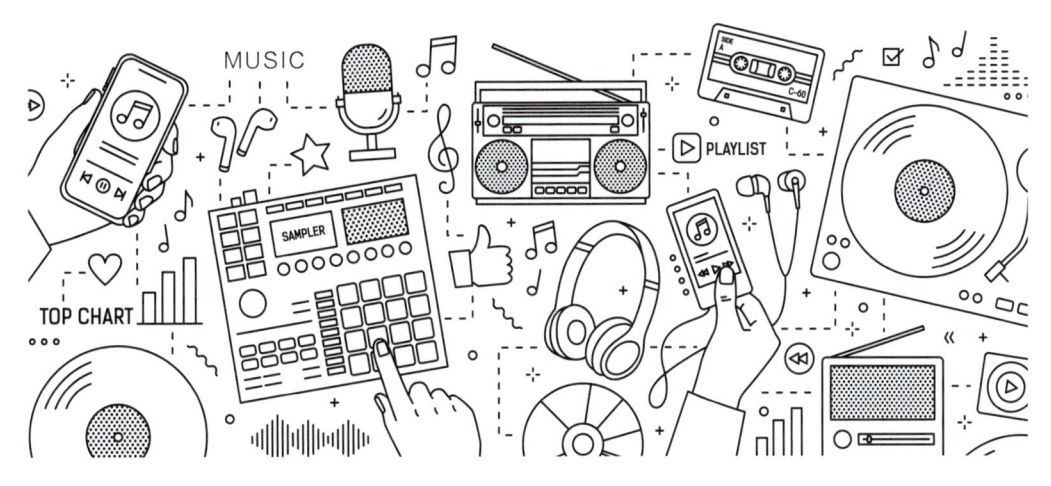

在这次间隔里，新智能手机取代了几十种设备，包括照相机、录音机、日历、手电筒、固定电话、随身听、闹钟、计算器、摄像机，甚至在一些情况下代替了书。

更有意思的一点是社交媒体的发明。脸书的用户量从0有效增长至15亿人，带来了全世界人们共享经历的文化转型。1.8亿人和一个带着伍基人面具的女人一起大笑，甚至有数十亿人观看了歌手Psy《绅士》（*Gentleman*）的单曲视频。

这只是变革的一个阶段，而我们现在正处于下一个阶段的一半。

2025年的世界会怎样？

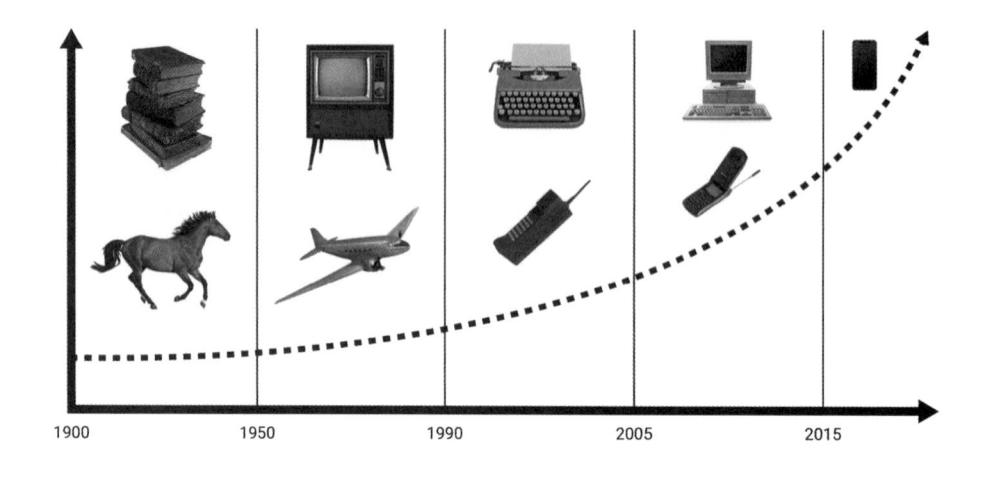

不只为变革做准备,更要为加速变革做准备。

当目睹已经或正在发生的变革时,人们往往会期望每个变化区间都包含类似的时间区间。然而,变化的速度是如此之快,以至于当直观地绘制出这些区间时,看上去很荒谬。因为变革的速度正在以指数形式增长。

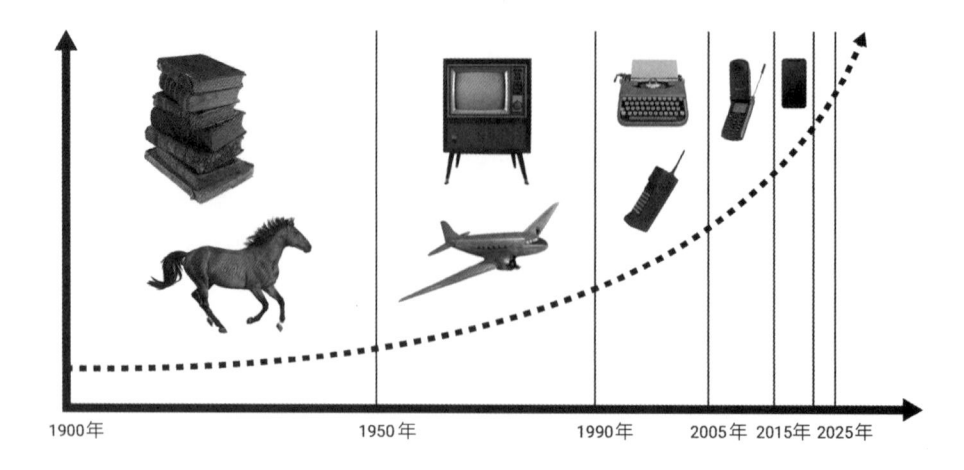

我们即将经历人类历史上最激动人心的时刻。暂停一下，真正思考一下速度表：

"趋势猎人"公司研发的"变革的潜在速度"

（每个区间为全球相似变化的一个单元）

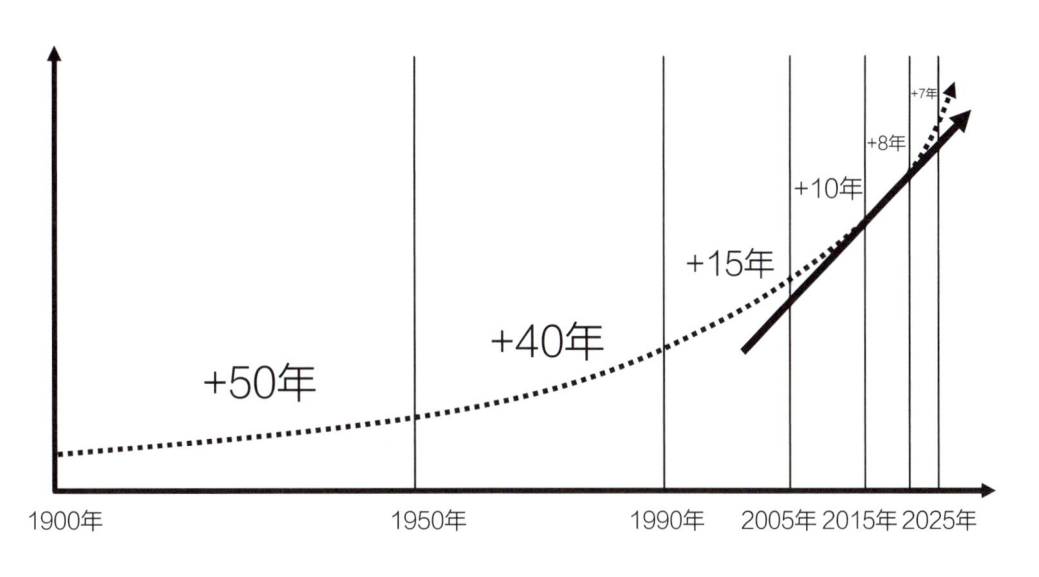

+50年　　+40年　　+15年　　+10年　　+8年　　+7年

1900年　　　　　1950年　　　　1990年　　2005年　2015年　2025年

想知道更多吗？更深入地了解这种速度如何以及为什么会继续加快，请阅读第115页附录中有关对人类未来影响最大的"三个大趋势"。

世界将不再如此缓慢

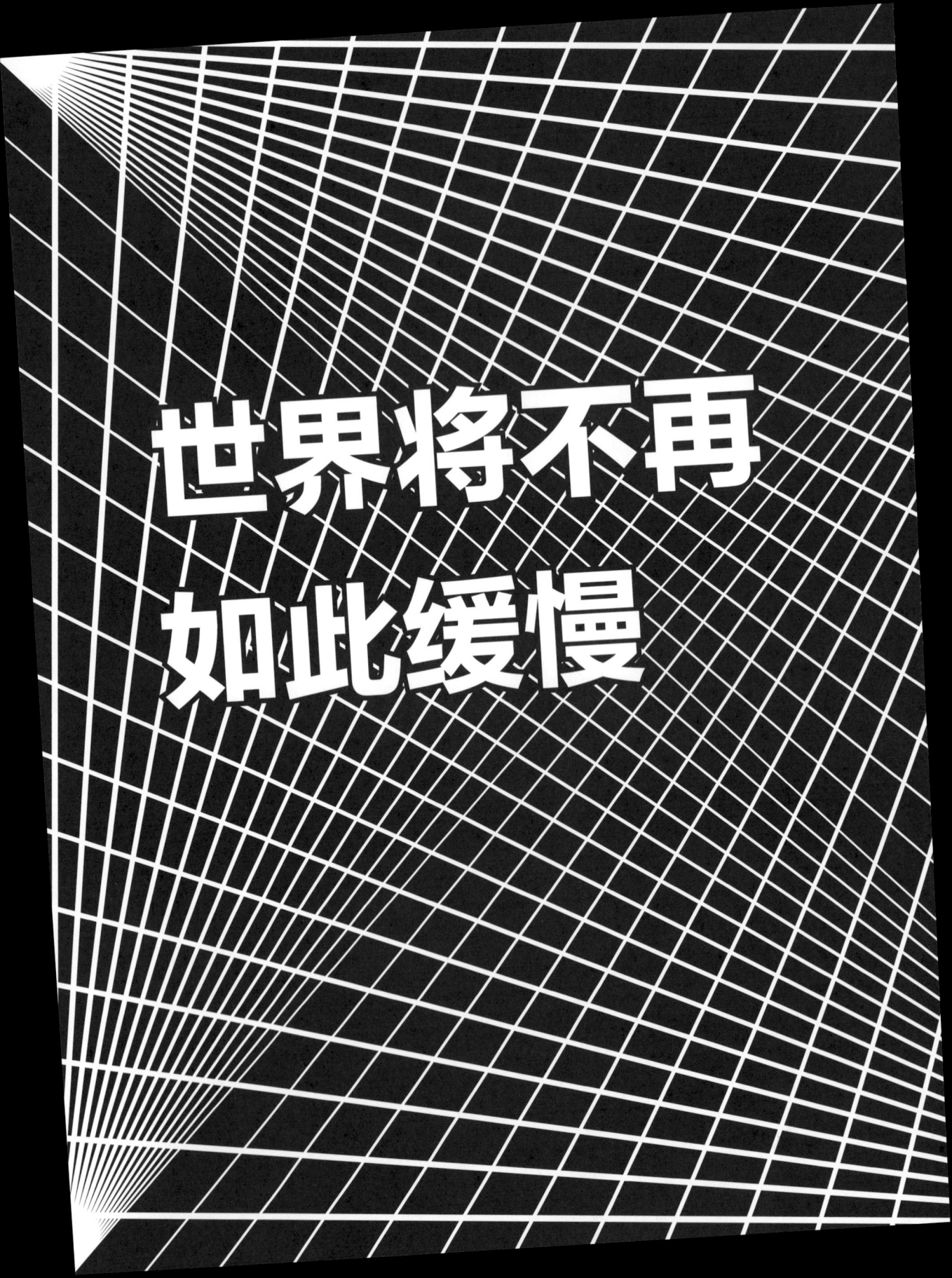

工作坊问题

- 了解到不同领域中如此多的变革，你所在的行业或企业发生了怎样的改变？
- 建立一个清单，列出你所在行业的十几个远期创意，并模拟如果你的竞争对手发布这些震撼世人的颠覆性创新成果，你如何应对？
- 现在怎样做才能助力在下一场变革中获得成功？

策略

1. 追踪所在市场的变革。
2. 头脑风暴可能实现"超级未来"。
3. 预见未来，采取行动。
4. 做好颠覆或被颠覆的准备。
5. 假设预测的未来比你所想象得更快到来。
6. 比较现在与过去，预测未来。

路径依赖的七大陷阱

1. 微妙的机会
2. 思维的捷径
3. 无为的安逸
4. 短视的选择
5. 成功的困境
6. 线性思维
7. 不适 VS 突破

不适 VS 突破

当创意终于偶然来袭时，必须准备好应对——应对挑战你的舒适区所导致的难堪和不适。新想法有时候令人不适，因为它要求我们改变，而且有许多陷阱阻挠我们看到新想法的潜力。为了实现突破，必须驾驭不适感。

突破只发生在舒适区之外

突破，顾名思义，就是超出你舒适区的东西。而人们讨厌自己处在舒适区之外。这就是为什么这么多聪明人错过了那些总是近在咫尺的伟大创意。

在本节中，我将用我在商业领域中四个最大的错误来讨论四种不同类型的突破，向你展示被忽视的机会，从而说明突破所具有的某些特征。

另外，希望你已经对我和我的团队的咨询服务有了初步的了解。但我想用自己的错误来说明，即使对于一个专业咨询人士来说，预测和创造未来也是挑战重重。

如果想预测未来，必须付出努力，并走出舒适区。还应该了解每一种突破性创新的特征，这样就能在创意出现的时候抓住机会。

———— 如果渴望找到改变游戏规则的机会，必须走出舒适圈。 ————

舒适区外的机会

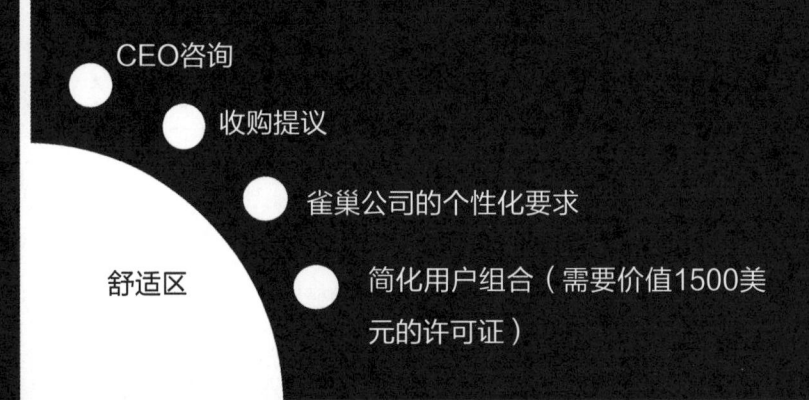

- 分散性（纵轴）
- 复杂性（横轴）
- CEO咨询
- 收购提议
- 雀巢公司的个性化要求
- 简化用户组合（需要价值1500美元的许可证）
- 舒适区

突破的4个不同层次

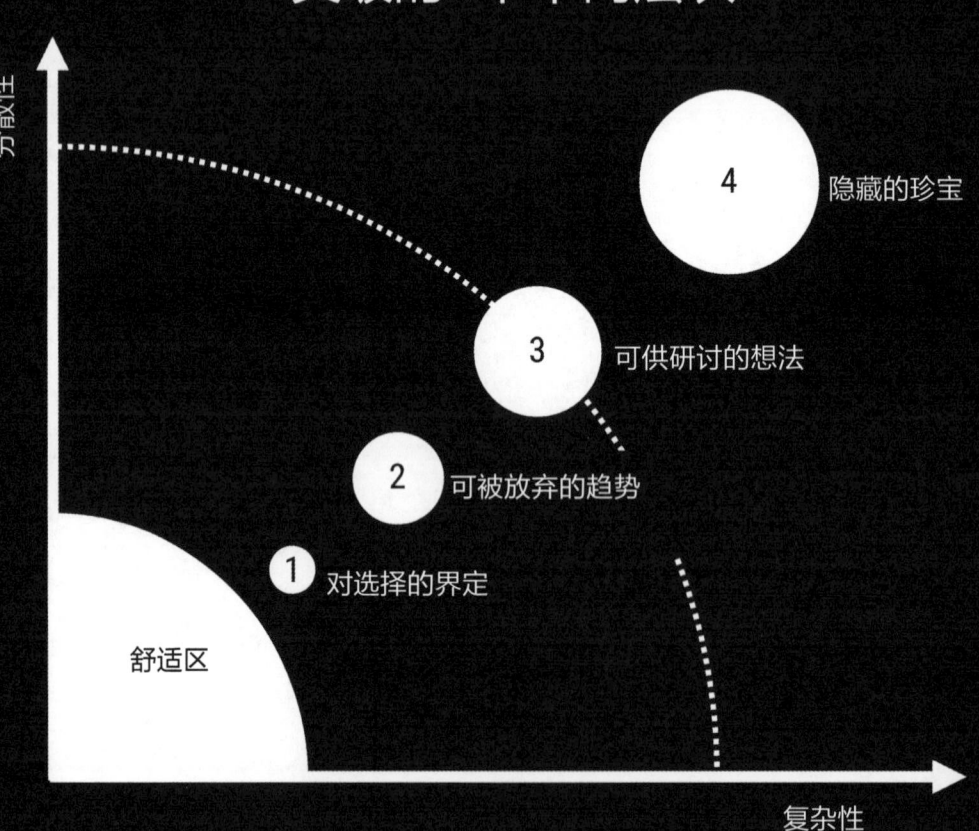

- 4 隐藏的珍宝
- 3 可供研讨的想法
- 2 可被放弃的趋势
- 1 对选择的界定

舒适区

分散性 / 复杂性

第一类：对选择的界定

不要轻易否定

我没有想到"趋势猎人"会成为拥有数十亿人次浏览量的网站。这很值得骄傲！我的天才团队的出色工作绝非轻而易举、理所当然。然而，我确实想到了那些"被抛弃"的伟大想法。那些被忽视的机会本可以把我们推向不同的方向。

因为想建立一个人们可以分享想法的地方，我从2005年开始自学编程并建立了"趋势猎人"网站。当时我还在一家银行负责创新和金融分析业务。网站发展得非常快，浏览量从几千到几百万人次，再到几十亿人次，然后我才想出正确的商业模式。曾经，"趋势猎人"的流量几乎超过了地球上任何一种报纸，而它的团队只有十几个人。虽然有一些广告收入，但还不足以支付开销。

随后的几年，出现了多个展示的机会：来自CEO的咨询邀约、收购提议、对"趋势猎人"定制化服务的要求，以及简化用户分享文章方式的创意。我有意拒绝了这些想法，因为网站的发展已经让人分心。而且，因为网站运行良好，我和我的团队开始像农户一样更关注现有的收成，而不是像猎人一样出去寻找新的猎物。我们待在舒适区里研究如何获得越来越多的页面浏览量。这是不可饶恕的错误！

第一个被忽视的机会是简化我们用户分享文章的方式。简而言之，"趋势猎人"是这样运行的：世界各地的任何人都可以注册，找到他们喜欢的创新成果，并把它写下来。然后，这篇文章会发布到他们的作品集上，这就成了他们的视觉画廊。我们曾经试验过一个简单的功能，即通过点击来分享，跳过用户必须写东西的那一步。但这需要花费1500美元许可费才能达成这个完美的效果。所以我们放弃了这一步。

第一类：对选择的界定（续）

六年后，拼趣网站问世，提供了类似的用户体验。但它有一个特点，那就是不用写文章。在"拼趣"上，用户同样可以找到喜欢的东西，点击一下就可以分享，然后它就会出现在用户的"作品集"中——这也是一个用户画廊，外观设计和"趋势猎人"惊人地相似。

彼时，我也曾想：是否应该重新启动"趋势猎人"的功能——在未写文章的情况下也能分享。1500美元的许可费由我们公司支付？但这样可能会降低每篇文章的质量。我认为不值得这样做。

到了第二年，拼趣的估值为10亿美元，然后是20亿，接下来是50亿，之后是110亿，后来是300亿美元……而我省下了1500美元。我想这意味着被忽视的机会是"没有成为拼趣"，或者至少是没有认真对待拼趣的创新之处。

我忽略的机会属于"突破"的第一类，即"对选择的界定"。一个决定性的选择是特别呈现给你的机会。你必须主动说出"是"或"不是"的东西。要看到这种类型机会的价值，需要了解你的舒适区。当做决定和评估"是"与"否"时，应该看看哪些是正在做的，因为它们在你的舒适区中。然后，你应该突破极限，做出大胆的选择。

"对选择的界定"的解决策略：

1. 识别你的舒适区。

2. 尊重舒适区外的决定。

3. 有一笔资金作为博弈。

4. 征求外部意见。

5. 做出大胆的选择。

第二类：可被放弃的趋势

认识到专业知识导致盲区

2009年出版的《利用混沌》是"乌卡"时代的畅销书——我在正确的时间、正确的地点做了一件正确的事。我开始受到媒体CEO的邀请，帮助他们在混乱时期进行数字化重塑。NBC环球、特纳广播、索尼、美国论坛、福克斯娱乐、维亚康姆、CNBC、罗杰斯和其他一些公司的领导层和CEO邀请我为他们提供咨询服务。

受欢迎的同时，我也开始意识到专家身份的陷阱。如果我的流量超过了那些大型网站，那么我能永远保持我的领先地位吗？大错特错！

当资金充裕的媒体巨头们醒悟过来，我仅有12人的团队无法与之竞争，预计每年将损失100万美元，再加上员工工资，公司的未来更是雪上加霜。我需要化解危机，否则，就不得不裁员过半。

这类错误的有趣之处在于：我看到了市场上的所有趋势，但我以为会继续保持竞争优势。我把这称为"可被放弃的趋势"。很多企业就是如此，比如诺基亚、史密斯·科罗纳或黑莓等曾经的市场霸主。

"可被放弃的趋势"的解决策略：

1. 保持谦虚。

2. 提出问题。

3. 认识到专业知识可能导致盲区。

4. 采纳你曾经给别人提出的建议。

第三类：工作坊想法

追随好奇心

为了填补100万美元的资金窟窿，我开始急切地寻找，梳理我的每封电子邮件，寻找任何可能帮助我们支付开销的机会。

雀巢公司一位名叫萨拉·迪克斯（Sarah Deeks）的关键客户提出了一个想法，她问道："如果我们订购一个5万美元的研究资料包，这里面能否包括……工作坊……报告……以及一套定制的'趋势猎人'工具？"

我们通了电话，为她提供雀巢公司的定制服务，包括定制研究、报告发布和定制版的"趋势猎人"平台服务。几年后，差不多有100个客户注册。这很了不起，但我不能不想如果两年前就提供了她要求的服务，会怎样？她启发了我们今天所采用的商业模式。如果早三年推出这项业务，"趋势猎人"一定无比风光！

我犯了一个错误——没有看到这个工作坊想法的潜力。我本可以和这位名叫萨拉的客户坐下来，规划出她想要的东西。她会解释她想做什么，我们本可以在几年前就想出办法。

"工作坊想法"的策略和方法：

1. 挑战看似可能的事情。
2. 追随好奇心。
3. 角色扮演，演练"如果……会怎样？"（不允许"怀疑"）。
4. 发展新客户，而不仅是满足现有客户。

第四类：隐藏的珍宝

不懈地追求被隐藏的珍宝

我的第四个巨大错误就是现在正在犯的错误。它是隐藏的珍宝，也是我现在忽略的大创意。但我不知道它是什么。你也有一个隐藏的珍宝。为了找到突破口，你和我将不得不应用本书中的概念，看看是否能够重新连接我们面前的点，再创辉煌。

在此过程中，我们必将遇到更多的失败、阻力，还会遇到那些没有看到我们新想法潜力的人。

为了激励彼此，我将分享事业征程中的最新思考。

"隐藏的珍宝"的解决策略：

1. 打破规则。

2. 加倍努力。

3. 即刻行动。

4. 快速失败。

5. 永不放弃。

最后的思考

奇怪的黄金失踪

在我的家乡多伦多,有个叫罗伯·麦克尤恩(Rob McEwen)的人,他在商业上很成功,但他真正想要的是一些闪耀的、光彩的东西——金子,而且是大量的金子!

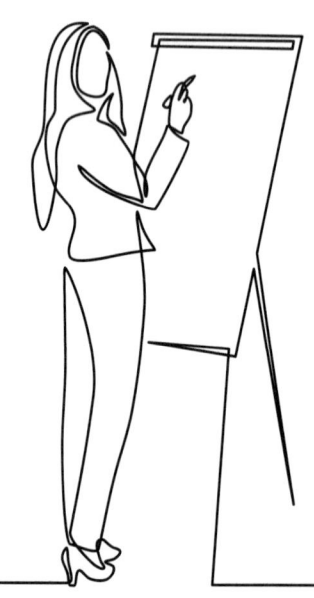

像19世纪的探矿者一样,罗伯想开金矿。他确实赚到了足够的钱来买金矿。他把财富都投进一座名叫红湖的小镇上的金矿,那是一座有50年历史的、废弃的且即将被关闭的金矿。

问题是,罗伯已经错过了162年前的"淘金热"。他找遍了每一个角落、每一块石头!在长达六年时间里,他始终没有找到黄金,数百万美元也被花光。运气太差!小矿山似乎并不能再被称为一座矿山了。

不顾所有的反对意见，罗伯犯下了最不可饶恕的金矿主行为错误：他把最珍贵的数据、矿图等值钱物全部免费送出。他发出奖赏令：向任何能够告诉他黄金位置的男人、女人或孩子提供50万美元的奖赏。

令他震惊的是，他收到了1400多份材料。他说："有应用数学、高级物理学、智能系统、计算机图形，以及解决无机问题的有机方法。而我以前从未见过这样的能力！"

有一半关于金矿位置的建议以前从未被想到过。罗伯从差点被遗弃的矿山里收获了价值超过390亿美元的黄金。整整390亿美元！如今，罗伯和他的团队正在使用人工智能和IBM的沃森超级计算机，探测"那里的山头是否有更多的黄金"。

作为采矿业的新人，罗伯察觉到了一些不对劲的地方。几十年来，淘金者陷入了一个怪圈——重复着过去的方法和淘金技术。

通过以全新的视角来看待完全相同的数据，来自各行各业的创意人士能够帮助罗伯找到隐藏的黄金。换句话说，那些局外人能够看到金矿公司掌控着却看不到的近在咫尺的机会。

相信这个故事能启发你重新思考未来。

—— **机会如此之多，切记不要被过去的成功挡住通向未来之路。** ——

结论

在人类历史上最伟大的变革时期成为一名以推动企业创新与变革为使命的人是我人生的幸福与荣耀所在。这也是一个混乱时期，人们见证了无数的新发明、新想法，这些都在重塑着人类的未来。你、你的团队和你的孩子将看到我们的生活被彻底改造人类的技术所增强、改变或颠覆。这是一个值得用力生活的时代！

然而，同样需要强调的是，游戏规则已经改变。传统的创新可能是生产一个爆款产品，并连续多年获得收益。但在这个持续变革的时代，没有人或企业能够"一招鲜，吃遍天"。

一万年前人类都是农民，经过一万年的进化后，成功使人类降低了创造新想法的可能性。像你我一样的聪明人，很容易就错过本来很容易掌握的机会。我们被思维的捷径、成功的陷阱、线性的思维和什么都不做产生的舒适感所阻碍。

其结果是，我们倾向于沿着熟悉的车道驶向未来。我们陷入了一个怪圈。但是，原本平坦易行的道路不会再像从前那样安全。原来的路已经危机四伏。在快速变革的世界里，陷入常规意味着对所有可能存在的其他道路视而不见。

好消息是，我们正在接近新的机会之路。

为了实现潜力，要宽容新想法的不完美，要训练大脑更有创造力，要及时行动，对未来的选择保持开放与接受。还要认识到你专业知识的巨大力量，追踪行业和市场趋势，深刻理解变革的步伐，走出舒适圈——因为未来取决于你的想象！

创造未来。

附

未来什么样？——窥见超级未来

"趋势猎人"使用包括18个大趋势和6个机会模型的框架帮助客户窥见未来，本书的"机会搜寻"部分将详细呈现这个框架。为帮助读者熟悉这一内容，本部分利用该框架来讨论影响"超级未来"的三个大趋势。"超级未来"是我对5~10年后的世界的称呼。

下列三个大趋势是影响"超级未来"的最大影响因素：

1. 跨界

区分不同行业的界限日渐模糊。任何人可以在任何市场上参与任何竞争。

2. 即时创业

在任何市场上推出新产品，即刻成为创业者，这一切从未如此容易。

3. 人工智能

人类进步的步伐将急剧加快。而机器会像人类一样思考，其处理速度和数据量接近无限大。

18项大趋势和6种机会模式

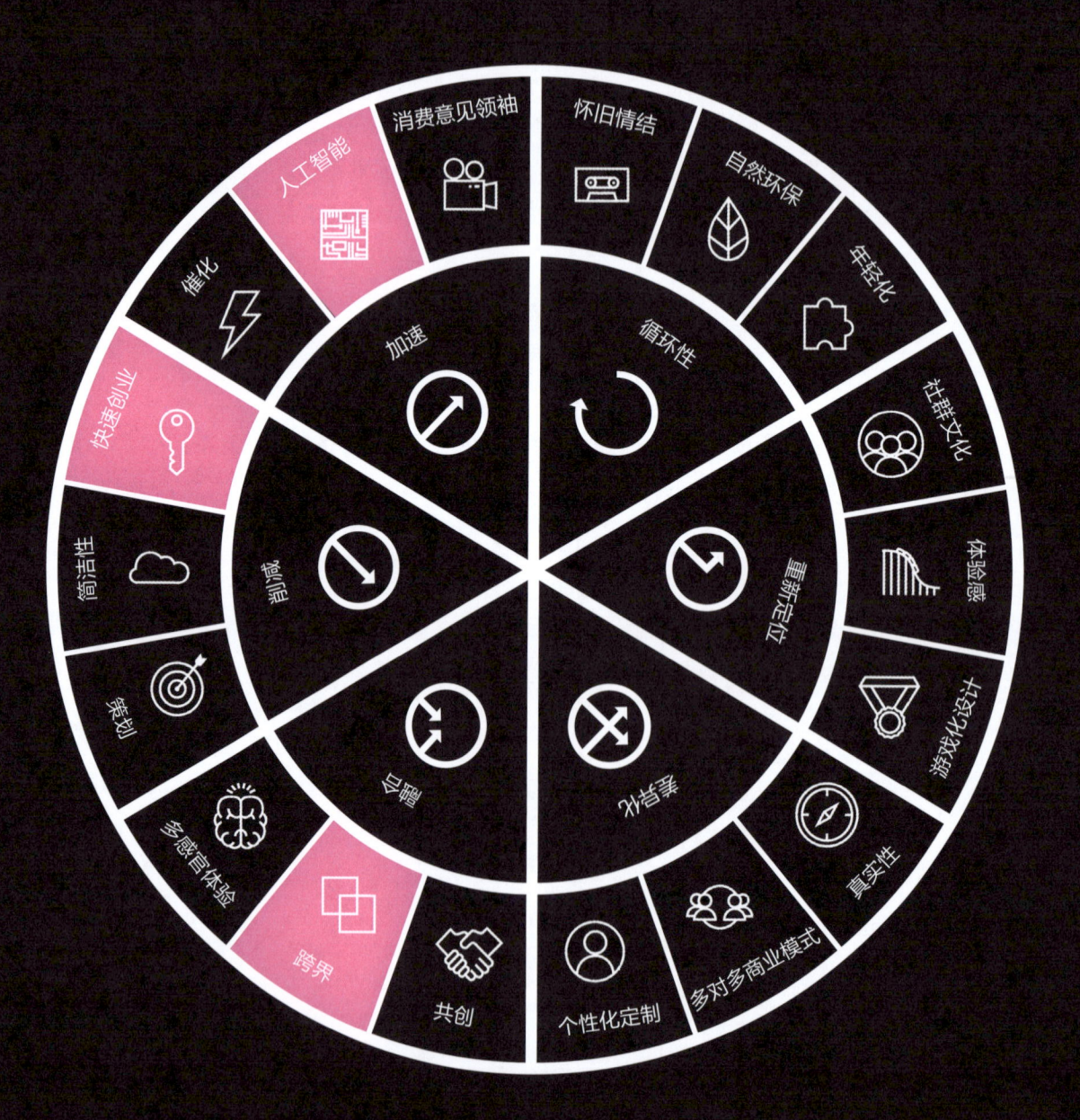

1. 跨界

世界正在经历融合

看似不相关的公司几乎在每个行业中都开始竞争。不同的世界正在加速融合。在B2B服务领域，过去有像EY、Deloitte、KPMG和PwC这样的会计师事务所，他们只做会计。像Monitor（我的前雇主）、McKinsey和BCG这样的咨询公司过去只做咨询。广告公司只做广告，技术供应商只做技术。但现在所有这些公司都开始竞争同一个云计算、技术和创新的市场。他们收购更多的公司以获得新技能，扩大服务范围，上面提到的四类公司都提供同样的服务。

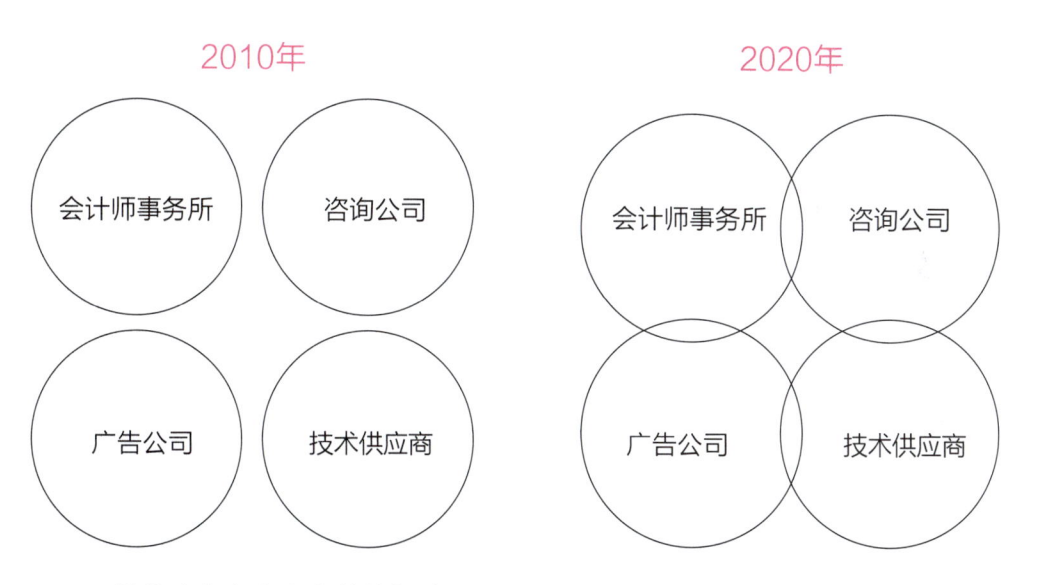

2010年　　　　　　　　　2020年

会计师事务所　咨询公司　　会计师事务所　咨询公司

广告公司　　技术供应商　　广告公司　　技术供应商

同样的融合也发生在其他领域、行业和市场。在传媒业，主持人、观众和广告商过去是分开的。今天，社交媒体使观众能够自行宣传与直播，而网红营销则进一步模糊了这些界限。在计算机领域，生物学、物理学、软件和硬件正在发生碰撞。

为了更深入剖析这个现象，我们来探讨一下亚马逊公司。过去，亚马逊还只是一家书店。如果你经营杂货店或服装品牌，你可能对亚马逊不屑一顾。现在，亚马逊做以上所有的事情，包括设计和网络服务。

当亚马逊收购全食超市时，它的前六名竞争对手损失了120亿美元的市场价值。早期从这些股票中撤退可能是正确的行动，但大多数人只意识到亚马逊收购行为的主要影响。现在，他们可以出售食品杂货，卖出更多的会员资格，并为网上订单提供店内取货服务。

实际上，收购的当天，还有一些更具有智慧的举措。亚马逊，一家位于西雅图的偏远网络公司，收购了400个本地仓库和9万名本地员工。想想其中的含义：亚马逊现在可以为他们的全食超市最受欢迎的产品，创造一个全新的按小时交货的世界。想象一下，如果亚马逊成为你企业的下一个竞争者，会发生什么？

展望未来时，区分行业的界限已经模糊，这意味着任何人、任何企业都可以很容易地进入新的市场，或者看到自己的市场被未曾想到的竞争对手进入。

2. 即时创业

全球竞争比以往更容易

即时创业意味着任何人都可以立即成为企业家，这比以往任何时候都容易得多。即时创业可以是开发一个创意，或在网上制作原型。即时创业者可以在一小时内发布一个网站，让世界各地的人争相优化你的标志设计。甚至还可以在不知道如何外包的情况下，在Kickstarter（全球众筹平台）上推出产品。来自任何地方的任何人，都可以在全球范围内展开竞争。

另一种深入理解全球创业的途径是判断讲英语的和上网的人数。1980年，世界上有40亿人未与互联网连接，其中只有70%的人是识字的。他们拿着铅笔到处跑，试图解决问题。现在，全球有超过75亿上网的人，其中85%识字。他们拿着

强大的智能手机到处跑，而且能够让太空船降落在月球上。综合考虑上述因素，你就会发现与互联网连接的、讲英语的那些竞争对手、客户和合作伙伴增加了15倍。

为了更深入地思考这个问题，我就以教育为例谈一谈。过去，对聪明的、富有的美国人来说，想要获得最好的商学院教育，可以去哈佛大学（当然，如果被录取的话），为其一生的特权奠定基础，也许生来就享有这种特权。如果想从事电子工程，可以申请麻省理工学院。如果想在硅谷工作，可以申请斯坦福大学。

近年来，这些顶尖学校的教授开始在网上免费提供他们的课程，即大规模在线开放课程（MOOCs）。这些开放课程只是一个例子，说明来自不富裕背景的学生可以获得在线教育。但这有用吗？斯坦福大学的人工智能教授吴恩达（Andrew Ng）决定将他的课程放到网上共享。以前，他给斯坦福大学的200个学生讲授相关课程。但在网上，超过16万人注册了该课程。更有趣的是，其中248名线上学生能够在不犯任何错误的情况下通过每一次考试，而400名线上学生的甚至能够超过每一个斯坦福学生。你可能认为斯坦福大学的学生应该更聪明、有特权、在考试中更胜一筹。但他们无法与来自世界各地的饥肠辘辘、雄心勃勃、追求卓越、求知若渴的人才相比。现在我们拥有比以往更多的全球竞争对手、合作伙伴和客户，而这种情况的影响才刚刚开始显现。

3. 人工智能

人类进步的步伐将不再完全与人有关

人工智能（AI）是人们经常使用的术语，但却没有完全理解其含义。我们往往只在遇到某种形式的新软件时才使用"人工智能"这个词，但实际上，它已经融入了生活的方方面面，包括新闻广播、驾驶路线、情感咨询、在线搜索和社交网络。

作为未来最重要和最具决定性的因素，需要人类从更复杂的视角来认识人工智能。因此，读者值得花时间和我一起去"啃书本"，更深入地探索AI概念。人工智能意味着计算机可以自行编程，处理大量数据并自行学习。从细节上说，人工智能可以分成三类。

- ANI：狭义人工智能（Artificial NARROW Intelligence）
  （适用于今天我们所知的人工智能水平）

- AGI：通用人工智能（Artificial GENERAL Intelligence）
  （指所有类别的人类智力）

- ASI：超级人工智能（Artificial SUPER Intelligence）
  （一种超越人类理解的必然结果）

第一部分：狭义人工智能ANI

今天人工智能领域的一切都被认为是狭义人工智能。换句话说，人工智能是狭义的智能，因为正在制造的人工智能系统通常只精通一项"狭义的"任务，缺乏人类所拥有的跨领域的一般知识。

尽管如此，我们还是看到了一些非常令人印象深刻的狭义人工智能的例子，其中包括：

- AI个人助理——苹果Siri、谷歌Home、亚马逊Alexa和三星Bixby。这些设备将世界上最大的科技公司置于消费者家中。智能设备将成为人工智能的核心战场。

- AI律师——Ross。在基本法领域，人工智能律师的准确率为90%（相较之下，人类为70%）。

- AI医生——IBM Watson。我们团队帮助IBM推出了Watson超级计算机，它在很多领域都很出色。在医学领域，Watson对复杂病人的诊断准确率是人类的四倍。

- AI自动驾驶汽车——特斯拉。埃隆·马斯克（Elon Musk）表示，有一天人类司机将会变得不安全。
- AI投资人——Numerai。像其他几十家资金雄厚的初创公司一样，Numerai一方面正在改变财富管理方式，另一方面正在试图获利。
- AI面部识别和分析——微软。这个科技巨头的产品可以识别你的面部，并以惊人的准确性预测你的性别、年龄和情绪。

五年前，谷歌开始训练人工智能对图像进行分类。起初，人工智能有26%的误差，而人类的误差是6%（顺便说一下，这看上去挺荒谬）。今天，谷歌人工智能的成功率已经提高到人类的两倍。乍看起来似乎无关紧要，但想想眼科领域。假设你去看眼科医生，诊断出一种眼疾。由于担心后续影响，你可能会选择来自人工智能的意见。研究表明，第二个眼科医生有60%的可能会与第一个眼科医生意见相左。更有意思的是：如果几小时后把病历拿给原来的医生，他们也有60%的可能不同意自己先前的意见。在这样的情况下，我想人们更想要人工智能医生。

第二部分：通用人工智能AGI

人类很难理解任何领域的复合增长，但计算机作为令人难以置信的案例脱颖而出。人类已经有了计算机，可以获得无限的信息。这比人类所能获得的多多了，而且处理能力也远远超过人类。一旦智能编码追赶上来，接下来，发生在动画片中的情况将成为人类必然经历的现实。

目前，面对人工智能时，我们的反应是这样的："哈哈，挺可爱的。这个有趣的机器人会耍猴戏！"我们还倾向于认为，最不聪明的人类远不如我们聪明，而像爱因斯坦这样的人则要比我们聪明得多。然而，对于一个人工智能系统来说，我们的智力差距没有那么大。大约10年后，人工智能将赶上人类平均水平的一般智力（即覆盖所有学科的智力）。然后，大约半小时后，它将超过爱因斯坦。到了第二天，它将比我们聪明100~1000倍。到那时，人工智能可以接触到已知宇宙中的每一个事实，并有更强的能力来处理信息。

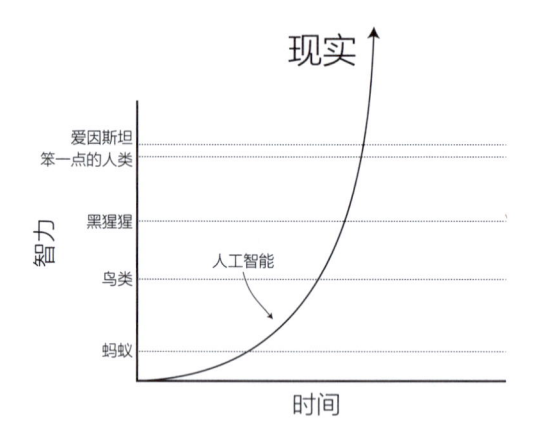

作为人类，很难想象有一台电脑能与我们的智力相匹配。然而，如果人工智能系统只有今天计算机那样的速度，但又有斯坦福研究者那样的智力，估计它可以在一个星期内完成11000年的研究。人类将在10年内达到这种处理水平。而这对人类意味着什么？我们将如何生活、饮食、工作、治疗疾病、帮助地球、消耗能源、传播信息？我们又该如何在这样的力量下生存、生活？

五年前，这些问题是科幻小说的灵感来源。但现在，人工智能的发展速度是预期的两倍以上。这已经成为创新者、未来学家和整个社会最需要了解的重要信息。

引导人类进入更高层次人工智能的因素

我把AGI的进展归结为三个必要因素：数据、算力和智力。请快速浏览以下每个因素。

1. 数据

当今，人类一年创造的数据比过去5000年加起来还要多，但只有0.5%的数据被分析。这就意味着人工智能系统可以获得无限的数据。

- 每一种语言
- 每一个事实
- 每一个维基百科页面

- 每一个数学公式
- 每一个物理学方程式
- 每一个生物工程壮举
- 每一条新闻和数据趋势
- 每一个市场营销的最佳实践
- 每一个神经心理学的洞察力
- 每一封被黑客攻击的电子邮件（至今已有70亿封）
- 每一个股票市场的技术
- 每一个人

到目前为止，我们已经达到了广义人工智能的水平。

2. 算力

把计算机的速度和人类的速度相比其实非常复杂。然而，鉴于人类正试图想象机器何时会像人类一样聪明，所以值得做这一比较。考虑一下IBM的超级计算机"顶点"（Summit）——目前世界上最快的计算机，但在本书出版时它可能会被超越。如果地球上的每个人每秒完成一次计算，仍需要305天来完成"顶点"在1秒钟内能做到的事情。不用说，人类没必要指望自身的算力达到AGI的水平。

3. 智力

唯一的不确定因素是智力，人工智能仍有很多东西需要学习。尽管人工智能的进展一直领先于预期，大多数研究人员估计人工智能还需要10年时间进行学习。一些科学家正在解剖人类的大脑，看看是否可以对其进行精确的复制编程。还有科学家正在教授计算机自学，即（1）超级元（super meta）和（2）超级复杂（super complicated）。例如，Facebook设置了两个人工智能聊天机器人来处理语言和评论。然而，他们不得不关停机器，因为人工智能系统发明了自己的语言，从而使人类无法追踪他们在谈论什么。太不可思议了！

如果向合适的方向发展人工智能，它将使人类治愈所有疾病、延长生命（也

许永生）、修复地球。而我们人类将永远不必工作，并体验完全的幸福。当然如果弄砸了，结局可能正相反。

为人工智能奠定基础的比尔·盖茨（Bill Gates）担心它可能导致世界末日。斯蒂芬·霍金（Stephen Hawking）一直发出类似的警告。埃隆·马斯克（Elon Musk）拥有世界上最先进的人工智能程序之一，但他表示，我们可能正在召唤恶魔。总之，仍有许多问题需要回答，但有一点是肯定的：未来五年的发展速度将比过去十年快得多。

第三部分：超级人工智能ASI

未来40年，AGI系统将发生快速的进步，并面临竞争，直到达到临界点：该系统超出与之竞争的所有系统1000倍。换句话说，计算机系统统治的世界将在未来的某一时刻到来。这一刻带来的影响开始像科幻电影一样，所以我不打算继续深究这个方向。

每离AGI近一步，我们都在加快人类进步的步伐。

人工智能机械化的未来

当把人工智能与其他六个因素结合起来时，人类使用人工智能的能力将无与伦比，创造出我称之为人工智能机械化的未来（AI-mechanized future）。

1. 机器人

帮助人类完成工作和日常生活的机器人数量呈指数级增长。现在有的机器人可以帮你倒垃圾，有的机器人可以做酒保，有的机器人做接待员，有的机器人送比萨，有的机器人可以在餐厅帮你点菜，还有的机器人教我们的孩子如何做人。此时此刻，农场主正在使用机器人来识别农作物的生长状况。机器人让农场主知道何时施肥、何时收割，不断增长的全球人口因此得以养活。你希望机器人能在家里或工作中的哪些方面帮助到你？

2. 交互界面

目前，我们会和手机、笔记本电脑和智能家居助手互动，但所有这一切都将改变。例如，谷歌的新智能助手可以给餐馆打电话订位、预约，并像人类一样进行复杂的对话。同时，人工智能在视觉上重塑人类形态的能力越来越强。由人工智能赋能的Deep fakes项目让我们明白，实际上，我们可以将任何面孔以视频形式放在任何身体上。在网络上，人们持续不断地把尼古拉斯·凯奇（Nicolas Cage）的脸放在每部经典电影的几乎所有演员身上，而效果看起来令人信服。那么，如果有人用这项技术来重现美国总统的形象，进而发出他并不想发出的命令呢？会发生什么？到2019年，这一概念的实施又向前迈进了一步，中国的应用程序Zao推出了一项功能：你能在视频中将你的脸与几乎所有名人的脸对换，这意味着你将随意成为莱昂纳多·迪卡普里奥（Leonardo DiCaprio）或是泰勒·斯威夫特（Taylor Swift）。想象一下，在观看你最喜欢的电影时，核心角色都长得和你的家庭成员一样。这已经不仅仅是可能了，尽管从版权的角度来看并不合法。

人工智能
机械化的未来

- 机器人
- 交互界面
- 思想控制
- 生物功能增强
- 3D打印
- 可持续发展

3. 思想控制

多年来，我们一直在视频游戏里使用思想控制。但现在，麻省理工学院媒体实验室的高级人工智能设备AlterEgo可以读取大脑中的想法。开发人员目前可以使用该界面浏览电视节目、执行基本搜索任务，或者在浏览商店时记录他们的杂货清单。遥远未来才能发生的"现实"已经来到当下。如果有人可以在5英尺（约1.5米）外就读懂你内心的想法会怎样？如果警察使用这种技术，你会感到满意吗？如果营销人员这么做呢？如果是拉斯维加斯的赌场？万一是零售商呢？

4. 生物功能增强

目前已经有了假肢、机械臂帮助人类重新获得控制权和身体触觉；人工耳蜗可以为失聪的人带来听力；眼部植入物为盲人恢复视力；同时，企业正在研究眼球技术，这项技术可以用眼球保存图像，拥有超级视觉，并通过Wi-Fi传输图像。你希望你的新眼睛有什么功能？

5. 3D打印

有了3D打印的椅子、自行车、汽车、房屋，甚至建筑、桥梁、鞋子、石膏、衣服、食物和假肢，其他身体部件也可以被3D打印出来。如果机器人可以3D打印新的机器人，你会被吓到吗？

6. 可持续发展

现如今，人类能迅速地调动风险资本和技术，以至于人工智能机械化的未来有一个生态问题。而这是以前从未见过的。例如，你可能对多数大城市存在的共享单车很熟悉。这种商业模式十分吸引人，以至于很多风险资本家和中国的亿万富翁都急切地加入了这场游戏。每个人都希望在所有城市的市场上投放大量共享单车。但问题是，资本和单车产量都在急剧增加，以至于农田里都堆满了永远不会被骑的自行车。这就是快速发展的世界造成的，或者说过度生产带来的灾难。

与此同时，海洋中还有8个巨型塑料垃圾漩涡，这些塑料垃圾永远无法彻底分解。事实上，最大的塑料垃圾漩涡面积是得克萨斯州的2倍。而作为产品的设计

者和创造者,人类要开始思考这个身份的其他义务,而且确保全过程的可持续发展。人类必须考虑,这些被创造出的产品,最后的归宿在哪里?

好消息是,下一代人非常关心这个问题。当转向可持续发展的价值观时,企业就是在转向下一代客户。

现在市场上已有海洋塑料制成的服装,如阿迪达斯的Parlay鞋,事实上,我在写这本书时就穿着它。还有海洋塑料制成的太阳镜、衬衫和收藏品。甚至还有人试图清理塑料垃圾。博扬·斯拉特(Boyan Slat),一个18岁的孩子,在TED的舞台上展示了相关方案。他计划撒下巨大的网来回收塑料,将回收物用于其他用途。截至2017年,他从相关慈善家那里筹集了3150万美元,2019年宣布已经成功地开始回收海洋塑料。

作为企业家、创业者或管理者,你将采取什么行动推动品牌的可持续发展?在"趋势猎人",我们最近捐赠了200万棵树给"未来之树"(Trees for the Future),该组织致力于在世界饥饿和贫困地区创建森林花园。森林花园是绿树成荫的可持续农场,在解决当地人温饱的同时,赋能贫困家庭。而"趋势猎人"承诺并实践的就是用客户每次定制的趋势报告和"未来节日"门票的收入捐赠10~100棵树,从而把慈善和我们的事业结合起来。

在这部分关于人工智能的讨论中,可持续发展初看似乎像弧线球一样,与之关联不大。但我有意将这两者结合起来,因为技术快速发展,市场以较低的成本生产太多的产品,导致供应过剩和浪费。在变革加速的时代,我们有能力毁灭或创造未来。

有关超级未来的结论

变革的速度不仅仅是加快了,而且是急剧加速——跨界、即时创业和人工智能正在加速人类历史上这一波澜壮阔的变革。基于此,适应能力比以往任何时候都更显重要。

解决战术:

1. 竞争对手或其他类似行业的从业者正在进行哪些人工智能项目?

2. 哪些措施可以加速你的品牌发展?如何应对可持续发展问题?

3. 如果你有人工智能团队,你希望哪项业务首先实现自动化或被颠覆?顺便说一下,"趋势猎人"几年前就建立了"趋势猎人·人工智能"(TrendHunter.AI)以测试其能否颠覆我们的人类研究团队。测试的结果是人工智能在很多方面优于人类的表现,因此,人工智能已被纳入日常项目流程,从而提升了我们团队的绩效。

4. 想了解更多关于超级未来的信息,建议观看我最新的"超级未来"主旨演讲,它比本书的更新频率更快。你可以在YouTube上搜索"超级未来"和我的名字来了解更多信息。

准备好发现伟大创意了吗?

倒过来阅读本书背面:

《创新手册》

欢迎来到第二部分

本部分分包含了阅读的100多万人的关键作息，读名了《利用阅读》的整体体得分，并在此基础上增加了新的篇章，新案例，工作坊和练习。

原版赢得了Axiom商业图书奖，被誉为《Inc.》杂志的必读书作书籍之一，并在"800 CEO Read"网站上连续四个月排名第一。因此，在其出版10周年之际，我对若重新内容，赋予其新的生命力！

对接来说，《利用阅读》仍然令人兴奋，因为它包含了我对如本，对阅读，对阅读者真实、最真地的洞察和分播。本部分以您读者体现国家的形式安排，并用顺序来兴趣的阅读简便深其无关泛尽读，您来将从本部分学到：

1. 如何高效的新文化
2. 如何忠实地行合
3. 如何高精确的方法
4. 如何思考有感染力的地有播作大创造

赞誉……

"毫无疑问，这是我读过的关于激发灵感的最好的书之一。我从头到尾读了一遍，但我相信，即使大概浏览一下，也会让你伸手去拿一张白纸和笔，或者打开一个新的Word文档"。

杰克·科弗特（Jack Covert），"800 CEO Read"的创始人，《史上100本最佳商业书籍》（*The 100 Besk Business Books of AU Time*）的作者

"这是在变革和无序时期最需要的那种创造性、冒险性思维的振奋人心的战斗号角。无论你是一个试图保持领先的CEO，还是一个做白日梦的青少年，或者是一个想当开拓者的人，这本大胆的指南将会是你审视你的想法、获得灵感、并将反常业务完全颠覆的摇篮"。

丹尼尔·平克（Daniel Pink），畅销书《全新思维》（*A Whole New Mind*）的作者

"为那些希望打破界限、点燃客户激情和发起革命的创造性灵魂提供的热爱药水"。

凯文·罗伯茨（Kevin Roberts），萨奇公司的全球CEO

"杰雷米本人就是活生生的趋势，你会心甘情愿接受他的建议。倾听他的想法，你可能会感染上思想病毒（Ideavirus）"。

塞思·戈丁（Seth Godin），畅销书《这就是营销》（*Theis Is Marketing*）的作者

序一

托尼·亨特（TONY HUNTER）

这本书让我成为一个更好的领导者。

我知道面对混乱是什么感觉，而且经验告诉我，混乱将继续下去。那么应该怎么做？是蜷缩起来，在办公桌下摆出胎儿的姿势？还是寻找灵感，利用颠覆所带来的机会？颠覆或被颠覆……通过阅读杰里米的书，你已经迈出了作为颠覆者获得成功的第一步。

不得不说一下我的故事。2008年9月，我接到一个意想不到的电话，电话那头的声音邀请我担任《芝加哥论坛报》的CEO。条件是——传统的出版商业模式全部被颠覆，我必须进入一个正经历前所未有的变化的市场中，解雇很多员工并达到利润目标。

这是令人心动的职业邀请，我无法拒绝，我答应了。在随后的几年里，我的团队将《芝加哥论坛报》从濒临破产的状态转变为美国最赚钱的新闻机构之一。在本书中，你会发现许多我在公司混乱时期用来转型的战术和技巧。

这本书的第一版成为我们加速变革和引领前所未有的颠覆的手册。而这本手册既直观又易于理解，我把它送给了企业里所有管理者。后来，杰里米和他的团队举办了工作坊，为我们做了大量的研究，但这一切都始于这本书的洞察力。走过论坛报大厦，映入眼帘的就是《利用混沌》的海报。

如果想从团队中获取富有创造力的点子和思想，或者变革遇到阻碍时，不妨深入阅读并利用作者的智慧。

这使我成为一个更好的领导者，丰富了我的想象力，并为我们的组织创造了机会，而这些机会来自杰里米的启发。

现在，回到我作为《芝加哥论坛报》CEO的故事。我是一个热爱芝加哥的孩

子，也是一个热爱为《芝加哥论坛报》工作的人，它是我所在社区的支柱。我关心我的工作，我希望《芝加哥论坛报》能够成功，坦白地说，《芝加哥论坛报》对我来说不仅仅是一家公司。它是我的信念所在，所以我把我的职业生涯献给了它，可能就像你们中的许多人把你们的生活献给你们为之工作的事业一样。

所以，想象一下你是2008年的我。我在《芝加哥论坛报》的职业生涯开端良好，15年来在职场上不断攀升，利润创下新高。突然间，金融风暴发生了，大萧条开始了，社交媒体呼啸而来，利润从出版业消失了⋯⋯人们在想，未来是否还有报纸。接着，我们的母公司在2008年底申请破产——对于首次担任CEO的我来说，这是一个好时机。

我以谦卑之心领导《芝加哥论坛报》——最好的媒体品牌之一。那么，该怎么做呢？是否应该按照新上任CEO的"标准"剧本——假设我已找到所有答案，采取行动，期待美好未来？

显然，我们需要快速做出巨大的变革。我相信，在颠覆时期，领导者的关键作用之一是分享巨变环境下公司的真实业绩、面对的挑战和机会，还有令人信服的愿景和变革的理由。

显然，我们处在重大的转型中。虽然创新和新想法可能有助于《芝加哥论坛报》走出困境，但这还不够。因此，我开始着手将公司从一家纸媒公司转变为一家创新的媒体和商业服务公司——"恰好出版报纸"。这一宣言震撼了论坛报大厦——我们开启了一系列变革行动，并最终取得了成功。

根据我的个人经验，要改造一家公司，必须有足够的勇气发表宣言，并迅速采取行动，以此向公司上下和全社会表明变革的决心和承诺。当然，作为领导者，还必须解释为什么需要变革。有时我认为高管们在这个过程中跳过了这一步，导致员工们很疑惑。

"为什么要改变"？

然后，作为领导者，还必须实施明确的商业计划，为员工提供清晰的路线图

和相信的理由。虽然在过程中可能会犯错，但上述行动对变革的成功至关重要。

第一，我们简化了计划，在确保员工利益方面达成了一致。这包括真正的文化变革，因为官僚化的、缓慢的企业文化不会支持变革计划。

第二，我们在员工参与和沟通上花了大量的时间，确保团队参与其中，虽然开始时变革速度较慢，但从长远来看，慢慢启动变革实际上使我们走得更快、更远。

第三，所有的决策都以客户为中心。

第四，对确定的新机会投入资源。

最后，我们讨论了竞争性的替代方案，而不是接受第一个"好主意"。这方面的例子是，编辑没有像其他媒体那样减少内容以节省开支，提高收入，而是考虑增加更多的内容，并要求消费者为之支付更多的费用。

这样的想法和计划完全违背了行业的规律，但我们知道减少内容和提高价格不会长久。因此，尽管忧心忡忡，我们的结论是，为保持我们在芝加哥的卓越地位，我们需要承担更多的风险。我们加倍努力，对内容进行投资，以创造一个更大、更好的《芝加哥论坛报》。

这种合作、创新的思维方式最终创造了超过1000万美元的增量利润，建立了品牌资产，满足了客户，并将我们与竞争对手区分开来。这也激励着我们追求更大胆的想法。

作为在不确定和颠覆性环境中实施变革的领导者需要突破自我——既要为过去感到骄傲，又要全身心投入未来。混乱是对成功的挑战……除非把混乱视为改造公司的机会。"文化把战略当早餐吃""常创常新"和"突破现状"等口号都是为了让公司更有生命力。而这些激励人心的智慧源于《利用混沌》这本书。

阅读本书，祝你好运！

——托尼·亨特

《芝加哥论坛报》前CEO

序二

盖伊·川崎（GUY KAWASAKI）\\\\\\\\\\\\\\\|||||||||///////

困难创造机会。

早在Twitter、Facebook和当前的金融危机之前，爱因斯坦就提出了三条原则。

- "从杂乱无章中，找到简单的东西。"
- "从不和谐中找到和谐。"
- "困难中蕴藏着机遇。"

这些原则比以往任何时候都更真实、更贴切。我们生活在日趋喧嚣的媒体中（你可以说我是其中的一个原因！），组织失调、经济衰退——总之，我们处于"乌卡"时代。

人们常见的反应是害怕这样的环境，但正如爱因斯坦的三原则所宣称的那样，困难可以激发出非凡的想法。

本书是所有在变革时期寻求机会的人的典型路线图。杰里米·古奇生动地呈现了卓越的公司是如何从混乱中崛起的，他还提供了一个工具箱，管理者可以用它来培养创新文化、创造伟大的产品和服务，并改变世界。

阅读本书，不然你在困难中会有更多的困难。

—— 盖伊·川崎
15本书的畅销作者

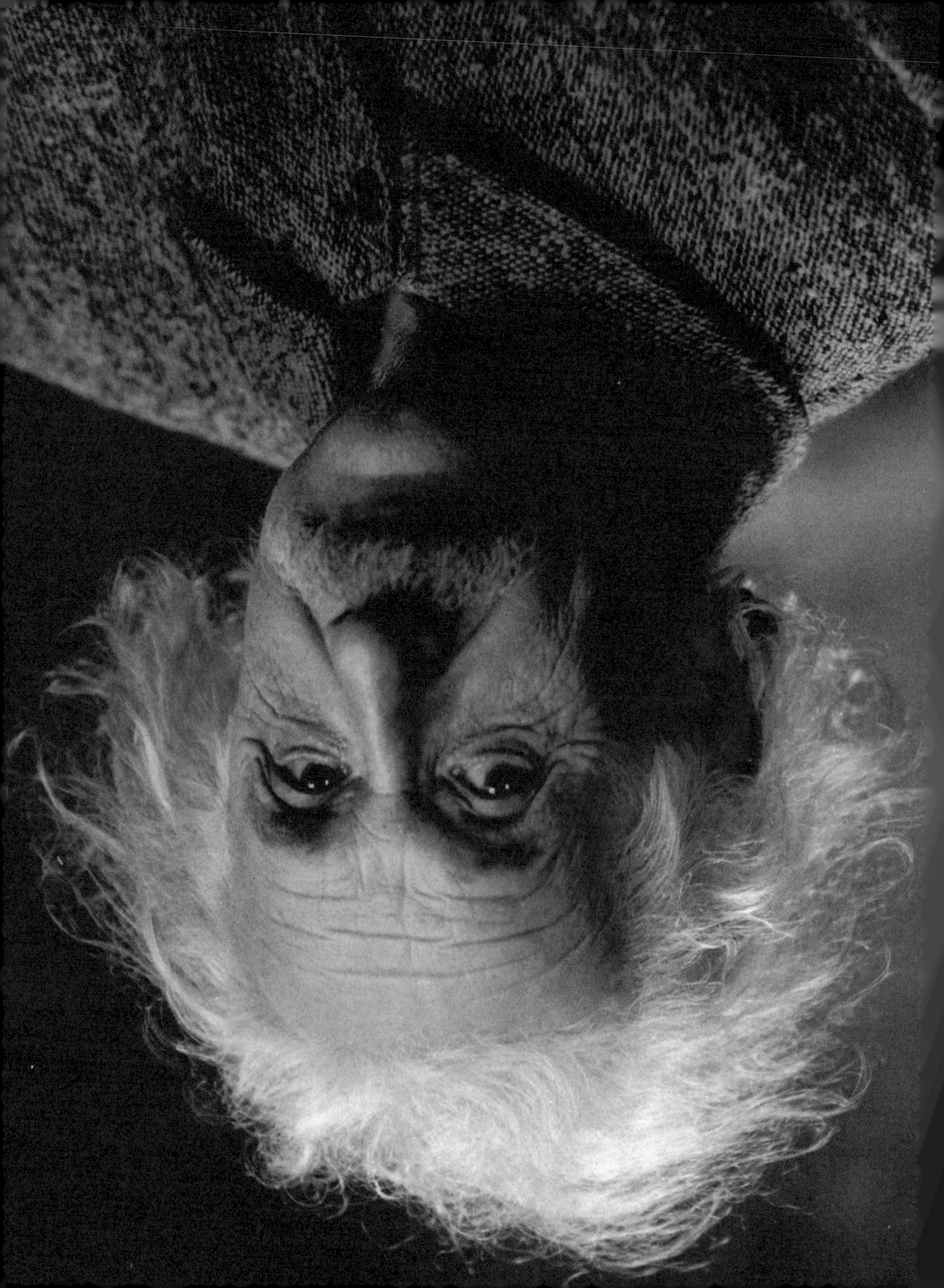

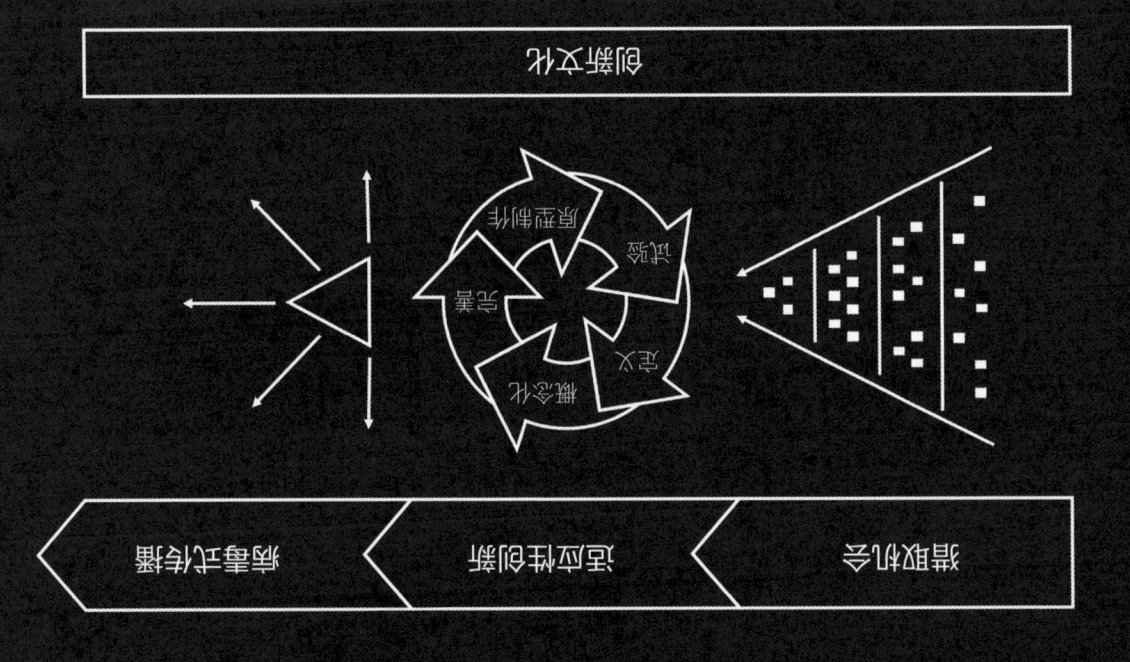

本书为你创造未来提供被反复验证的行之有效的方法

在举办了10000多次创新工作坊和为客户定制未来主义项目之后，我和我的"趋势猎人"团队遇到了几乎所有类型的创新问题。我们与客户一起完善了"创造未来框架"，使之成为人人可以掌握的组织创新和变革指南。

创造未来框架

猎取机会 　　　适应性创新 　　　病毒式传播

定义　概念化　完善　试验　原型制作

创新文化

⇧ ⇧ ⇧ ⇧ ⇧ ⇧ 　变革能力　 ⇧ ⇧ ⇧ ⇧ ⇧ ⇧

目录

第一部分 → 变革能力（正面）   1

忙碌的生活让世人陷入了可预测的怪圈，日复一日地重复着昨天。这使人们难以发现机会，更难以采取行动。即使有伟大的创意，要得到他人的认同、使其受到影响，并使变革发生，也是一场挣扎或斗争。其实这一切本可避免。

第二部分 → 创新文化（背面）   1

文化比战略更重要。文化是组织适应能力的基础，而剧烈变革的时代放大了文化的重要性。组织很可能意识到了适应的需要，但不确定性和阻力却使创新陷入瘫痪。赢得未来始于创新文化。

第三部分 →猎取机会   103

创新和战略优势取决于预测趋势和识别下一件大事的能力。通过使用本书中的前沿框架，致力于引领创新的企业可以在混乱中透视未来、识别机会，从而有的放矢，全力以赴地进行创新。

第四部分 → 适应性创新   143

工程师、设计师和科学家已经投入不计其数的时间、金钱等资源探索、释放、增强人类的创造力。通过把已验证的最佳实践应用到熟悉的领域，企业可以从大处着眼，从小处着手，迅速创造新机会。

第五部分 → 病毒式传播   159

精心包装的故事比以往任何时候都传播得更快。不幸的是，大多数营销人员被困在由传统广告和陈词滥调主导的世界里。通过病毒式传播，创新会引发消费者共鸣，助力企业获得竞争优势。

创造未来框架

猎取机会	适应性创新	病毒式传播

概念化

定义

完善

试验

原型制作

创新文化

变革能力

第二部分 —————————————————————————

创 新 文 化

　　管理大师彼得·德鲁克曾说："文化把战略当早餐吃"。也就是说，如果不能把想法付诸行动并使之成为现实，再伟大的想法也没有意义。文化可以让组织拥有颠覆性创新能力，也可以导致公司被颠覆。

创新文化框架

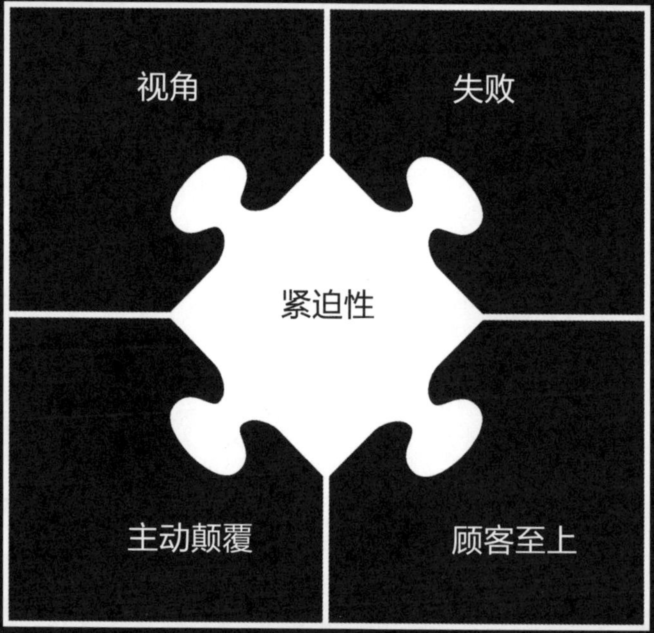

视角

失败

紧迫性

主动颠覆

顾客至上

紧迫性

创新文化有五个要素，其核心是紧迫性。

紧迫性和行动力是变革时期企业文化取得成果的燃料。

无法逃避的颠覆式创新

颠覆式创新企业正通过全新的商业模式和快速迭代的技术对常规企业发起无人可挡的进攻。可以说，我们这一代人正从根本上重塑人类的发展轨迹。

广播电视 ⟶ 短视频

报纸 ⟶ 博客

专辑、磁带 ⟶ 巡回演唱会、数字音乐

实体店 ⟶ 电商

广告 ⟶ 直播带货、影响力营销

男性 ⟶ 女性

电子邮件 ⟶ 社交媒体

电话 ⟶ 手机短信

公共图书馆 ⟶ 维基百科

教室教学 ⟶ 网上学习

招聘 ⟶ 离岸外包

医学博士 ⟶ 执业医生

会计 ⟶ 在线报表

律师 ⟶ 线上法律咨询

贷款业务员 ⟶ 线上贷款

油画 ⟶ 数字图像

摄影室 ⟶ Photoshop

—— 要么颠覆，
要么被颠覆。

强文化让企业变革难以实施。

短视频、电商、社交媒体、众包、直播带货和难以监管的自媒体……这些变革正让那些曾经不可一世的大企业轰然倒下。

诡异的是威胁大企业的变革并不是一夜之间到来的。相反，这种"威胁"正悄无声息地发生——经典的煮蛙效应。

如果把青蛙放进沸水中，它会立即跳出来。但是，如果把青蛙放入温水中，再慢慢调高水温，它就会一直待下去，直到被活活煮熟。

其实，我们每个人都是"青蛙"，我们对剧烈变化的感知更加敏锐，而对于日常的、细小的变化习以为常，甚至麻木，直到我们发现形势危急却又来不及应对时——才发现自己已经被煮熟了。

被誉为"现代管理学之父"的彼得·德鲁克在94岁时讲到，"我们现在接受了这样的事实：学习就是不断跟上变化的过程。最迫在眉睫的任务就是教会人们如何学习"。

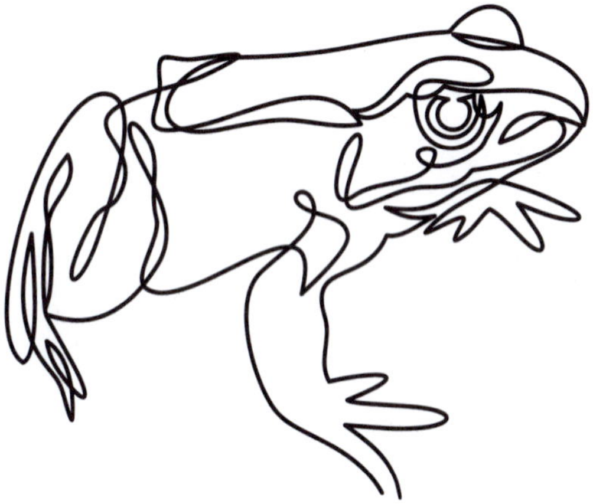

第二部分 创新文化

适应变革的关键 ——
是察觉到微妙的变革趋势。

小变化颠覆大市场。

商业世界时刻在进化。曾经的伟大企业终将退出历史舞台，快速发展的初创企业将取而代之。

在《创新者的窘境》（*The Imovator's Dilemma*）一书中，克莱·克里斯坦森（Clay Christensen）研究了硬盘行业的历史发展。在硬盘领域，更小体积、更大容量是企业自始至终的追求，技术的飞跃使这些追求得以实现，越来越强大的硬盘使全世界的技术迷振奋。可事实上，硬盘的技术变革之路并没有想象的那么顺利。

理论上，硬盘尺寸的变化并非关键。消费者往往认为当下的市场领导者也将引领未来。事实上，在社会变革的洪流中，没有企业是常胜将军。

硬盘市场的领导者

1980年	14英寸驱动器	控制数据公司、IBM、美瑞斯
1984年	8英寸驱动器	希捷、诠特、Priam
1988年	6英寸硬盘	希捷、Miniscribe、迈拓
1993年	3英寸硬盘	康纳、昆腾、迈拓
1995年	2英寸硬盘	Prairetek、昆腾、康纳

能够生存下来的物种，并不是那些最强壮的，也不是那些最聪明的，而是那些最能适应环境变化的。

——查尔斯·达尔文（Charles Darwin）

—— 小变化也能颠覆大市场。

聪明人审时度势，善变谋变。

　　相比硬盘行业，半导体产业要复杂的多。众所周知，半导体的制造与技术创新非常困难，行业巨头基本上每年都会投资数十亿美元进行研发。

　　这些研发投入帮助行业龙头建立起行业壁垒，在保护自身地位的同时阻止新公司进入市场。不幸的是，半导体产业与硬盘行业一样，技术创新让新入行者一次次上演"后来者居上"。

计算机芯片行业龙头

1955	真空管	美国无线电公司、喜万年、通用电气
1955	晶体管	休斯、Transitron、菲尔科
1965	半导体	德州仪器、飞兆、摩托罗拉
1975	集成电路	德州仪器、飞兆、国民公司
1985	超大规模集成电路	摩托罗拉、德州仪器、日本电气
1995	亚微米级	英特尔、日本电气、摩托罗拉

　　美国无线电公司曾是真空管市场上的摇滚之星，公司规模曾达IBM的两倍。但是很快，市场不再需要真空管了。美国无线电公司在变革中苦苦挣扎，终究还是没逃过被淘汰的命运。（谨记：不要再销售真空管。）

第二部分　创新文化

常胜之道不是保护现在，
而是把握未来。

颠覆式创新——厚积薄发

颠覆到来时，很多人往往不知所措。斯科特·安东尼（Scott Anthony）曾在《哈佛商业评论》的一篇题为《颠覆式创新是不断改变目标》（*Disrwption is a Moving Target*）的文章中把颠覆式创新归纳为"三步走"流程：

1. 进入大公司忽略的市场

没有吸引力的小市场往往是颠覆者最好的掩护。颠覆者拥有大公司所不擅长的技能和市场洞察力，因此通过为大公司之外的客户提供服务，颠覆者建立起独特的口碑。

2. 颠覆者日益强大，大公司日渐式微

随着接受度和推广成功率的提高，颠覆者与在位者争夺"游离"的客户资源。为了应对威胁，传统的大公司会选择将业务重点转移到部分高质量客户上。

3. 大公司遇到天花板（意外出局）

颠覆者一旦成长到临界点，便会建立新的客户关系，与大公司争夺重要的高质量客户并"大开杀戒"。大公司渐渐失去了竞争优势，危机或末日到来。

—— 大公司可以利用颠覆式创新制定生存战略；小公司应该利用颠覆式创新发起进攻。 ——

不要受限于当下的行业和市场。

我们生活在一个充满机会的时代，但大多数企业领导人都有一种错误的过于关注当前所在市场的倾向。这可能导致灾难。可口可乐和百事可乐公司的高层从没意识到红牛的出现会影响他们的市场，因为他们一直重点关注的是碳酸饮料行业其他公司的竞品，而把红牛视为一种与咖啡同类的提神产品。这种疏忽持续了多年，直到可乐公司意识到自己被自己的思维惯性蒙蔽了。

企业家常常对非常规的竞争对手缺乏敏感，导致没有及时采取行动应对竞争。这种情况发生在许多行业中：爱彼迎虽没有一间酒店，却是最大的酒店住宿经营者；优步虽没有一辆车，却是最大的运输公司；脸书虽没有作家，却是最大的媒体品牌；亚马逊虽没有线下商店，却是最大的零售商。

记住：永远不要沉迷于和同类对手竞争，而忽略了对你所在市场虎视眈眈的颠覆者们。以下是几类典型的颠覆者：

1. **非相关市场中的主导创新者**：亚马逊收购全食超市；

2. **资金充足的初创企业**：传统汽车制造商错失特斯拉；

3. **强有力的外国竞争者**：加拿大道明银行进入美国；

4. **野心勃勃的供应商**：三星向苹果供货。

值得一提的是，有时候不相关的竞争者进入你所在的市场却没有盈利的意图，有可能他们只是想在你的关键客户中扩大他们的业务！

没有捕捉到行业内的变化，
被颠覆并非意外。

乱世出豪杰

经常有朋友和我抱怨自己公司缺乏内部变革动力，原因不外乎是缺乏企业认同、技术支持和资金支持。但在我的认知里，所谓"最大的机会"往往出现在各方面情况都不理想的危机时期。相比之下，你现在所面临的挑战能有多难？

比如，在大萧条时期，美国社会失业率飙升至25%，15000家银行倒闭，华尔街不复往日荣光。但是在大萧条中的四个月里，亨利·R.卢斯（Henry R. Luce）推出了一本名为《财富》的昂贵杂志，定价为每期1美元，这个价格在当时甚至超过了一件羊毛衫的价格。从各个方面的客观条件来看，这本杂志"出生"的时机并不好。

然而，8年后，《财富》杂志的订阅量已增加到46万人。到了1937年，该杂志对外披露的年利润为50万美元。考虑通货膨胀，折算成今天的价值，大概是超过700万美元的年利润，这可是数不尽的羊毛衫！

在大萧条时期竟诞生出这样一份如此成功的豪华出版物，可谓是一个奇迹。

凯洛格大学教授安德鲁·拉泽吉（Andrew J. Razeghi）认为，《财富》的成功出圈，与所有伟大的新产品的成功原因相同：满足了特定客户的需求，为他们做出了独特的贡献——《财富》不仅仅是一份出版物。对于在大萧条中活下来的企业而言，《财富》是它们自身的经历。在企业迫切需要适应变化否则就要破产的时候，《财富》的诞生与成长给出了令人振奋的答案。

—— 创新是为未满足的需求创造想法，
而人们往往需要紧迫性来发现这些需求。

迪士尼、CNN、MTV、凯悦、汉堡王、联邦快递、微软、苹果、吉列、AT&T、德州仪器TI、20世纪福克斯、IBM、默克、好时、IHOP、礼来、库尔斯、百时美、安进、吉姆·汉森、Sun、律商联讯、Autodesk、Adobe、赛门铁克、电子艺术、财富、通用电气、惠普……

这些跨时代的偶像型公司都是在经济衰退时期成立的。

如果在经济衰退中还能克服困难，把企业做得如此成功，那么在繁荣时期，具有企业家精神的创业者又能创造出怎样的伟大奇迹？

未来无法准确预测……

20年前，在一次难忘的咨询活动中我结识了全球商业网络（GBN）的总裁彼得·施瓦茨（Peter Schwartz）。当时，我所在的公司摩立特集团（Monitor Group）正好收购了GBN，这也是我们第一次合作。彼得·施瓦茨是早期的未来主义者，我们一起讨论、研究未来主义对企业决策和成长的影响。

作为一名管理咨询顾问，我当时做的事就是帮助《财富》500强企业创造更好的业绩。作为未来主义者，彼得也做过同样的工作，而且他还曾帮助史蒂文·斯皮尔伯格（Steven Spielberg）做了《少数派报告》（*Minority Report*）的未来规划。此外，他还曾与国防部合作，分析气候变化对国家安全带来的威胁。他定期为《连线》（*Wired*）杂志撰稿，内容包括氢能、战争、资本主义和未来，等等。能和这样的大牛一起工作，我学到了很多。

我从彼得·施瓦茨身上学到的第一个预测未来的原则就是：无法预测未来。

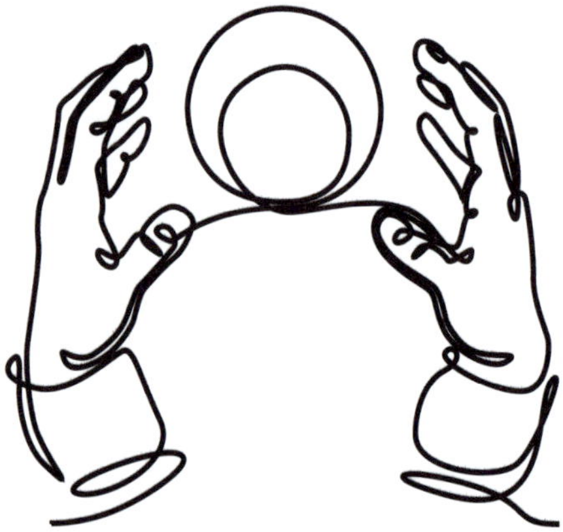

试图预测未来时，人们必然会基于现状以及自己的推断提出观点。而这也意味着可靠的答案可能是完全错误的答案。

事实上，预测未来又是可能的，只是比想象的要复杂得多。

—— 轻易做出预测往往导致错过预料之外的颠覆性变革机会。

……但可以预设场景并创造紧迫性。

20世纪70年代，皮埃尔·瓦克（Pierre Wack）受邀给荷兰皇家壳牌石油公司做未来业务规划。在当时，石油价格已连续三十多年保持相对稳定，但巨变即将到来。各国对石油的需求日益增加，而美国的石油储备日趋枯竭，中东国家越发强大，而这些国家大多仇视西方，尤其是在1967年的阿以战争之后。

石油零售价
石油危机前后

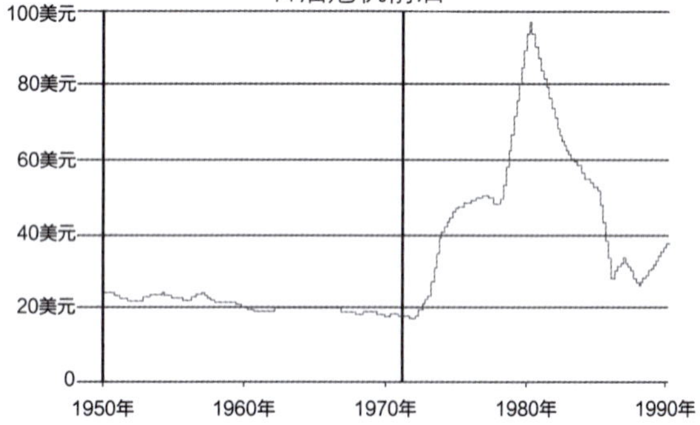

以上信息交织在一起，瓦克敏锐地意识到，中东国家可能会引发全球能源危机。这让他设想了两种潜在的情景：第一种情况是基于传统的思考，石油价格将保持相对稳定；第二种假设则是石油危机。瓦克深入思考，生动地演绎了石油危机可能带来的种种结果，并据此同手下的经理们为最坏的情况做好了准备。

果不其然，1973年发生了全球性的石油危机，石油价格暴涨。在其他公司猝不及防时，荷兰皇家壳牌石油公司已经做好了准备，从容应对。经过这次石油危机，荷兰皇家壳牌石油公司从七大石油公司中最弱的一个，跃升成为利润最高、规模第二的公司。彼得·施瓦茨也在《前瞻的艺术》（*The Art of the Long View*）一书中称赞瓦克的这个案例是现代商业中最早使用情景分析法的例子。

开展不同的情景分析可以避免潜在的错误，

同时为颠覆性变革做好准备。

预见风险与机遇

世界杯滑雪赛手、一级方程式赛车手、职业摔跤手和宇航员都具备共同的卓越能力：预见未来。我滑雪十余年，70英里（约112.65千米）每小时的速度和陡峭的冰峰会逼着你做到行动与反应的灵活统一。

设想自己正飞快地冲下山——穿着锋利的滑雪板从一个门飞到另外一个门，希望以零点几秒的优势超越你的对手。随着速度不断提升，你的心跳也开始加速，而你周围的世界却开始变得模糊。你会想尽办法挑战身体和安全的极限，滑出最短的路线。在这种情况下，任何微小的失误都会让你的梦想破灭。但是机会只有一次，所以只能放手一搏。

高速滑行时很难控制平衡，而且处处都是危险。但当意外发生后，就会知道如何驾驭、化解，因为脑海中已经把这条赛道过了十几遍甚至更多。你可以清晰地记住每一个拐点、每一个起坡、每一个急转弯，同时你也对每一种突发意外做好了应对准备。

在滑雪比赛中，预见未来是必需的。通过设想情景并思考解决方法，可以训练大脑面对意外情况时的敏捷反应，真正做到"胜券在握"。

滑雪比赛和"乌卡"时代的创新惊人地相似。这两种情况都要以飞快的速度飞驰在陌生的赛道上——风险无法避免，但不同的应对方法将得到完全不同的结果。

混乱中，风险与机遇并存。项目也可能毫无征兆地失败。

—— 准备好应对意外的团队更能激发紧迫感，并时刻做好在陌生的赛道上加速前进的准备。

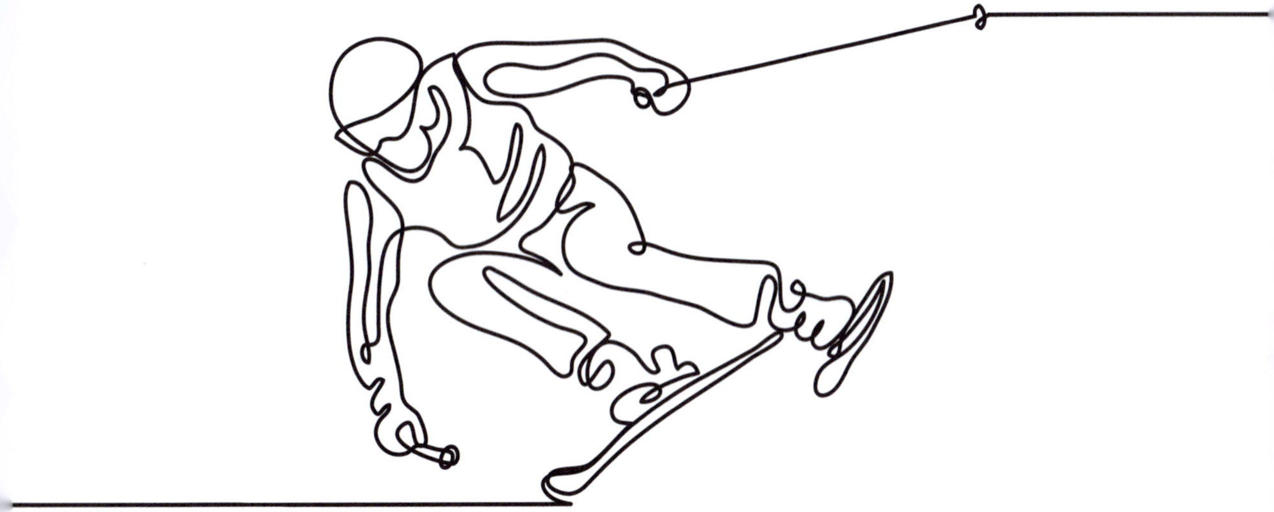

- 最需要人才的时候，他却辞职了。
- 超级明星员工就在眼前，却无钱雇佣。
- 竞争对手正畏缩不前。
- 新客户终将出现。

　　在灾难和机遇中，你的公司如何应对顾客们的迫切需求？又该怎样处理客户变化多端的需求？

饰纹手册 016

别让猴子阻碍变革。

五只猴子被关在笼子里，笼子里有一个梯子，梯子顶端挂着一串成熟的香蕉和一根强力水管。

当第一只猴子跑上梯子去拿香蕉时，水管会喷出水，把所有猴子淋湿。另一只好奇的猴子也做出了尝试。它冲上梯子，贪婪地想抓住诱人的香蕉，却迎来又一场"大雨"。经过几次无用的尝试，猴子们清楚地意识到，只要有猴子去抓香蕉，所有的猴子都会被淋湿。于是再也没有猴子争着抢香蕉了。

研究人员把笼子里的一只猴子换成一只新猴子。新猴子向诱人的香蕉发起全力攻击。可惜的是，在他爬上梯子之前，就被其他猴子打倒了。这似乎演变成一个不成文的"规矩"——每次有新的猴子被关入笼子，这个场景就重复出现。

后来，研究人员把水管移走了。但猴子们总结出教训：不要去拿香蕉。猴子一只一只被替换，即使最初的五只猴子都不在笼子里了，这种奇怪的群体文化却持续存在。

你可能会嘲笑猴子的愚蠢，但我们又何尝不是这些猴子呢？

因循守旧是创新最大的敌人，——
这就是为什么本书的第一部分强调变革能力。

紧迫感

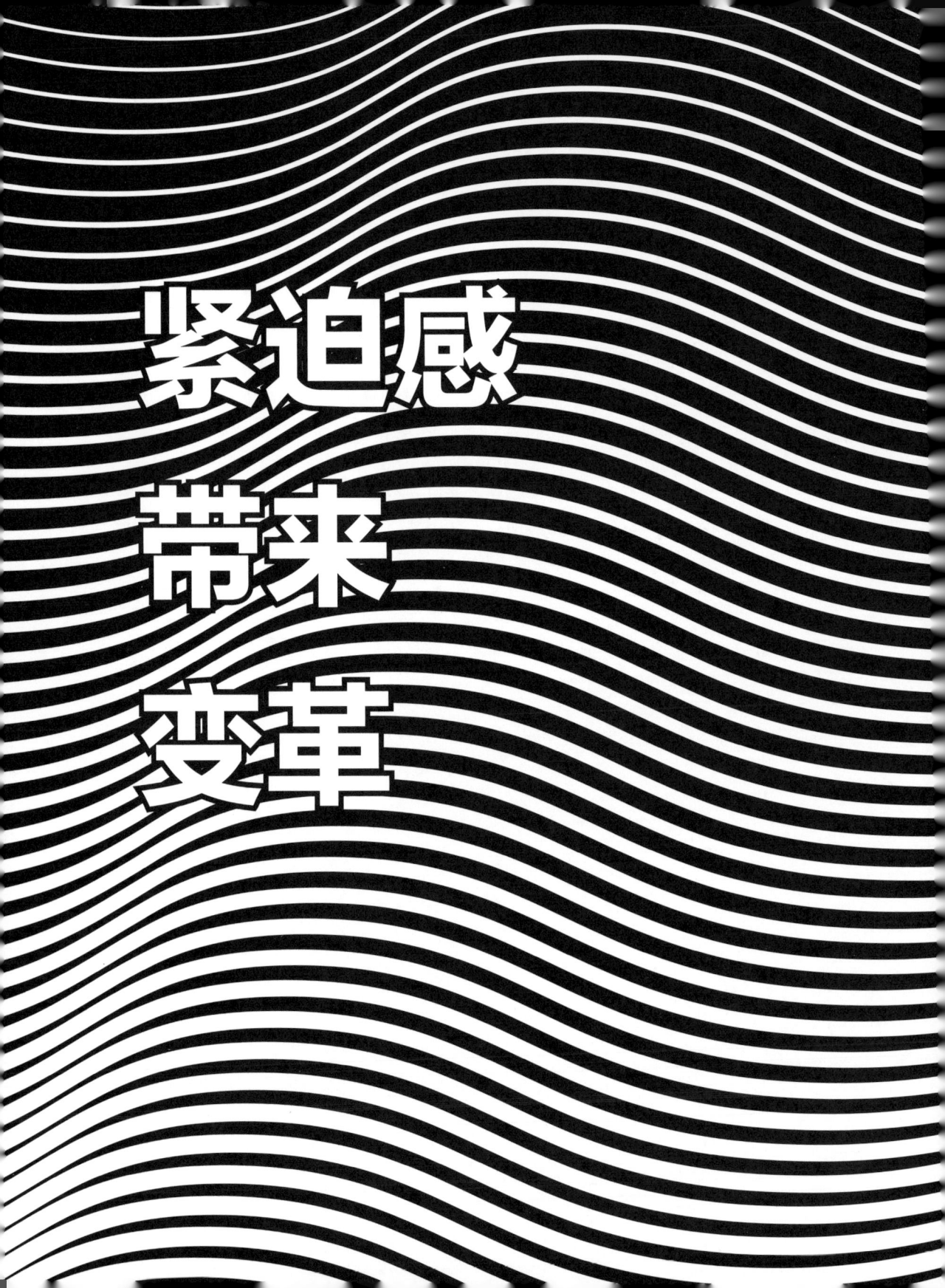

带来

变革

策略

1. 警惕颠覆，同时设想颠覆发生的场景和条件。

2. 制定战术，以应对市场的快速变化。

3. 投资、支持能够拓宽未来选择的创意。

4. 激发与初创企业和行业巨头同时竞争的动力。

5. 设想一个虚构的竞争对手，并设想他们会采取哪些行动和你竞争［感谢连续创业者、作家乔希·林克纳（Josh Linkner）的这个想法］

工作坊问题

- 你目前的业务面临哪些外部威胁？如何能把它们转变成激发紧迫性的动力？
- 最强大的对手会采取哪些行动、合作关系或战略来威胁你的业务？
- 如果亚马逊像他们收购全食超市一样收购了你最大的竞争对手，结果会怎样？他们可能会用什么方式和你竞争？
- 列举行业内定位不同的十家小公司并思考：如果最大的竞争对手收购了这些公司，使其规模扩大100倍，会怎样？

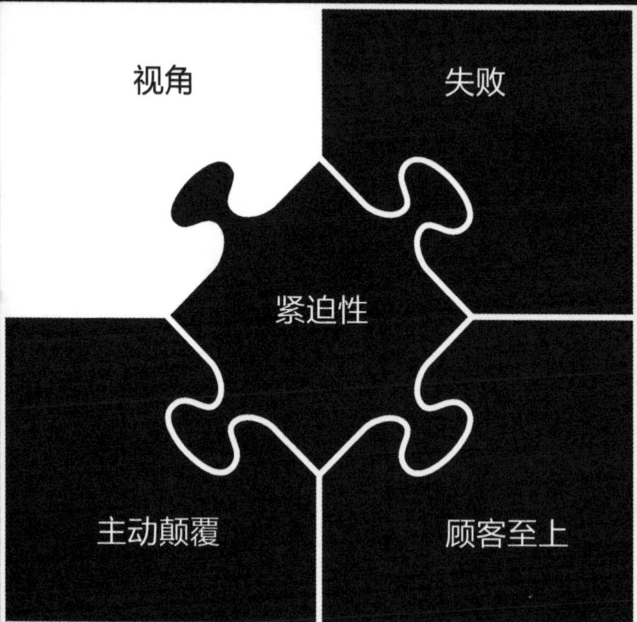

视角

视角是你看待未来的方式和试图解决的问题。视角决定未来。

创新手册

022

想清楚到底要做什么?

当有人问:如何界定你的公司?你会怎么回答?你会如何描述你在公司的角色或职责?

这看似是一个简单的问题,但对这个问题的回答决定了公司的前途和命运。为了真正体会到视角的重要性,我们从一个小测验开始。

你能认出这家公司吗?

- 这家公司的网站上写着: "一个多世纪以来,我们一直致力于将创造性的想法转化为突破性的成果"。
- 这家公司发明了语法检查器。
- 这家公司在1985年发明了电子词典。
- 这家公司在1989年发明了笔记本文字处理器。
- 这家公司在1994年开始制造PDA(掌上电脑)。

苹果?

微软?

施乐?

戴尔?

惠普?

猜到是哪家公司了吗?

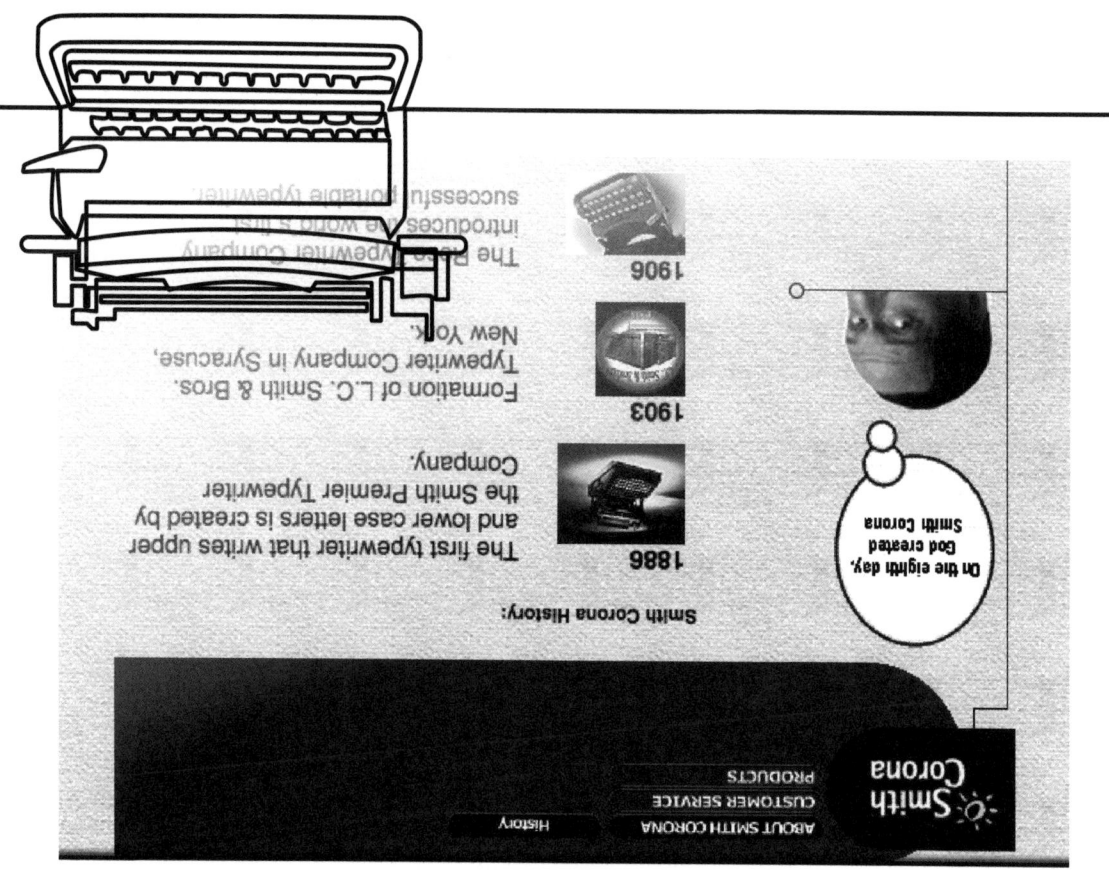

"史密斯·科罗纳——世界上最好的打字机公司！"

毋庸置疑，这是这家公司保持至今的称号。曾经，史密斯·科罗纳（Smith Corona）是创新界的领头羊。那么问题来了，为什么打字机行业巨头没有步入计算机行业的领地呢？

了解这家公司的人就知道，事实上，公司领导人在关键时刻做出了合理的决策。这样的事例在现代商业历史上不胜枚举。

让我们来进行深入的研究。首先，访问史密斯·科罗纳的网站。虽然史密斯·科罗纳已经倒闭了，但滑稽的是他们的网站依然存在！而且在他们网站的首页，有一句你可能没有听说过的宣传语。

"第八天，上帝创造了史密斯·科罗纳。"你肯定会好奇，究竟是什么样的公司文化才能孕育出这样的宣传语呢？

首先，这家公司不得不倒闭了。其次，史密斯·科罗纳在自我变革的道路上已走了一百年。

- 1886年 第一台带有大写和小写的打字机
- 1906年 第一台便携式打字机
- 1957年 第一台便携式电动打字机
- 1960年 第一台电动换行打字机
- 1973年 第一台可拆卸的墨盒
- 1984年 第一台消字机
- 1985年 第一本电子词典
- 1985年 第一台个人文字处理机
- 1989年 第一台个人文字处理器

从第一台电动打字机到第一台个人文字处理器，史密斯·科罗纳显然深知如何跟上新的流行趋势。

更何况作为行业领导者，史密斯·科罗纳也能够预见整个行业的趋势和竞争，那这家公司究竟错过了什么？

昔日的成就让人们对创新的紧迫性视而不见。

谨防陷入自满的陷阱

不了解细节的人可能认为史密斯·科罗纳的衰落是决策不当造成的。事实上，史密斯·科罗纳并没有犯明显的错误。毕竟，作为当时世界上最好的打字机公司，史密斯·科罗纳正在赚大钱，而且处于"一家独大"的局势。

在1989年，公司的收入达到了历史新高5亿美元。

5亿美元

这可不是小钱！

世界确实变化太快。但是，对于史密斯·科罗纳来说，贸然地进入一个未经验证、充满不确定性的市场，是非常鲁莽的。毕竟，如果计算机市场快速发展壮大，市场份额受到竞争对手威胁，史密斯·科罗纳完全可以通过并购的方式来化解危机。

—— 剥离发展缓慢但体量巨大的业务来自我颠覆绝非易事。功成名就的企业大都容易掉入自满的陷阱。

以他人为镜，超越失败

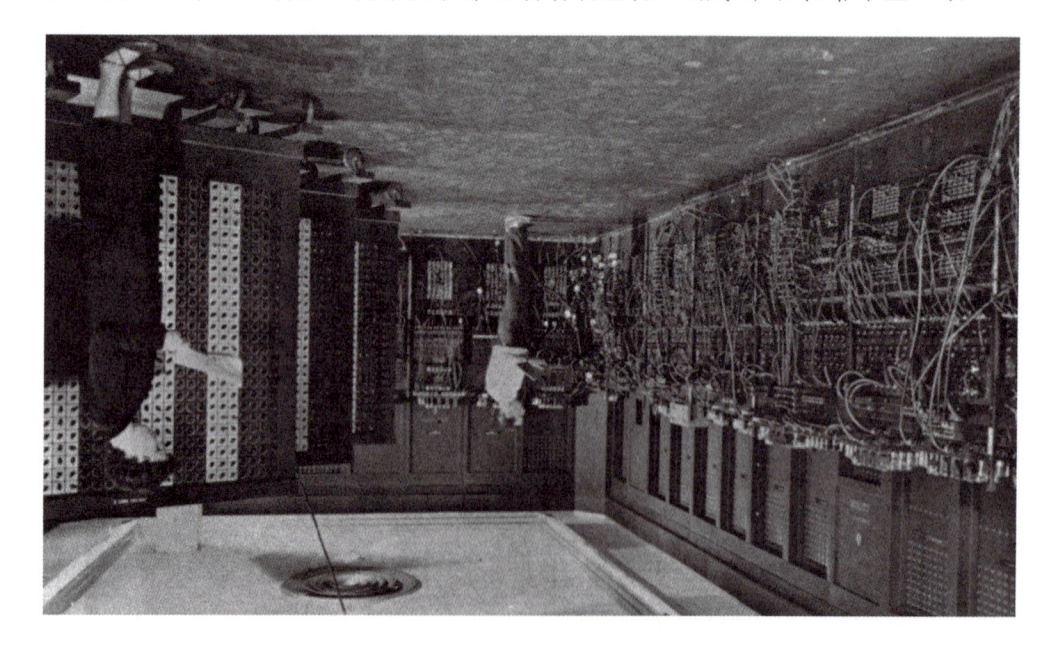

雷明顿（Remington）是第一家打字机制造商，也是史密斯·科罗纳的竞争对手之一。1950年，雷明顿进入计算机领域。但到了1975年，雷明顿开始对业务布局进行思考与调整，并出售了计算机部门。1981年，雷明顿·兰德公司正式宣布破产，同时宣布不再制造巨型计算机。

这一巨大失败让史密斯·科罗纳的管理者感到害怕与震惊。史密斯·科罗纳从雷明顿的失败上看到了自己可能的未来：如果鲁莽地进入充满不确定性的新市场，也许他们会和雷明顿一样以悲剧结束。

不要让他人的失败 ——
阻碍你的未来。

假设竞争对手的创意有巨大的潜力

大公司往往忽视竞争对手的创意，也瞧不起新进入市场的弱小的初创公司，认为它们组织管理不完善、市场份额小，威胁、撼动不了自己的市场地位。简言之，大公司常常陷入这样的误区：新进入者蹦跶不了多久。

对于史密斯·科罗纳来说，康懋达（Commodore）就是这样的新进入者之一。当时计算机正在流行，但还不能用于文字编辑。1985年最先进的PC机是Commodore 128，尽管现在看来很原始。Commodore 128包括一个厚重的盒子、一堆电线、一个蓝色显示屏，以及两个外部软盘驱动器。

相比之下，史密斯·科罗纳 PWP 40是一款功能丰富的超小型打字机：磁盘保存，拼写检查，搜索和替换，还有一个内置的打印机。综合来讲，PWP 40就像一台领先时代10年的一体式笔记本电脑加打印机。

面对这两个选择，客户想要哪种产品？是他们熟悉和喜爱的打字机，还是这个巨大的"电脑盒子"？

—— 评价创意时，不要戴有色眼镜，没有天生完美的产品。

Commodore 128

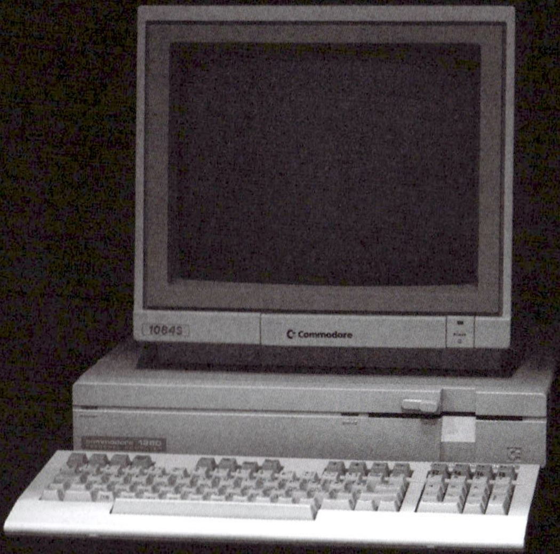

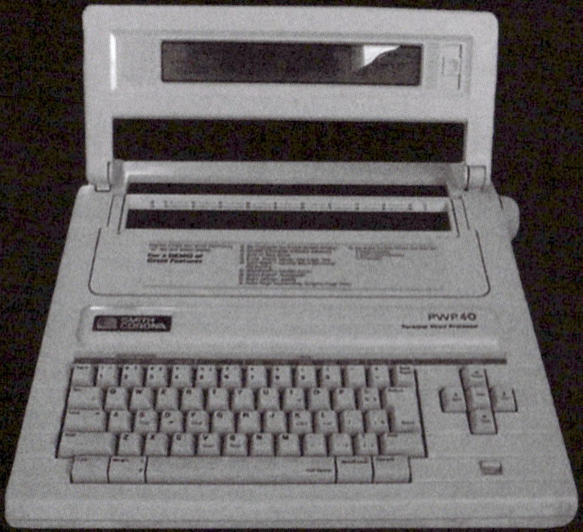

史密斯·科罗纳 PWP 40
Smith Corona PWP 40

- 拼写检查、检索与替换

- 磁盘保存

- 激光打印

- 比第一台笔记本电脑领先10年/

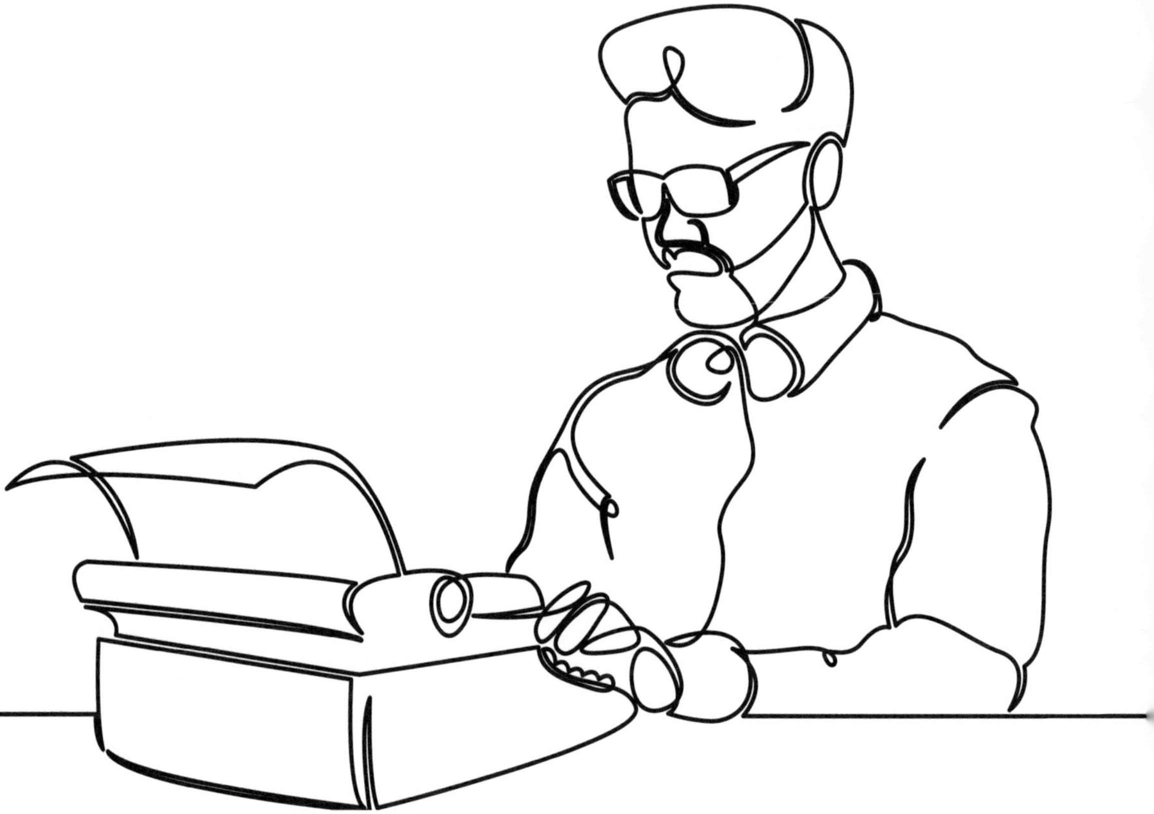

创新手册

030

拥抱不确定性

史密斯·科罗纳公司拥有雄厚的资金、常青藤大学毕业的管理者、创新文化和对新想法的热切渴望，所以说，史密斯·科罗纳不可能看不到即将到来的大趋势。

1990年，营销副总裁弗雷德·费尔哈克（Fred Feuerhake）意识到，该行业正处于"打字机和电脑文字编辑之间的过渡期"。因此，一年后，史密斯·科罗纳与宏碁电脑公司建立了合作关系。这意味着史密斯·科罗纳正在全力以赴准备进入PC机市场。

两家公司为新产品"Simply Smart"制定了发展路线，这些产品的目标客户是史密斯·科罗纳之前的非高端、非主流客户，他们希望拥有操作便捷、性价比高的"电脑打字机"。

这次合作是一个相当好的战略。尽管首席执行官 G.李·汤普森（G. Lee Thompson）认为合作的意义不大，但他注意到了这一行业的进展，并认为"计算机是我们产品线的合理延伸"。

对于大玩家，
再晚入局都不为晚。

不要在舒适区躺平

转向电脑制造商的探索是值得肯定的，直到打字机业务阻碍了它的发展。1992年，史密斯·科罗纳决定将工厂迁往墨西哥。对于这样一个产值高达50亿美元的公司来说，搬迁的决定是当时公司的核心工作：公司的搬迁预计将减少近12%的成本。做出这一决策的根本原因是电脑制造业务给史密斯·科罗纳带来一种紧迫感，公司进入了一个非常混乱的时期，高层仍然不确定拓展计算机业务是否合理。

对史密斯·科罗纳来说，与大型计算机企业的竞争并不重要。公司高层认为，计算机企业对公司的意义不大。虽然投资计算机业务在未来可能会有更大的回报，但是史密斯·科罗纳需要耗费成本进行组织协调管理，时刻关注行业发展。总的来讲，公司高层认为开展计算机业务会增加管理负担，分散注意力。

当大萧条到来时，史密斯·科罗纳和大多数企业做出了一样的决策：退缩到自己的舒适区。谨慎的管理者放弃了机会。而这看似理性的决策，却断送了史密斯·科罗纳的未来。

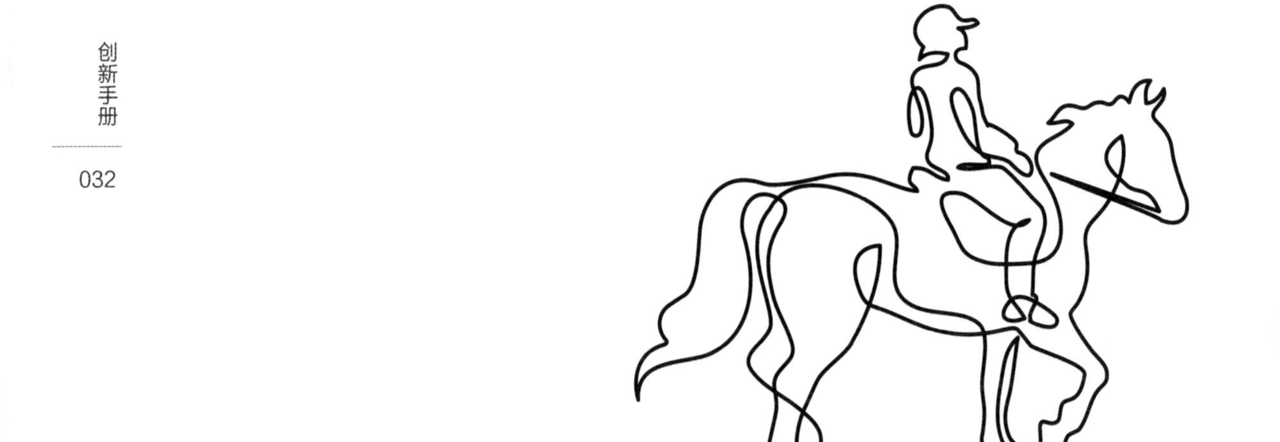

在合作开展电脑业务一年之后，董事会就结束了与宏碁的合作关系。在一次贸易交流会上，这位首席执行官还在为打字机这一"夕阳行业"辩护：

"许多人认为，打字机和文字处理业务是一个夕阳产业。但是这绝非事实，我们的产品在美国和世界上仍有强大的市场。"

——G.李·汤普森，史密斯·科罗纳公司CEO，1992年

顺便提一下，汤普森的这句话更是强化了我一直以来的一个观念：如果你用"夕阳"一词来形容你的公司，即使在你看来它并非一个夕阳公司，你也注定要失败。

果不其然，三年后，史密斯·科罗纳宣布破产。而宏碁后来成为世界四大PC公司之一。史密斯·科罗纳的前运营副总裁迈克·切尔纳戈（Mike Chernago）指出："当他们叫停那笔交易时，员工们都疯狂地尖叫。但当时的高管们认为，史密斯·科罗纳永远不会被淘汰掉。确实很难想象，打字机行业会被消灭……"

史密斯·科罗纳曾想成为世界上最好的打字机公司。而这个目标，他们今天依旧在坚持——说不定史密斯·科罗纳的战略是开发"记录人类思想"的工具呢？如果他们不是用打字机来抒写他们的战略也许会发展得更好！

幸运的是，这个故事还是有一个好的结局。2000年，在第二次破产后，史密斯·科罗纳被私人投资者罗伯特·坎纳（Robert Kanner）收购。我曾有幸与罗伯特的团队见过几次面。罗伯特看到了别人看不到的潜力：史密斯·科罗纳在打印机色带和热敏技术方面有独特的专长。今天，该公司已经成为世界热敏标签市场上最大的供应商之一。真不可思议！

突破需要对新领域的坚持和
对理性思维的质疑。

大公司，从小处着手

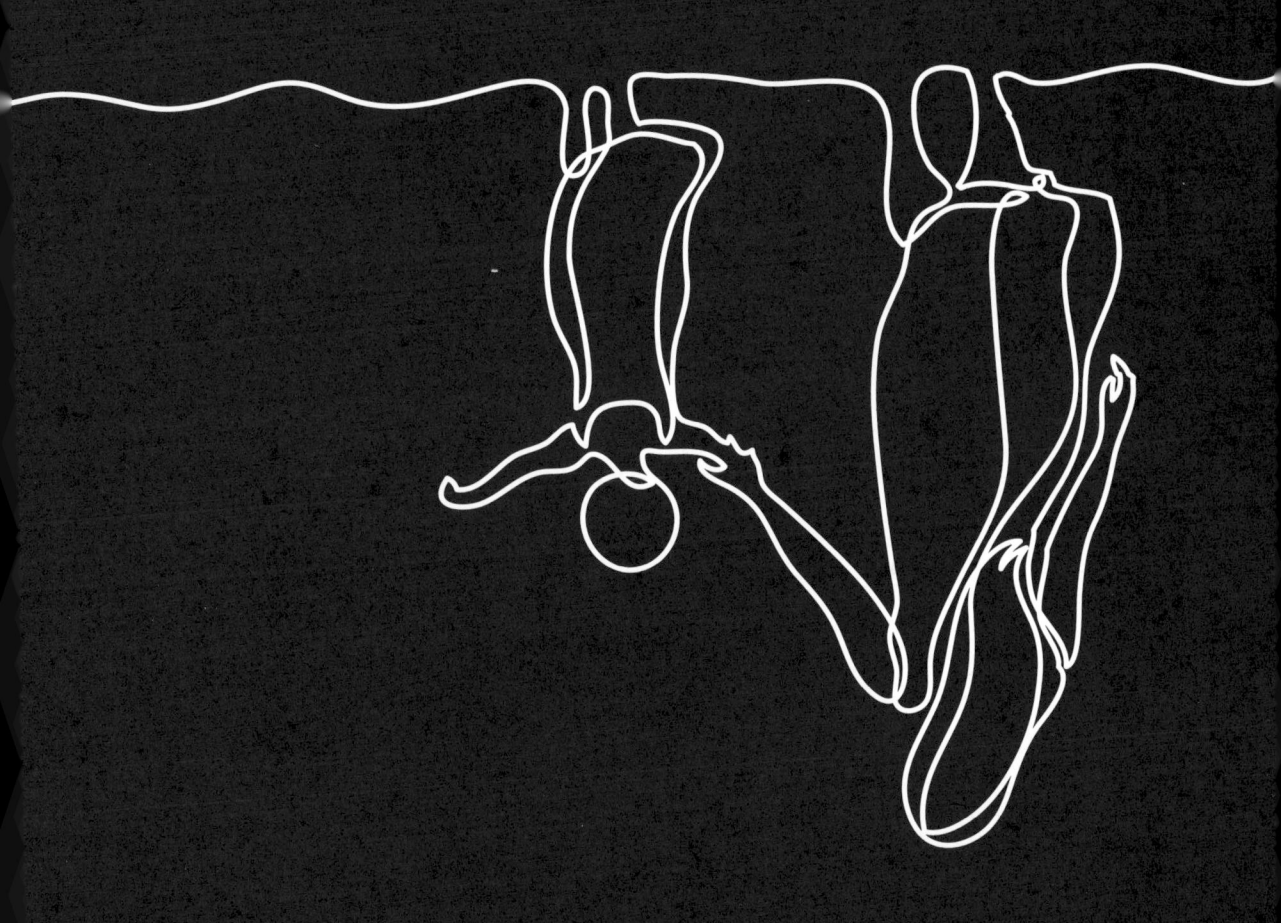

释放企业家思维，投资具有颠覆性潜质的公司，突破约束。

最重要的是对初创企业可能带来的威胁保持敏感。

小公司，大胆行动

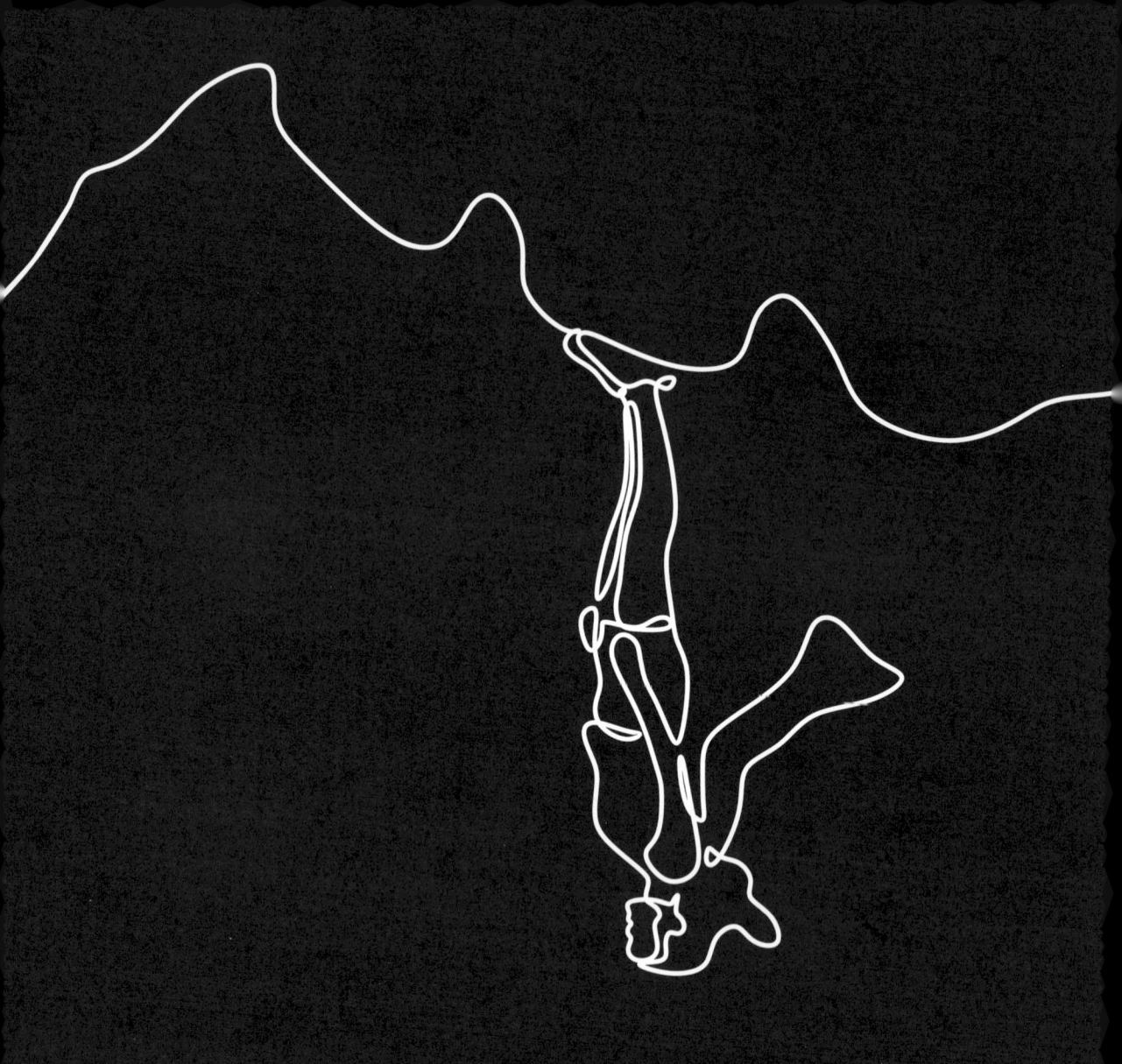

从大公司那里抢夺客户，建立伙伴关系以壮大规模，并利用对客户的深刻洞察。

从业务进展缓慢的现有企业开始入手。

追寻正确的梦想

1999年，一位名叫肖恩·范宁（Shawn Fanning）的天才少年创造了一个颠覆性机会：纳普斯特（Napster）。到2001年2月，超过2500万的独立用户使用Napster进行非法文件共享。这一现象也遭到了美国唱片业协会（RIAA）的谴责。2001年7月，RIAA的诉讼迫使Napster公司暂停了业务。

接下来，RIAA决定起诉35000名潜在客户。在这些被起诉的人中，有一位去世的老太太，一个根本没有电脑的家庭，还有年仅12岁的孩子（在美国，12岁以下的孩子不会被起诉）。

RIAA还起诉了XM卫星广播电台、几家网络电台，以及一个打折的俄罗斯付费网站（价值1.7万亿美元）。可以说，RIAA基本起诉了所有紧跟潮流的人。对此，消费者非常不满，有的甚至生产并出售印有RIAA标志的卫生纸以表抗议。

直到2003年，iTunes才成为第一个合法的下载网络音乐的网站。在1999—2003年这四年里，Napster这一下载方式深受欢迎，数据显示非法下载量是付费下载量的20多倍。

音乐产业被永远改变了，但RIAA无法避免像"打字机"一样被淘汰。如果当年RIAA把注意力放在音乐的未来发展上而不是保护CD的销售上，结局会怎样？

—— 试图解决的问题反而有可能吞噬你。
请把有限的精力花在正确的目标上。

第二部分 创新文化

037

利用动荡加速变革

波士顿咨询公司和《商业周刊》曾对1000位有影响力的管理人员进行了调查，找出阻碍创新的最大敌人：冗长的开发、缺乏协调、规避风险的文化，以及有限的客户洞察力。

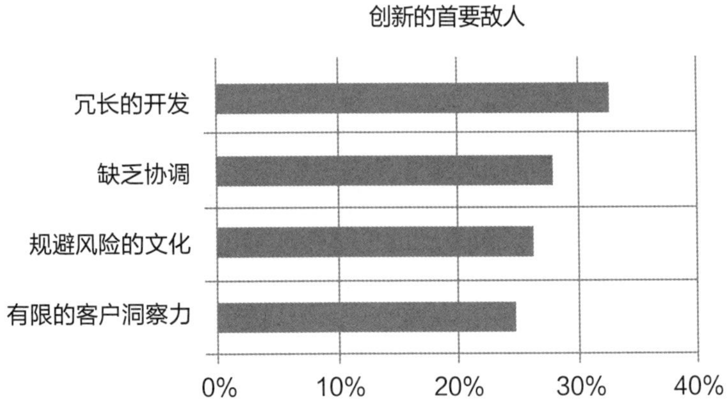

创新的首要敌人

	0%	10%	20%	30%	40%
冗长的开发					
缺乏协调					
规避风险的文化					
有限的客户洞察力					

资料来源：1000位受访者，波士顿咨询公司

（作为旁观者，我本打算更新这张2006年的图表。讽刺的是，我意识到世界可能已经改变了，但阻碍变革这一问题却没有变化。）

利用危机以加速变化。28岁时，我被提拔成为"第一资本"加拿大公司高端业务的负责人，负责高端市场贷款。当时，我们只有一种产品，即利率为5.99%的信用卡。在由五家老牌加拿大银行寡头垄断的市场中，我们的信用卡是最好的。不幸的是，资金成本急剧上升，产品无法保持盈利，业务不得不停止。

更糟的是我们无法提高利率。任何高于5.99%的利率都会导致需求急剧下降。

因此，我的业务目标是：不要让利润下降超过20%。我对如此困难的业务不抱过多的希望，当时就可以想象得到我的未来——我会告诉我的朋友们："我只把业务缩减了20%。是的，我就是这种水平"。幸运的是，危机创造了机会：

1. 危机缩短了我们进入市场的时间：我们不再需要花一年时间来证明我们的方案是完美的、可行的，只需要证明我们的方案比什么都没有强就可以了。

2. 危机促进了我们团队的调整，减少了繁文缛节：审批更快，合作紧密。

3. 危机提高了我们对风险的容忍度：在没有产品的情况下，我们被迫去挑战传统的界限。

4. 危机迫使我们重新认识客户需求：我们过去一直在抱怨，为什么我们信用卡利率全国最低，但是业绩并不好？危机迫使我们重新思考：为什么加拿大人讨厌稍高的利率，如6.99%？

这让我们得到了一个至关重要的洞察——加拿大客户并不把他们的利率看作是冷冰冰的数字，他们考虑的是他们的利率是否公平。像"5.99%"这样的数字定价使人难以理解银行实际赚了多少钱。但相对化定价，如"最优惠利率+2"则更容易评估。在加拿大，优惠利率是用于抵押贷款定价的基础利率。通过用"最优惠利率+2"重新定义我们的信用卡利率，本质不变，但客户需求却增加了。我们的销量不减反增，每月的预订量增加了两倍，业务量增长到10亿美元。

利用危机，
击败创新的敌人。

转变视角，激发革命

1993年，IBM陷入了业绩下滑的漩涡之中，每月损失近10亿美元，倒闭似乎迫在眉睫。路易斯·郭士纳（Louis Gerstner）临危受命，接任首席执行官。跟着IBM一路走来，他意识到，变革的关键在于公司文化。"正面处理IBM公司文化的问题，意味着要改变数万人的态度和行为，这是非常困难的。但是在IBM工作期间，我看到文化不仅仅是游戏的一个方面——它是游戏的全部"。

郭士纳改变IBM文化的方式之一，是改变日常措辞和注重仪式感。他指出，"通过一个人的措辞和表达，你可以了解他们很多情况。所以我非常谨慎地选择我的措辞"。

郭士纳与420名公司领导人举行了一次工作坊。会上，他展示了一组图，图片上将公司的行话分解为禁止使用的词语和替代白话的词语。为了激发变革，他还宣读了IBM最大的竞争对手之一——甲骨文公司的CEO拉里·埃里森（Larry Ellison）的一段话："IBM？我们甚至不用再考虑这些家伙了。他们虽然没有死，但他们已经无关紧要了。"

在随后的六年里，IBM变身为一台疯狂盈利的机器，它的股票暴涨了十倍以上。这一变化被誉为全球企业史上最伟大的转机。

—— 改变视角，
创造变革。

IBM的"行为改变要求"

路易斯·郭士纳发给IBM全体员工的备忘录：

过去	现在
产品	客户
按我想的做	按客户要的做
为士气而管理	为成功而管理
根据先例和直觉决策	根据事实和数据决策
关系驱动	绩效驱动
循规蹈矩（政治正确）	思想和意见有多样性
针对人	针对事
规则导向	原则导向
重视我（个人）	重视我们（团队）
瘫痪式分析（必须100%正确）	遵循8/2原则（80%／20%）
盲目投资	优先顺序

唯一拖累你的是需要打破的规则

企业的发展之路充满了障碍，但并不是不可逾越的。公司可以增加创新研发预算、勇于承担风险、鼓励失败、做广告、雇用人才、投资技术，等等。

你可能认为，这些建议或多或少都不现实。或者至少在我的公司中，这些建议是不现实的。

我们公司太大了。

我们公司太小了。

我们不能这样做。

我们以前也试过。

我不能做出那么重要的决定。

这是由另一个部门负责的。

我们刚刚开始。

我们没有那么多钱。

投资者不会允许我们这样做。

......

—— 寻找机会需要有不同的思维，
并打破阻碍变革的约束。

第二部分 创新文化

043

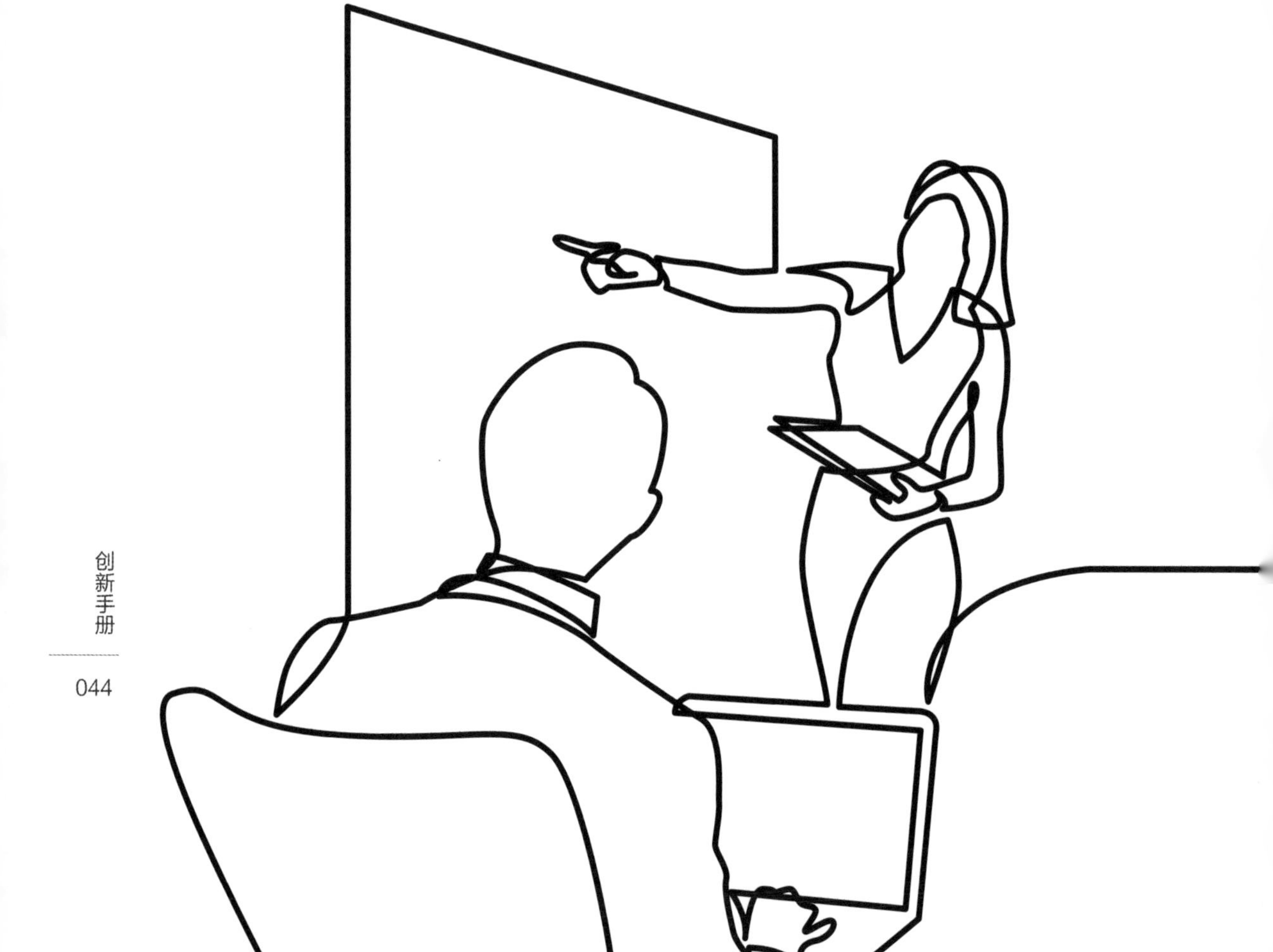

创新手册

044

正确的问题并不像答案那样变化无常

这就是彼得·德鲁克所说的世界。

德鲁克曾为世界上最有影响力的企业领导人提供咨询服务，包括通用电气的杰克·韦尔奇、宝洁公司的A.G.拉弗利、英特尔的安迪·格鲁夫、爱德华·琼斯的约翰·巴赫曼和丰田公司的丰田·章一郎。他还写了39本广受好评的书。

一直以来，德鲁克"三问"获得了各界的广泛认同。

1. 我们的业务是什么？

2. 我们的客户是谁？

3. 客户看重什么？

只有试图解决，

问题才能解决

只有试图
解决，问题
才能解决

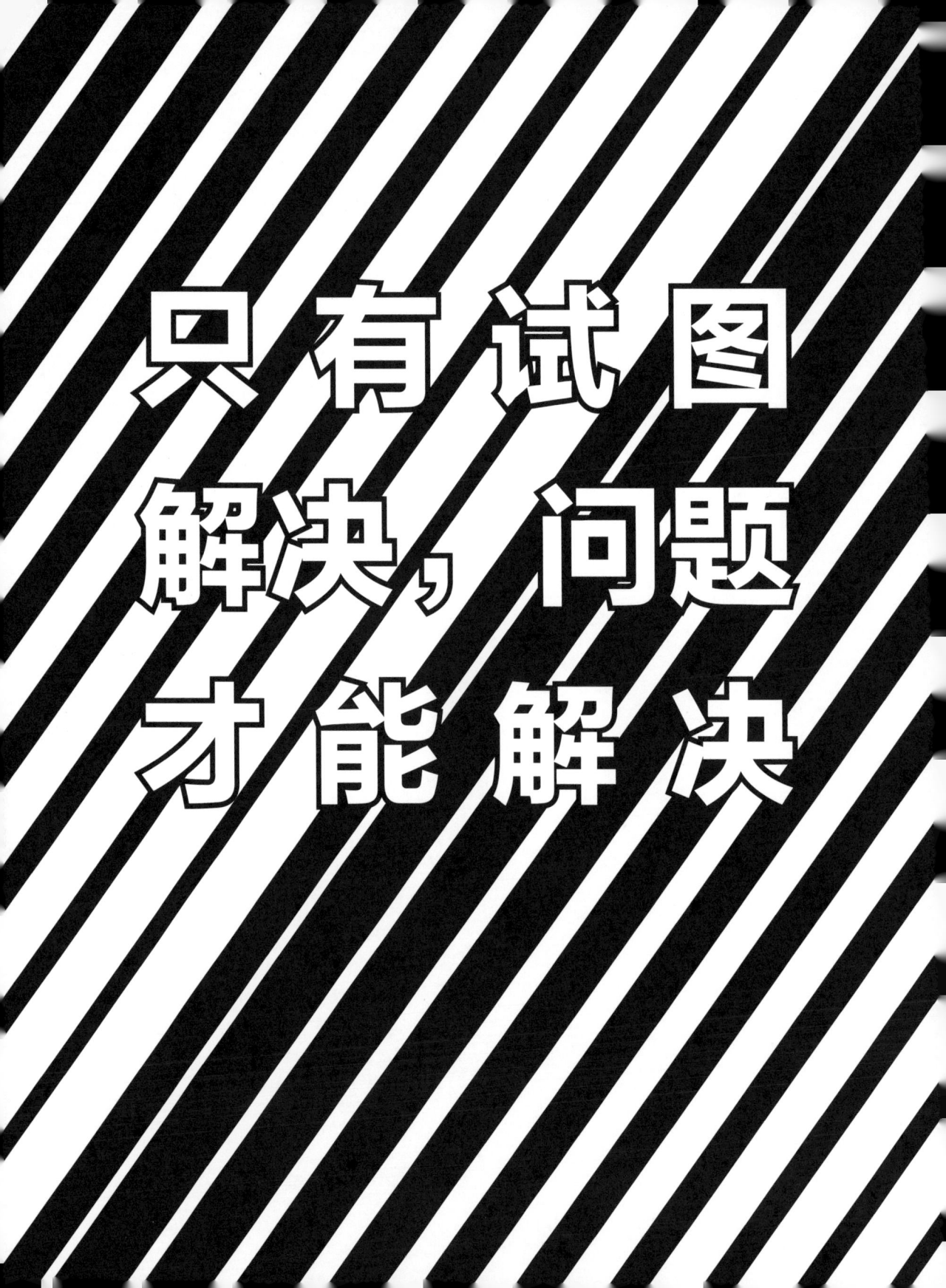

策略

1. 了解既定任务的重要性。

2. 采访客户，向他们请教你正试图解决的问题。然后不断询问他们为什么这个问题很重要，直到你得到更深的理解。

3. 改变公司文化，使员工目标和公司目标一致。

4. 在做有关产品、服务和品牌的决定时，采纳客户的看法。

工作坊问题

- 具体而言，你要解决什么问题？

- 请解释为什么要解决这个问题。多问几遍"为什么？"假设有个10岁的孩子不停追问，你的答案会发生什么变化？

- 对于消费者，他们如何看待你正在解决的问题？把这个问题问一下各个关键细分市场的消费者。此外，还要问自己，未来的客户又会如何看待这些问题的现实意义。

- 你的观点与市场上的其他竞争对手有什么不同？

- 以不同的方式构想是否会让你收获不同结果？

创新文化框架

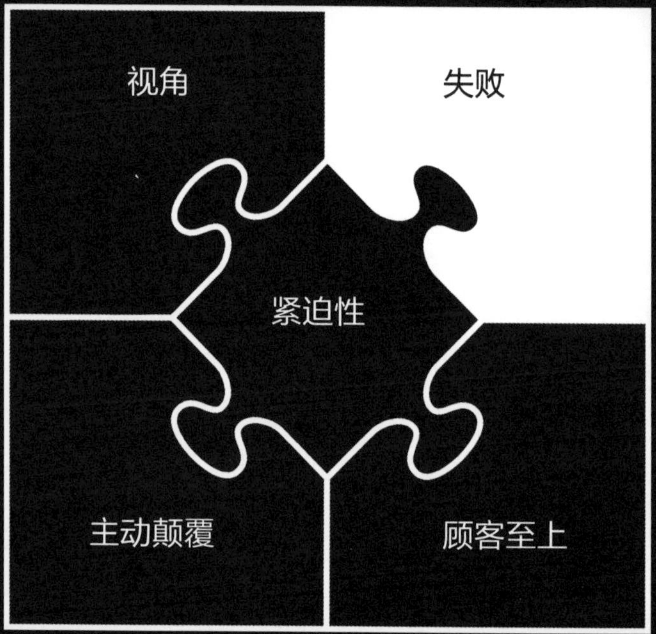

视角　　　　失败

紧迫性

主动颠覆　　　顾客至上

失败

在混乱中前行需要组织不断适应与变革，这就要求创建鼓励冒险、不惧失败的企业文化。

很多创造注定失败

期望之中的失败听起来很奇怪，毕竟，没有多少人希望与失败这样的词联系在一起。如果没有失败，你将创建世界上最好的打字机公司。在追求梦想的路上，有数不清的失败。但这毕竟也是一条过程曲折的新星之途。比如说：

- **技术**——在20世纪90年代末的科技热潮中，思科（Cisco）称得上是全世界最大的公司。但令人不敢相信的是，该公司在早期曾被76家风险投资公司拒绝。
- **体育**——迈克尔·乔丹（Michael Jordan）是有史以来最伟大的篮球运动员，但他却被高中篮球队开除。
- **小说**——约翰·格里森姆（John Grisham）是有史以来最成功的小说家之一。在获得人生第一桶金之前，他曾被几十家出版商拒绝。事实上，他的第一本书《杀戮时刻》（*A Time to Kill*）是放在自己的汽车后备厢里售卖的。
- **电影**——2009年《贫民窟的百万富翁》（*Slumdog Millionaire*）赢得了八项奥斯卡奖。而在前一年，该电影的原制片人华纳兄弟对这部电影失去了信心，他们出售了一半的产权给"福克斯探照灯"公司，后来甚至终止了与该电影有关的所有业务。如果不是"福克斯探照灯"，这部电影根本不会被搬上大银幕。
- **科学**——托马斯·爱迪生（Thomas Edison）发明了灯泡，但他一路走来经历了无数失败。

在混乱中前行需要深刻理解能做什么和不能做什么。而失败是这个学习过程的一部分。为了接受失败，需要借助积极的方法来解释意外的结果。以下是爱迪生对于这个问题的看法：

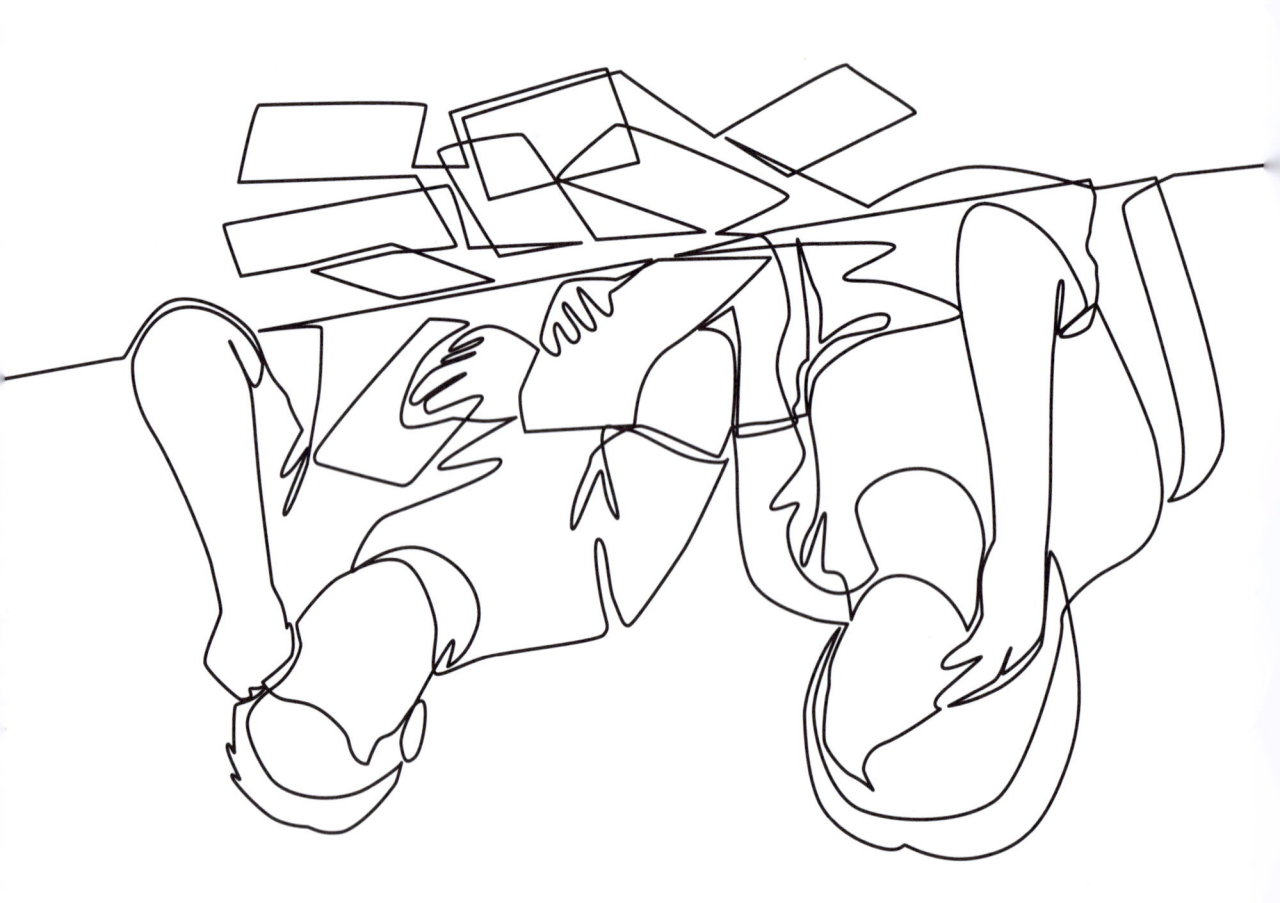

成功源自反复试验和 ——
拥有一次又一次的试错机会。

不要让优势和成功变成自满

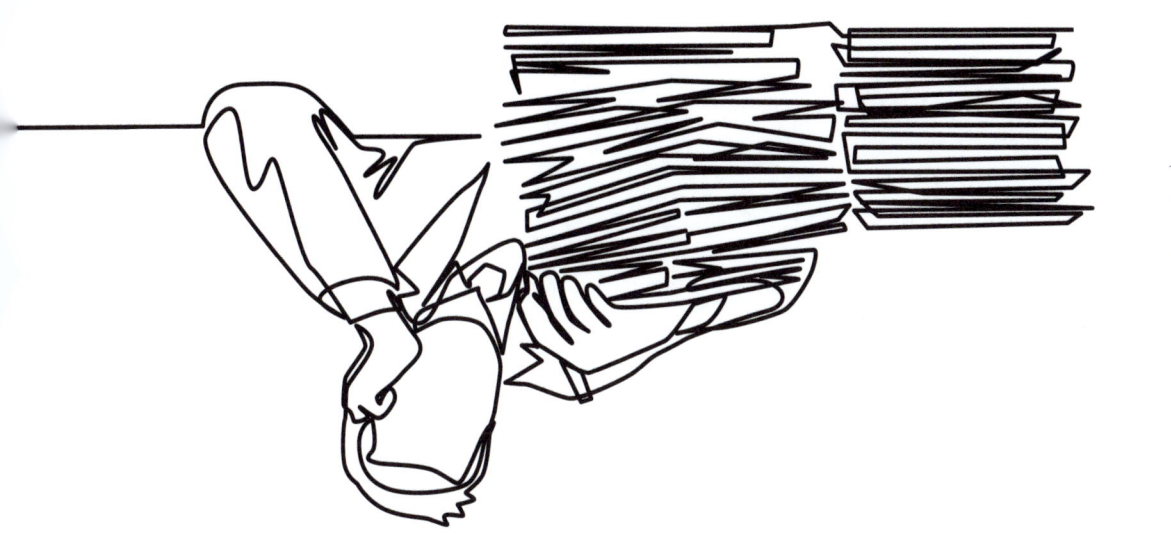

随着时间的推移，我们不再尝试。

我们已经占领了这个市场。他一直都是我们的客户。她已经是我的女朋友了。他已经是我的男朋友了。

即使世界正在发生巨变，大公司的个人也拥有一个舒适区，免受令人绝望的高压产生的影响。社会对失败的反应更凸显了这一问题。几乎在任何情况下，失败都不为社会面和管理层所容忍。

假如搞砸了一个大项目，我是否会错过晋升？团队中有人会因此失去工作吗？

—— 选择规避风险比较容易，所以在本应寻求突破性创意的时刻，我们还是选择了稳妥的调整和优化。

自满是失败的陷阱

作为管理顾问开始工作不久，我在阳光明媚的迈阿密遇到了我的第一个客户。生活不易！

入住酒店之后，我来到大厅与新同事见面。当我询问他近来如何时，他告诉我他已经在酒店住一年了。

"糟透了！"他回答道。"酒店弄丢了我的衣服……我希望你不讨厌我这身打扮，因为整个星期我都要穿这身。"

我不知道对此该如何反应，于是吐出一句话："他们送了我一份果盘。"

"什么？"他穿过大厅向酒店经理走去。"我花了2万美元住在这个酒店。你们弄丢了我的衣服，却不做任何补偿。"他转过身来指着我，"这家伙只是第一天入住，就得到了一个果盘？那我的果盘呢？"

"我只说一遍，然后我就走。自满是失败的陷阱！"

真刺激！

不要对你的客户 ——

想当然！

一览众山小

当你找到自己所擅长的领域，就像攀登到了山顶。此时无论做些什么，你都是出类拔萃的。任何时候，保持处在山顶的优势地位都比另起炉灶更容易。

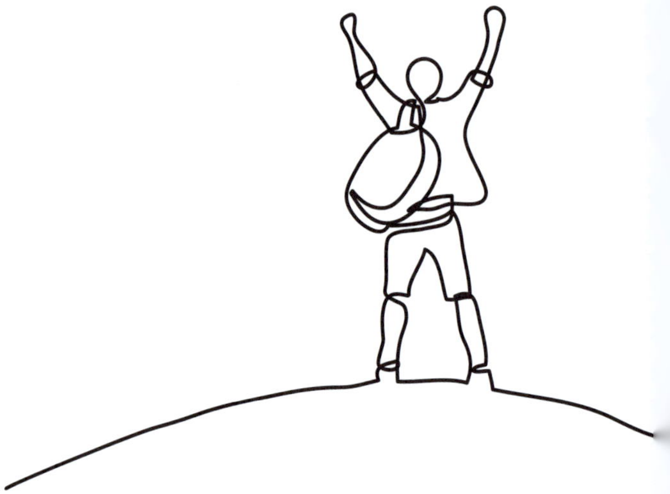

对于史密斯·科罗纳这个打字机品牌而言，他们便处在打字机领域的"山顶"。任何时刻，该公司的创新团队都可以制造出更好的打字机。相比之下，该公司的其他产品就黯然失色。

现在回想起来，计算机带来的机遇似乎是显而易见的，但正因为他们一流的打字机制造能力，科罗纳忽视了其他机会。

—— 就算处在山顶
也要极目远眺。

……在攀登更高的山之前，你需要穿越峡谷

寻找新机会将迫使你在充满不确定的领域进行试验。要想发现你的大山，必然会遭遇失败，并且是经常性的失败。成功的关键是要保持追求新事物的热情。

"生活中的许多失败者在放弃的那一刻并未意识到自己距离成功只有一步之遥。"

——托马斯·爱迪生

失败之路通向成功。

不为登顶欢呼，而为攀登呐喊

受到消费者顶礼膜拜的巴塔哥尼亚公司（Patagonia）是一家有良心的体育用品公司。在1974年的产品目录中，该公司的联合创始人伊冯·乔伊纳德（Yvon Chouinard）和汤姆·弗罗斯特（Tom Frost）发表了一篇出人意料的文章，该文章建议人们少购买他们的产品。具体来说，他们希望徒步旅行者减少出行装备，以降低对环境的不利影响。这不是一个执着于利润的公司会提出的建议。

这篇文章中有一句话反映了他们的企业文化："衡量个人成功的标准是登山的姿态，而不是登顶的成就。"多年以后，乔伊纳德的徒步旅行哲学成为巴塔哥尼亚管理方式的箴言。

最近，他说了一句也许是你可以期望一个CEO说的最大胆、最反常的话："在你从我们这里购买产品之前，请三思。你是真的需要它，还是觉得无聊，想买点东西打发时间。"伴随着这句话，他推出了"衣旧"（Worn Wear）的倡议：公司将免费修补顾客穿旧的巴塔哥尼亚服装，这样他们就无须购买新产品了。

该公司的一系列行为都在消费者中形成了一种崇拜的朝圣者氛围。

—— 庆祝已完成的"旅程"可以激发士气与热情。

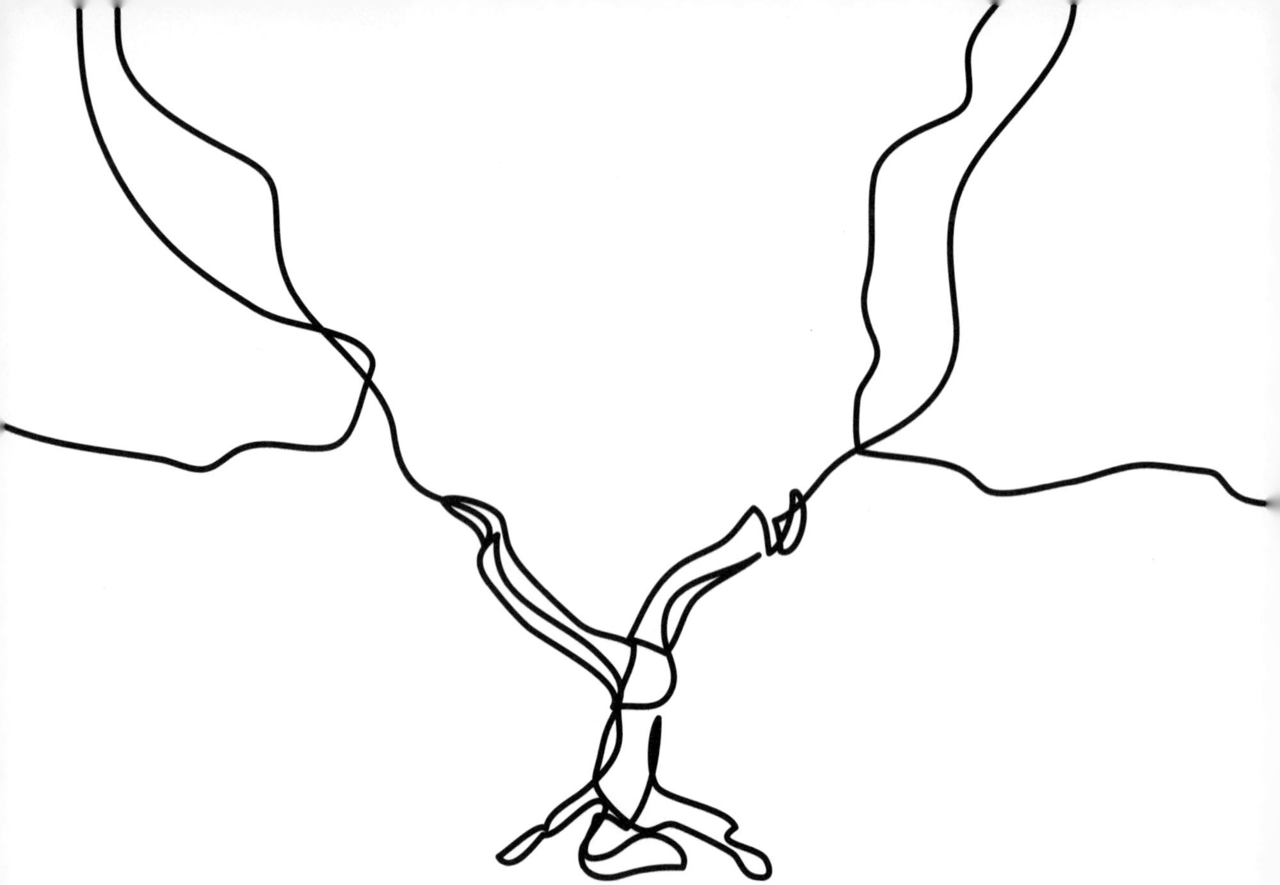

策略

1. **建立风险投资基金。** 在BBC电视台，创新意味着提出新的节目创意。20世纪90年代末，BBC可谓乏善可陈，市场份额开始下降。因为急于取得突破，公司的CEO和CFO围绕创新过程实施了严格控制，他们希望获得更多的掌控和一致性。在这种限制下，公司的创新范围缩小了，市场份额进一步下降。颇为滑稽的是，当事情发生时，公司将迎来新的CEO和CFO。新的领导班子认为BBC是一个巨大的官僚组织。他们想改变现状，但又担心在整个系统内引起波动，于是只做了一个明显的改动：即创建一个风险投资基金。就算创意失败了，员工也仍然有资格获得投资。第一个取得成功的创意是《办公室》（*The Office*）。它并没有走常规的筛选流程，但后来却成为BBC历史上最受欢迎的节目。

2. **提出问题并打破管理者自信。** 新员工初入职场时，往往眼界开阔并且充满好奇心。一旦熟悉了工作，自然会产生一种不再追问的倾向。这种倾向表明自信与熟练。但这种自信也会让人忽视周围正在发生的变化。真正的领导者会不断提出问题，并不断深入问题的核心与本质——"你具体想要做的是什么？"，从中挖掘更多可能性。

3. **不要问："你喜欢这个吗？"而要问："这有什么问题吗？"** 我最喜欢的书是保罗·亚顿（Paul Arden）的《不是你有多好，而是你想有多好》（*It's Not How Good You Are, It's How Good You Want to Be*）。书名本身就是一个很好的建议。亚顿曾是盛世长城（Saatchi & Saatchi）的执行创意总监。他从事的是世界上最具创造性的工作之一。为了构建一个可以接受失败的环境，他指出："相对于苛责，人们往往会说好话。此外，人们还倾向于过滤负面信息，以便只听那些想听的东西。如果你并不希望获得附和，那就追问，'这有什么问题吗？我怎样才能让它变得更好？'你更有可能得到一个真实的、批评性的、建设性的答案。"

4. **视失败为平常。** 1999年的一部关于空中交通管制员的喜剧《空中赛车》

（*Pushing Tin*）以这句话作为开场白："你安全降落了一百万架次飞机。但只要发生一次空中撞机，你就再也没有机会了。"大多数的商业情景不涉及降落飞机，但这句话合理地描绘了失败在生活中的影响：失败了就再也没有机会了。失败使人情绪低落，从而导致我们对风险的极度厌恶。除非你是在操控飞机降落，否则你需要将试错的机会视为干大事的必经之路。NBA传奇人物迈克尔·乔丹（Michael Jordan）曾说："在我的职业生涯中，我错过了9000多次投篮，输掉了近300场比赛。有26次我辜负众望，没有投进制胜球。生活中我一次又一次地失败，这就是我成功的原因。"

5. **视成功为习惯，视失败为享受。**人们倾向于褒奖成功，批评失败。在团队之中这表现为绩效评估、走廊谈话和团队激励。这无意间带来的影响是，个体变得不太愿意主动追求改变。例如在史密斯·科罗纳公司，错过了计算机窗口的团队与成功将业务转移至墨西哥的团队，哪个会受到更多称赞？毫无疑问是后者。业务转移以降低成本的成效是显而易见的。但只有选择进入计算机领域的团队可以重塑公司的形象。如果对那些明知前途坎

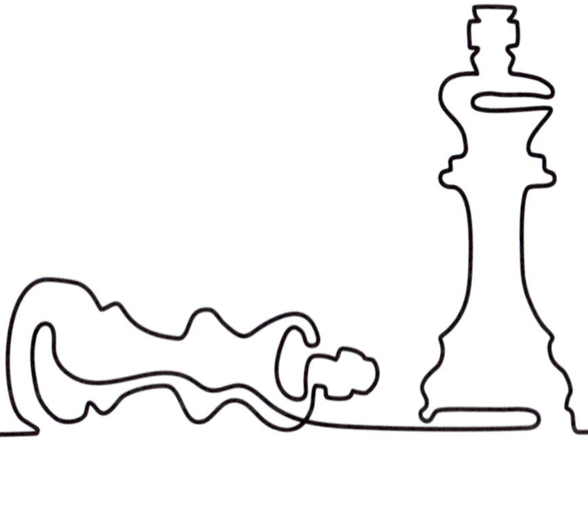

坷依旧冒险进入新领域的行为没有足够的包容与关爱，聪明人怎会想要加入这个团队呢？如果你要鼓励我进行突破性创新，需要让我感到被保护。我需要确信，选择突破性创新的结果可能是失败，但这要比从事毫无风险的项目更好。

6. **开除那些害怕失败的人**。没有失败，就没有创新。因此，最成功的领导者把失败看作通向成功的灯塔。在《成功的怪念头》（*Weird Ideas That Work*）这本书中，罗伯特·萨顿（Robert Sutton）谈到了华纳子公司MTV的早期情况。在当时，华纳正努力跳脱传统节目形式的窠臼。为了鼓励人们创新思考、另辟蹊径，董事长史蒂文·罗斯（Steven Ross）宁愿解雇那些从不犯错的人。

7. **将失败视为培训成本的一部分**。微软公司以更积极的姿态采用了同样的理念，即等员工遭遇重大挫折或失败后再提拔他们。IBM创始人老沃森（Thomas Watson Sr.）也分享了这一理念。当时老沃森接到一个造成公司1000万美元损失的经理的辞职电话。沃森这样拒绝了他："你不是认真的吧。我们刚刚才花了1000万美元培养你。"

8. **把失败视为检验雄心的基准**。纵使伟大如米开朗基罗也明白突破极限对创造卓越的重要性："对大多数人来说，我们面临的最大危险不是把目标定得太高而没有达成，而是目标太低，很容易便实现了它。"

9. **为失败的项目举办"葬礼"**。前面关于"短视的选择"章节介绍了阿迪达斯的客户米可·卢西尔（Mic Lussier）为大型失败项目举办"葬礼"的例子。这种行为使得想法即使被搁浅，团队也能够为冒险精神而庆贺。

10. **认可失败**。在前面的章节中，我们还介绍了来自史泰博公司的客户布莱恩·库普兰（Brian Coupland）为失败提供书面认可的例子。除此之外，他还会在年底举办"企鹅奖"（Penguin Award）颁奖仪式——为那些勇敢尝试的企鹅而设置，它们的第一次试飞虽然困难重重，但却对维持企鹅群体的生存至关重要。

工作坊问题

- 上一次重大的工作失误是什么？你从中学到了什么？

- 如果举办项目"葬礼"，你会选出哪五个值得纪念的失败项目？

- 你可以做哪些战术上的准备让失败显得不那么可怕？

- 在你的童年时期，有没有失败却带来了更大的成功？

- 你最近一次因为担心失败而放弃是什么时候？

第二部分 创新文化

创新文化框架

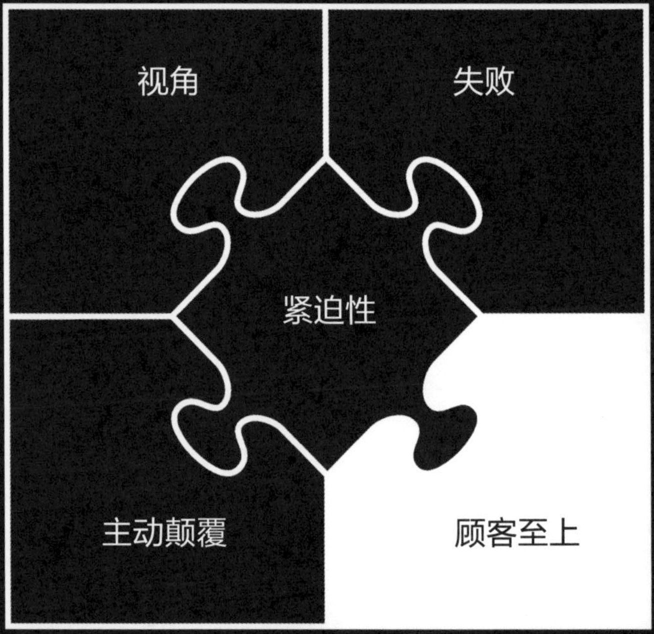

视角

失败

紧迫性

主动颠覆

顾客至上

客户至上

突破性想法和颠覆性创新源于对客户的深刻理解。

建立情感连接，成就难忘记忆

你记得这张照片吗？

对许多人来说，铁眼科迪（Iron Eyes Cody）的形象唤起了人们对"让美国美丽"广告活动的深刻记忆。

广告中，一名摩托车手从高速行驶的车上丢下垃圾后，铁眼科迪流下了眼泪。

虽然这幅图实际上可以追溯到1971年，但人们却永远记住了铁眼科迪，因为他让人产生了情感上的共鸣。

让人意想不到的是，科迪实际上是一个名叫埃斯佩拉·德·科尔蒂（Espera de Corti）的意大利演员，但这并不是重点。

—— 通过构建情感联系，
人们可以永远记住你想传达的信息。

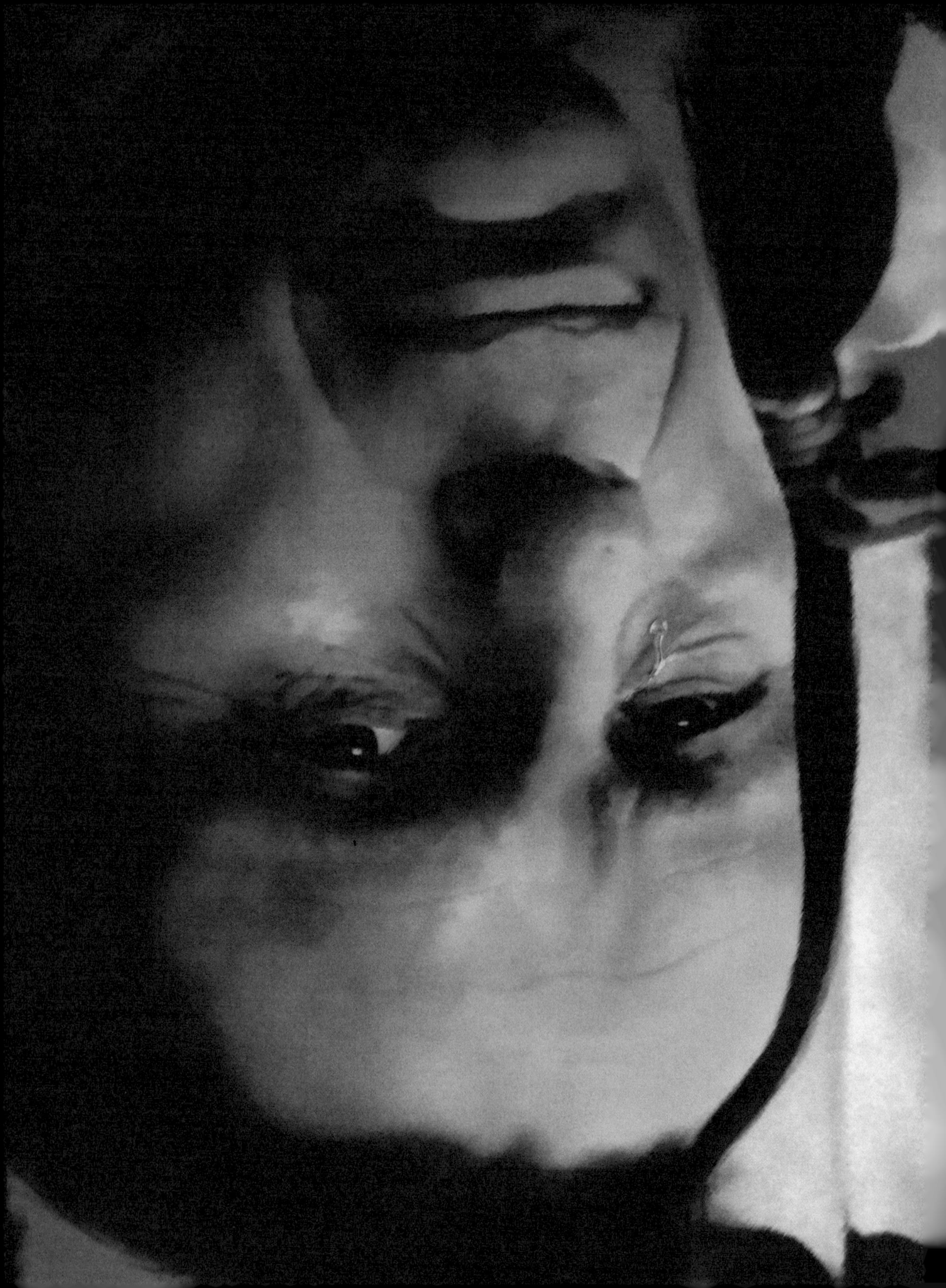

激发行动前，先构建文化连接

无论试图传达什么，都会产生一个基于信息传达方式的持续性影响。

劝说的持续性

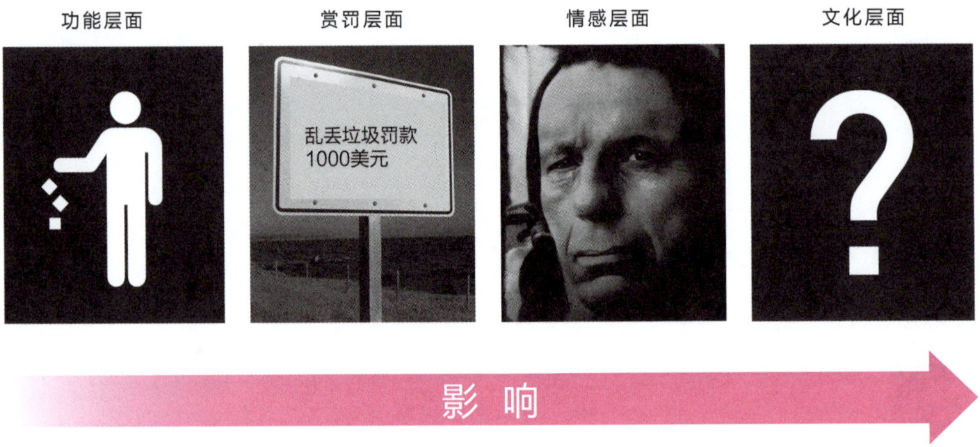

功能层面	赏罚层面	情感层面	文化层面

乱丢垃圾罚款
1000美元

影 响

在功能层面，可以直白地告诉人们不要乱丢垃圾。进一步而言，还可以设立奖励或惩罚机制。再进一步，创造一种情感连接，这样就令人很难忘记。但是，被记住并不是真正的目的。在《粘住创意》（*Made to Stick*）一书中，作者奇普·希思和丹·希思（Chip and Dan Heath）认为，铁眼科迪最终失败的原因是他只唤起了人们的情感记忆。要真正产生影响，你需要建立一种文化连接。

当建立起文化连接，
你提供的产品或服务就成了消费者的生活方式。

顾客至上

文化连接与个人的灵魂和信仰一致，起着持续赋能的作用。而这就是人们会把哈雷·戴维森（Harley-Davidson）公司的标志纹在手臂上的原因。一旦建立了与消费者的文化连接，他们不会只把创造物当作产品，而是当作他们自身的一部分。为了创造这样的连接，就需要了解消费者。

回到刚刚那个案例，谁会在开车时乱扔垃圾？男人还是女人？年轻人还是老人？他们开汽车还是卡车？

如果像大多数人一样，想到的是开卡车的年轻男性，那么根据得克萨斯州的广告公司GSD&M的研究调查……你完全正确！

这些"垃圾虫"中70%是男性。他们很年轻，开卡车，喝啤酒，有霰弹枪架。最重要的是，他们有一种自认为"世界之王"的姿态。

现在，假设你是这些垃圾虫中的一员，坐在一辆卡车里，问问自己：那个哭泣的演员能否阻止你把啤酒罐从窗口扔出来？应该不能。

相反，稍后看一看GSD&M采取的方法。人们经常会在一些环保活动中看到这条标语，但你或许不知道的是，这句话实际上是专为阻止年轻男性乱扔垃圾而创作的一条注册了商标的广告语。

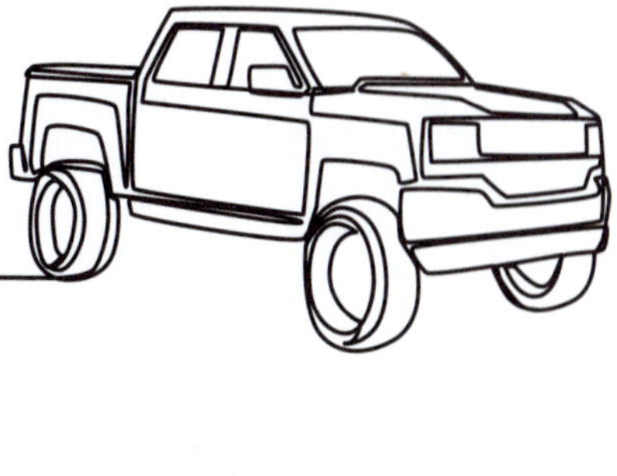

但问题是，它并未对缓解 —— 乱扔垃圾的现象带来积极影响。

"别把
得克萨斯州
弄得一团糟™"

不要告知客户，而要与他们交流

1986年的电视广告上出现了一群演员、体育明星和其他名人，他们一齐喊道："Don't Mess With Texas！"（"别把得克萨斯州弄得一团糟！"）最令我欣喜的是这条标语有注册商标，说明它是被发明创造的！

其中最早的一条广告是两个达拉斯牛仔队的橄榄球运动员埃德·琼斯（Ed Jones）和兰迪·怀特（Randy White）在路边拾起垃圾的片段。埃德·琼斯抓起一个罐子，愤怒地喊道："你看到那个把这罐子扔出窗外的人了吗？你告诉他我有话要对他说！"然后他将罐子举至脑袋一侧并将它捏扁，说道："Don't Mess With Texas！"

哇哦！

GSD&M的执行创意总监蒂姆·麦克卢尔（Tim McClure）指出："这是我们摆脱'哭泣的印第安人'的经验，从消费者角度看问题的一次尝试"。现如今，你可以在保险杠贴纸、T恤衫和得克萨斯州人的日常对话中看到"Don't Mess With Texas！"这句话。事实上，这是有注册商标的标语第一次作为广告的一部分独立出来。

根据应用研究所（The Institute of Applied Research）的报告，区域内路边垃圾至少可以减少10%；减少15%就是了不起的成绩。而在该标语推出后的五年里（1986—1990），得克萨斯州的马路边垃圾减少了72%。

"Don't Mess With Texas！"如此有效，以至于成为得克萨斯州文化的一部分。现在面临的挑战是如何让这个口号与它的初衷相呼应。为了做到这一点，这场环保运动借助许多得克萨斯州明星的代言扩大声势，比如马修·麦康纳（Matthew McConaughey）、詹妮弗·洛芙·休伊特（Jennifer Love Hewitt）、乔治·福尔曼（George Foreman）、欧文·威尔逊（Owen Wilson）、说唱歌手查米利安（Chamillionaire）和查克·诺里斯（Chuck Norris）。

从客户而不是广告商的视角洞察市场。

在任何行业，创新始于观察客户

设计者

企业家

艺术家

市场营销人员

零售商

战略分析师

从职场新人到首席执行官，观察客户对各个层级的人都很重要

首席执行官

首席财务官

首席营销官

副总裁

高级经理

管理者

勤劳打工人

职场新人

深度观察

观察客户过去意味着开展焦点小组讨论、调查和采访。这些方法如今仍然有其用武之地，但它不能帮助你与客户建立连接。而为了增强连接，你需要深度观察消费者——观察其购买行为、与其互动和交流。

凯雷德（Escalade）是凯迪拉克（Cadillac）几年来最畅销的全尺寸SUV（运动型多用途汽车），我就这一车型采访了凯迪拉克的外部设计负责人约翰·马诺吉安（John Manoogian）。

凯雷德的成功是因为它成了嘻哈文化的象征。我急切地问约翰："你是如何做到这一切的？是在说唱视频中进行了产品植入吗？"他解释说，凯雷德的成功也算是意外之喜，因为该车的目标客户原本是成熟的富裕男性。

约翰知道，他对让凯雷德获得成功的消费群体一无所知。因此，他特意来到底特律最危险的街区之一，等待一辆凯雷德驶过。

你猜一猜，什么样的人会在这样的街区驾驶凯雷德？

然后约翰会这样向司机介绍自己："打扰一下，年轻人，可以搭我一程吗？"

—— 当你的世界发生意想不到的变化时，
或者当客户与你差别很大时……

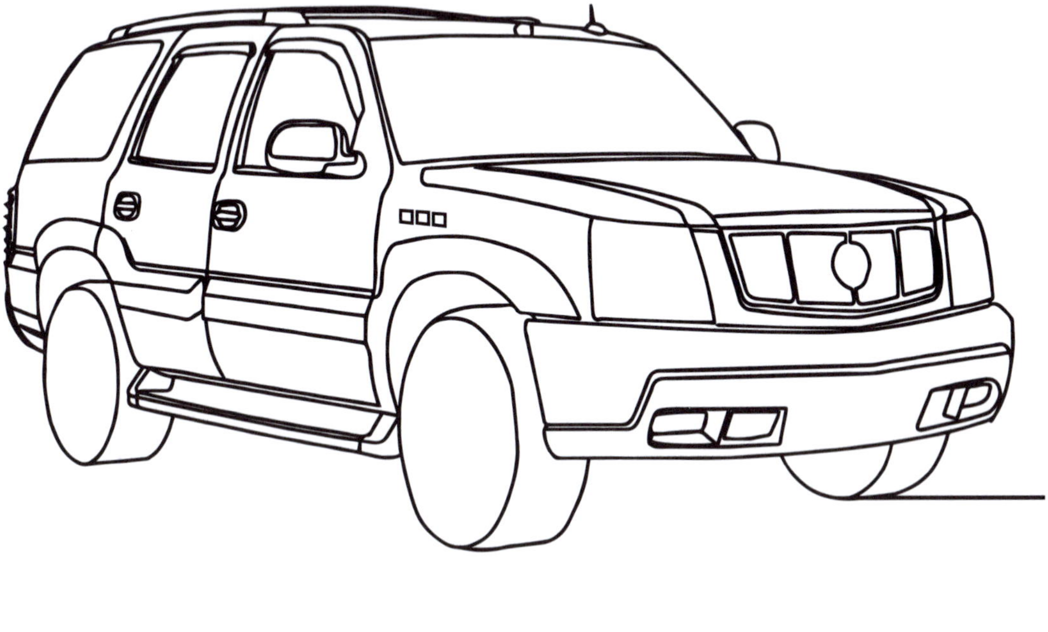

第二部分 创新文化

073

坚持客户至上能帮助你——

看到不一样的现实。

挑战你对顾客原有的认知

2006年，我参加了斯坦福高管教育中心（Stanford Executive Education）举办的第一个以客户为中心的创新项目，该项目由鲍勃·萨顿（Bob Sutton）和哈亚格里娃·哈吉·奥拉（Hayagreeva "Huggy" Rao）领衔主讲。我有幸与世界上最受欢迎公司的CEO和创新负责人一起学习。

我们团队当时正在推进一个优化加油站商店的项目。（虽然现在我驾驶的是电动汽车。）

如果你要考验我如何优化加油站这个项目，那么我已经准备好了。我甚至不需要展开调研，可以直接开始闯关。尽管整个团队和我抱有同样的想法，但我们还是决定在加油站里待上六小时。

这是真的吗？六小时似乎太长了。

第一小时，我们观察到的和预测的一样。但随后出现了新情况——一个有趣的"小怪兽"！

当这个十几岁的男孩开着他（父母）的本田思域来的时候，不是一个，不是两个，也不是三个，而是四个荷尔蒙旺盛的男孩跳下车子进到店里。这四个男孩在加油站集体购物！

当他们挑选货品时，他们会这样说："嘿，这是新款红牛吗？多少钱？五块钱？真黑啊！好啊，也给我来一罐吧……"

他们对价格不敏感（因为他们不是用自己的钱购物），而这是销售员梦寐以求的。

但是，十几岁的男孩喜欢什么？有什么东西能引起他们的注意吗？我想我们都知道一些基本的答案。

然后，现在的挑战变成了如何吸引十几岁的男孩而不忽略其他细分市场。因

此，我们决定专门开设一个名为"摇滚巨星加油站"的示范店来测试这一创意并挑战极限。

我们问自己，"妈妈如果知道这是我设计的，她会不高兴吗？"我们推出了一系列针对十几岁男孩的组合包，里面包括六罐装的啤酒加一盒避孕套。如果这还不能让妈妈生气，我真不知道还有什么能让她生气。

我永远不会忘记一位50岁女士的反应。当我问她是否喜欢新店时，她说，"喜欢！"我感到很惊讶，便进一步询问，她解释说："是的，有点脏，但是……是一种不一样的感觉。瓶装水往往放在机油和风扇旁边，它至少看起来比较干净。虽然这瓶水不是专门为我准备的，但在我看来更干净了"。

相比之下，那些年轻男孩子非常喜欢我们团队新设计的商店！

坚持顾客至上可以激发洞察力，但要获得突破性想法，就要挑战自己的舒适区。

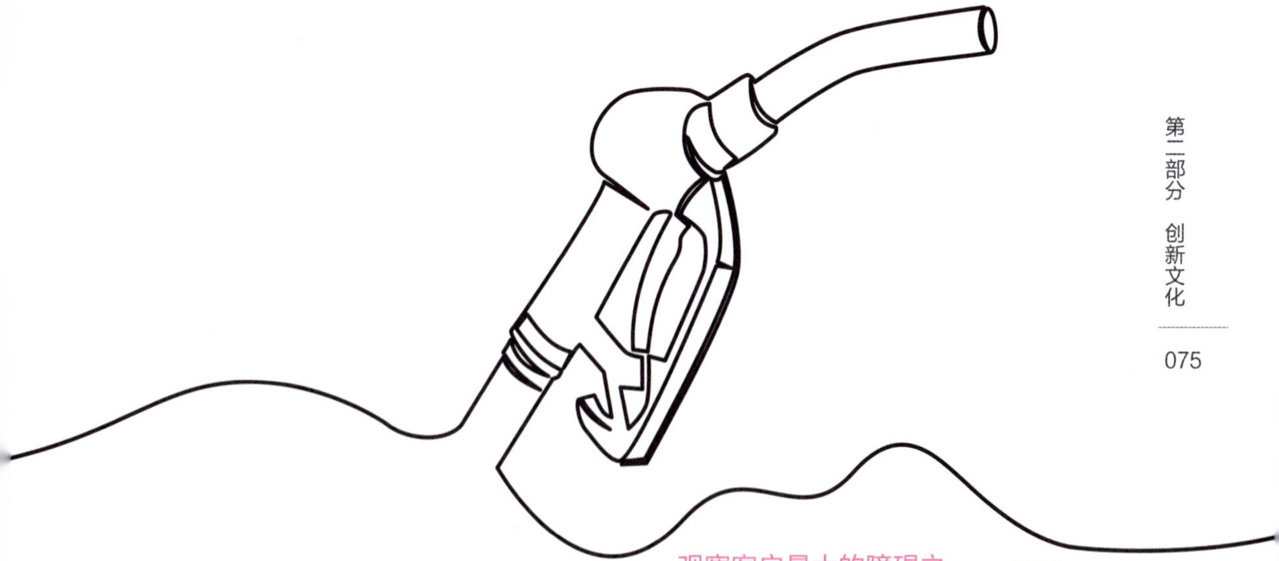

观察客户最大的障碍之一——
是你对他们已形成的认知。

求真

坚持顾客至上有很多原因，但最重要的是"求真"（seek authenticity）这个简单的概念。如果要创造文化连接，只需要真诚地对待顾客。

我曾有幸与Quiksilver（冲浪用具品牌）的联合创始人沙辛·萨德吉（Shaheen Sadeghi）"闲聊"。沙辛一直坚守着求真的概念。他还喜欢叙述耐克公司为进入冲浪领域从全力以赴到失败的全过程。

不管是篮球、网球、跑步、足球、曲棍球，还是足球和高尔夫，耐克都是行业引领者。但是，无数次的尝试后，耐克始终无法进入冲浪用具市场。

沙辛认为这是因为耐克缺乏与顾客之间真实的文化连接。冲浪文化属于草根阶层。它更关注的是一种生活方式，而非强调个人主义的巨星梦。但耐克并不了解这一点。

最后，耐克收购了Hurley（赫尔利）公司得以占领部分冲浪用具市场，但耐克的标志始终不曾出现在翻涌的浪花之中。

沙辛解释说："人们现在越来越与那些被他们视为重要的事物绑定在一起。如果无法与顾客建立一种文化连接，就难以取得成功，耐克就是典型的例子"。

他总结说：

—— "'真实'至关重要，
但金钱买不到它，
只能赢得"。——

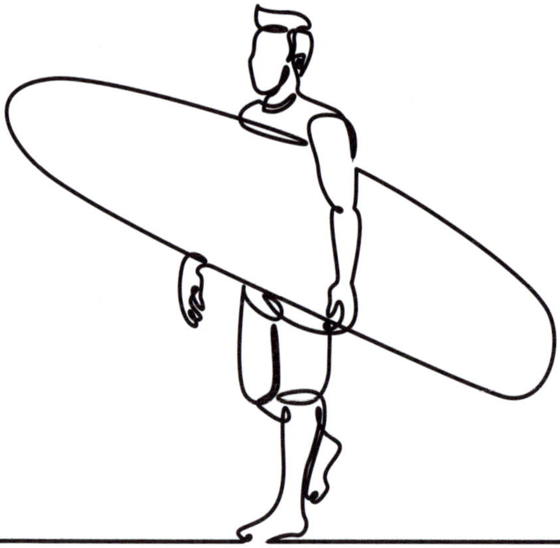

创造影响

毫无疑问，人们越来越意识到人类对地球的影响，尤其是那些年轻的Z世代、Y世代。因此，越来越多的品牌专注于推出对社会有益的系列产品，阿迪达斯便是一个例子。阿迪达斯推出的Adidas×Parley系列产品便是由可回收的海洋塑料制成。其他品牌，例如巴塔哥尼亚（Patagonia）和露露乐蒙（Lululemon），也正将产品对标消费者理想中的给生活带来积极影响的事业、目的和目标，以深化影响力这一概念。

消费者对某一产品的偏爱与其对意见领袖（代言人）而非品牌的关注这两种心理其实没有太大区别。人类就是这样寻求生命中的真实感、目的感和意义感。尽管如此，影响力营销的市场现状却在不断变化。产品代言人因为他们的真实性而具有吸引力，但颇具讽刺意味的是，他们在推广某个品牌的产品时，可能不如向观众介绍他们自己的产品或事业那样真实。为了解决这种脱节问题，企业家泰勒·克里克（Taylor Klick）创建了一种商业模式。

她的公司"为影响力而影响"（Influence for Impact）的概念不是让有影响力的人去炒作营销人员想要推广的产品，相反，她采取了完全不同的方法。该公司为有影响的人物的个人品牌创建定制产品的同时也为他们打造电商平台。一个典型的意见领袖的商店可能有多款定制的衬衫和毛衣，每件都装饰着他们专属的口号和设计。这些产品由可回收的塑料、绿色环保的纤维或竹子制成。消费者每次消费即等于种下一棵树，店铺10%的收入将捐给代言人选择的慈善机构。

这些受使命驱动的商店带来的结果是,有影响力的企业家不仅能与粉丝建立密切的连接,同时还会使世界变得更美好。这些企业和品牌得到了粉丝的青睐,创造了企业家都渴望达到的良性循环。

另外,这些意见领袖实际上并没有把粉丝当成顾客。购买他们产品的粉丝同样也是支持同一社会使命的人,他们的消费行为与社会创新事业是一致的。

策略

1. **接听电话。**在"第一资本",我们让高级管理人员花一天时间在呼叫中心与客户电话交流。

2. **在售货亭工作。**同样是在"第一资本",我把整个产品设计团队带到全国各地的售货亭工作。我们不是在推销产品,而只是与潜在客户交谈。

3. **采访流失客户。**《快公司》(*Fast Company*)杂志的编辑会给那些取消订阅的人打电话,以求更好地了解他们的不满。

4. **走访实体店。**星巴克前高级副总裁米歇尔·盖斯(Michelle Gass)带着她的产品品类团队去了巴黎、杜塞尔多夫和伦敦,在星巴克分店和当地的餐馆里待了一段时间。他们此行的目的是为了更好地了解不同城市的文化差异。CEO霍华德·舒尔茨(Howard Schultz)则每周要走访25家实体店。自从本书初版问世以来,米歇尔已经成为科尔(Kohl)的CEO,在新的使命中她选择继续做顾客驱动创新的灯塔。

—— 人们从那些影响他们生活的品牌或个人那里寻求真实和目的,从而为世界和人类带来更积极的影响。

5. **帮助客户策划活动**。例如我的代理演讲机构"拉文"（Lavin Agency)的代理人在会议策划阶段就参与进来，甚至还会参与客户举办的活动。这有助于"拉文"公司更好地了解客户需求，并帮助自身拓展更多业务。

6. **雇用你的客户**。在"趋势猎人"，我们决定雇用我们最喜欢的客户之一凯雷思·米德尔斯（Kareth Middlemass），她曾是罗布劳、雀巢、辉瑞和联合利华等公司的创新领导者和品牌经理。我们希望有人能帮助我们开发产品和制定客户战略，她指出，谁会比我们的客户更了解客户想要什么呢？

与客户互动的结果是我们对客户的需求和期待有了更深刻的了解。

工作坊问题

- 用一个故事来描述你理想中的客户典型的一天。
- 如果要花一天时间陪伴你的顾客，你想观察他的哪些行为？
- 对于顾客的偏好和期盼，你认为最大的不确定因素是什么？
- 具体来说，消费者为什么要选择在你这儿消费？实际上他们的最终目的是什么？

创新文化框架

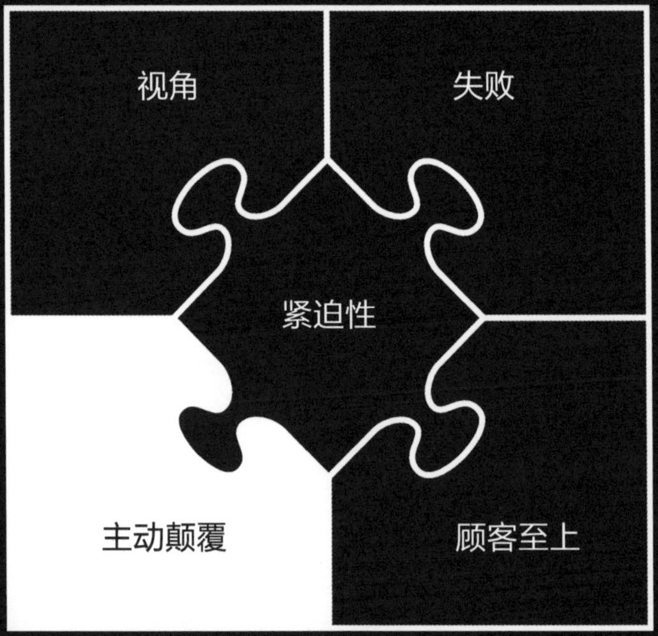

视角

失败

紧迫性

主动颠覆

顾客至上

主动颠覆

为了适应新环境，我们必须主动颠覆，打破阻碍我们看到市场变化的组织结构和官僚机制。

打破结构

大多数动物的行为是出于本能。鱼儿会游泳，鸟儿会筑巢。但是对于包括人类在内的灵长类动物，行为是在社会结构中习得的。我们习惯遵循组织模式和既定规则，除非这些规则发生了巨大的变化。

斯坦福大学的神经科学家罗伯特·萨波尔斯基（Robert Sapolsky）对狒狒的社会结构开展了研究。20多年前，萨波尔斯基观察到一个具有多层结构等级的狒狒群。在这个狒狒群里，社会地位高的狒狒会殴打中等级的狒狒，而中层的狒狒又会殴打低等级的狒狒。完全是一群恃强凌弱的混蛋！

但后来发生了一件事——高等级的雄性狒狒与附近的其他群落争夺游客留下的垃圾，那群好斗的雄性狒狒因此接触了受到结核病污染的肉。真是现世报。

在接下来的三年里，年长的狒狒相继死去，留下了失去原有结构的狒狒群落。年轻狒狒们并未重建凶悍好斗的多等级制度，而是创造了崇尚和平的文化氛围。最终，友好和平取代了暴力、野蛮和侵略行径。

这个群体不再自相残杀，而是蓬勃壮大起来。荷尔蒙样本显示，这个群体的内部压力降低，而这样的和平文化二十年后依旧存在。

—— 组织结构指导着人们的成长方式和思维方式。
为了创新，我们需要打破结构。

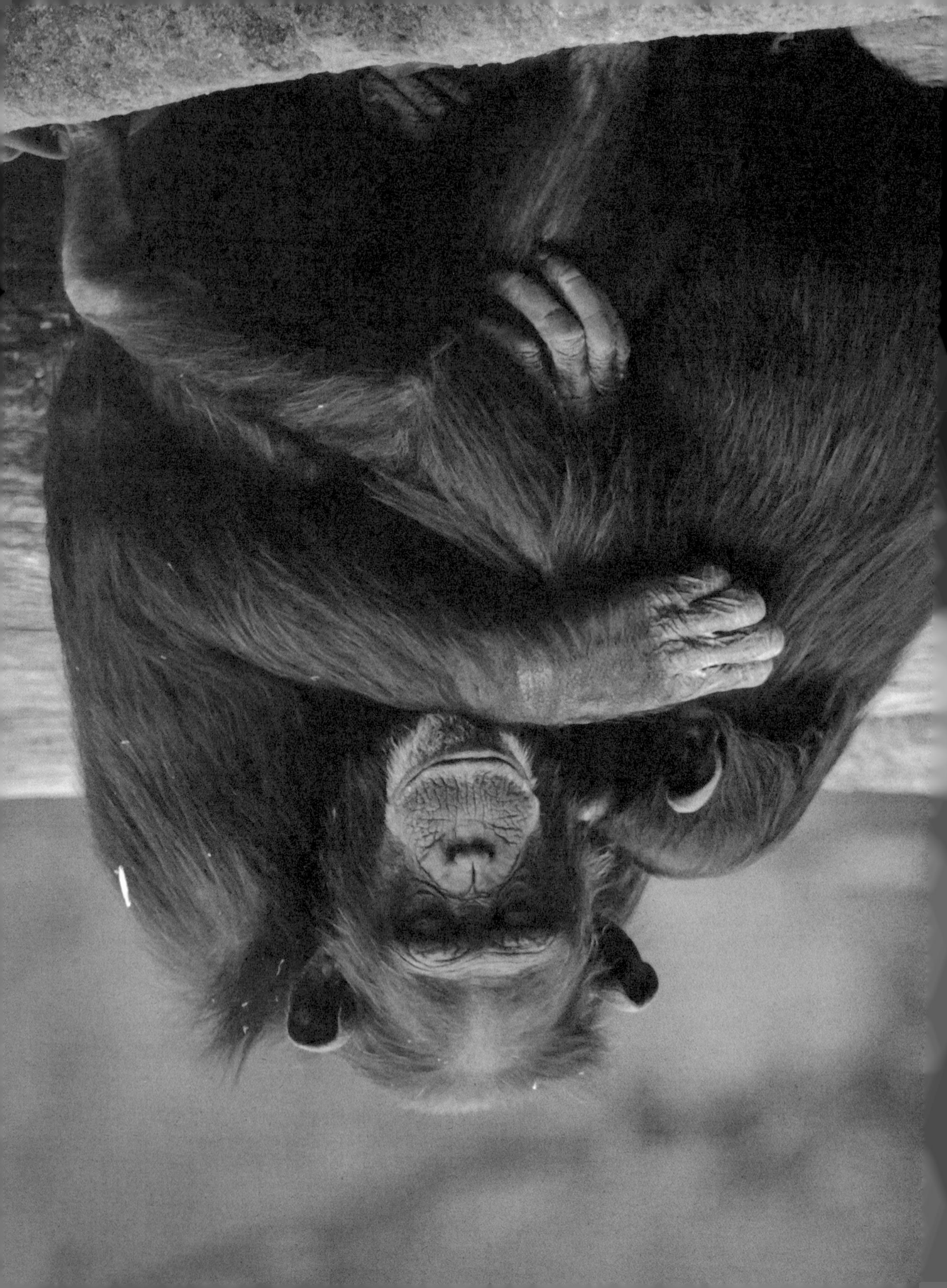

用共享价值观而非用强制性规则赋能

罗德·贝克斯托姆（Rod Beckstrom）是企业家，也是硅谷的首席财务官。就在两架被劫持的飞机撞上他办公室所在的双子塔时，罗德正在等待从纽约拉瓜迪亚机场起飞的一架喷气式客机上。

从那时候起，罗德就致力于了解这种灾难背后的原因。他研究了恐怖主义网络，以及基地组织的结构、P2P网络文件共享和匿名酗酒者协会（AA）等模式。

在《海星和蜘蛛》（The Starfish and the Spider）一书中，罗德以及联合作者奥里·布莱福曼(Ori Brahman)以海星作比，一起探讨了何为"群龙无首组织势不可挡的能量"（Unstoppable Power of Leaderless Organizations）。当你扯下蜘蛛的脚，它会死亡，但如果你扯下海星的五只脚，你会获得五只新生的海星，因为海星的神经系统是分散的。

就像海星一样，恐怖主义网络是分散的，他们因意识形态而连接在一起。如果你攻击它的一只"手臂"，它只会更加茁壮成长。同样，当实体唱片业开始攻击纳普斯特（Napster），纳普斯特自身便迭代出了势不可挡的替代品。

如果把这些经验应用于目的和使命驱动的事业，必然创造出非凡成就。

例如，1934年，比尔·威尔逊（Bill Wilson）是个有才华横溢的青年才俊，但长期酗酒吞噬了他的华尔街事业。在随后的几年内，他创建了一个互助团体，也就是后来的匿名酗酒者协会。根据最新的档案记录，匿名酗酒者协会有超过10万个互助小组，近200万成员。

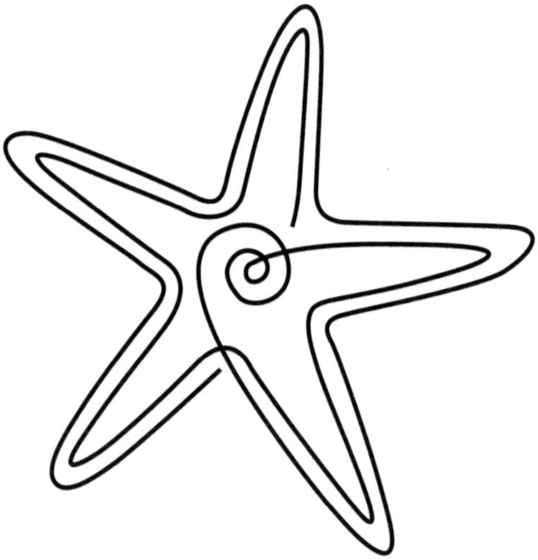

"我们时常惊讶于人们在并未被管理者告知该做什么的时候，他们能做那么多事！"

——杰克·韦尔奇（Jack Welch），通用电气CEO

尽管成效显著，他们在档案中却是这样自我描述的："匿名酗酒者协会没有正式的或政治意义上的组织架构。没有管理者、没有规则或条例、没有薪水也无须交会费。"就算这样，该组织也能在共享价值观的基础上蓬勃发展。

罗德和奥里用他们称为"混乱的力量"的法则总结了他们对创新的观点："海星系统是一切创造的、破坏的、创新的以及疯狂的想法的绝佳孵化器。好的想法能够凝聚更多的人进入同一个圈子，而圈子里的所有人共同执行一个计划。建立秩序和严格的架构可以实现标准化，但也会压制创造力。重视创造力，就必须学会接受混乱。"

为驾驭混乱，组织需要快速反应，
而只有被充分赋能的员工才具备快速反应的能力。

主动颠覆以创造未来

20世纪80年代末，比尔·盖茨梦想着数字化学习时代的到来。他将这个梦想带到了本顿基金会（Benton Foundation），而这个基金会拥有世界一流的《大不列颠百科全书》（*Britannica*）。

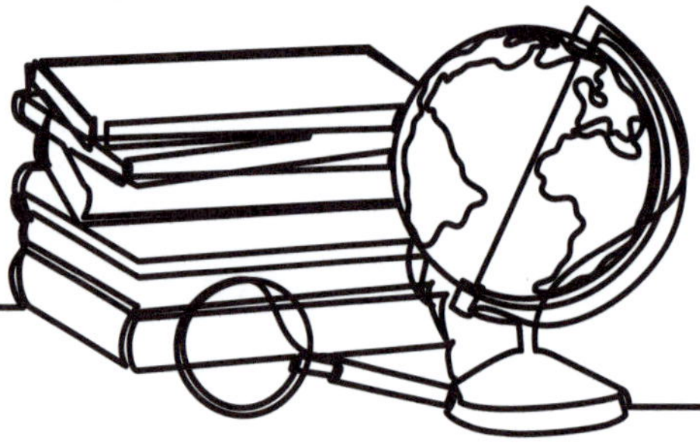

但本顿拒绝了盖茨，担心这会蚕食他们的纸质书销售。

几年后，盖茨买下了《芬克&瓦格诺百科全书》（*Funk & Wagnalls Encyclopedia*）的版权，这是一个在百货商店售卖的三流品牌。1993年，书中内容以数字化的方式在一个全新的品牌——微软百科全书（Encarta）中重新推出。

到1996年，微软百科全书已经成为全球最知名、最畅销的百科全书品牌。而本顿基金会被迫以低于账面价值的价格出售《大英百科全书》的版权。

如果本顿当初愿意主动打破自身价值壁垒，他们本可以重获新生。但事情没有那么容易。后来，即使是微软百科全书也没能颠覆自己——转入互联网，而是坚守其CD形式。

而这又为维基百科打开了大门，使之成长为世界上最受欢迎的十大网站之一。

—— 主动颠覆看似很难，但拒绝变革只会把团队带入险境。 ——

扔掉你"最好的点子"

彼得·林奇（Peter Lynch）是一位曾获殊荣的纪录片导演。他拍摄了许多《趋势猎人》系列电视节目，并在此过程中提供了一些看似自相矛盾的建议，例如：扔掉你"最好的点子"。

在纪录片创作过程中，彼得拍摄了大量镜头。期间出现了某些固定的模式，某些想法也开始沿袭过去的经验。危险的是，这些想法越来越没有新鲜感。

20世纪80年代，彼得正在拍摄一部名为《灰熊计划》（*Project Grizzly*）的不同寻常的影片。这部纪录片的主角是一个不拘一格的人，他的使命是制作一套防御灰熊的盔甲，并用它进行生死测试：看看熊能否杀死他，或者这套盔甲是否能提供足够的保护。

一个星期之内，彼得记录下了这名男子从悬崖上翻滚下来、自燃、被飞驰的卡车撞倒以及被朋友用棒球棒击打的镜头。多么诡异啊。这些画面让彼得意识到这个人是多么疯狂。然而，彼得却删除了最吊诡的镜头。因为这将迫使他超越精神失常的猎奇，转而关注一个更深层次的命题：即这个人对意义的寻求。

彼得告诉我，"如果我使用最离奇的镜头，观众将不能与角色产生共鸣，整个故事也会变得不那么吸引人。"他的理解是，那些看似绝妙的想法会限制你取得突破的创造力。

丢掉那些自以为是的最佳点子，
这将抬高你对成功、
人生或事业的评判标准。

营造促进创新的环境

20世纪80年代初，纽约市犯罪滋生。然而，十年后，新任纽约市长鲁道夫·朱利安尼（Rudolph Giuliani）没有选择严厉打击谋杀犯罪和帮派斗争，而是下令将矛头对准轻微犯罪。

地铁逃票的人被戴上手铐并罚款；街道被打扫干净；墙上的涂鸦每天都被新油漆覆盖。

短短几年内，纽约市的犯罪率急剧下降——从最危险的城市变成了美国最安全的城市之一。许多人将纽约的蜕变归功于"破窗理论"，该理论认为，无序和轻微犯罪的存在会助长更多的无序和犯罪。

这一理论是由马尔科姆·格拉德威尔（Malcolm Gladwell）在《引爆点》（*The Tipping Point*）一书中提出并流传开来，但评论者最初认为这一理论缺乏心理学支撑。

2008年，在一篇名为《无序的蔓延》（*The Spreading of Disorder*）的文章中，吉斯·凯瑟（Kees Keizer）和他的同事模拟构建了几十个真实世界的实验环境来证明或证伪"破窗理论"。比如，如果你经过一个邮箱，发现里面有个信封露出十美元，你会把信封推进邮箱吗？或者你会把钱拿走吗？如果邮箱表面都是涂鸦，你的答案会发生改变吗？

实验结果令人震惊。

如果邮箱上没有涂鸦，13%的人会偷走现金；在有涂鸦的情况下，偷窃行为将增加一倍，达到27%；而在附近有垃圾的情况下，偷窃行为则增至25%。

在另一个实验中，凯瑟将一些虚假传单放在自行车的车把上。当附近的墙壁整洁有序时，33%的自行车主会将传单扔在地上；而当墙壁上满是涂鸦时，乱扔垃圾的比例跃升至69%。

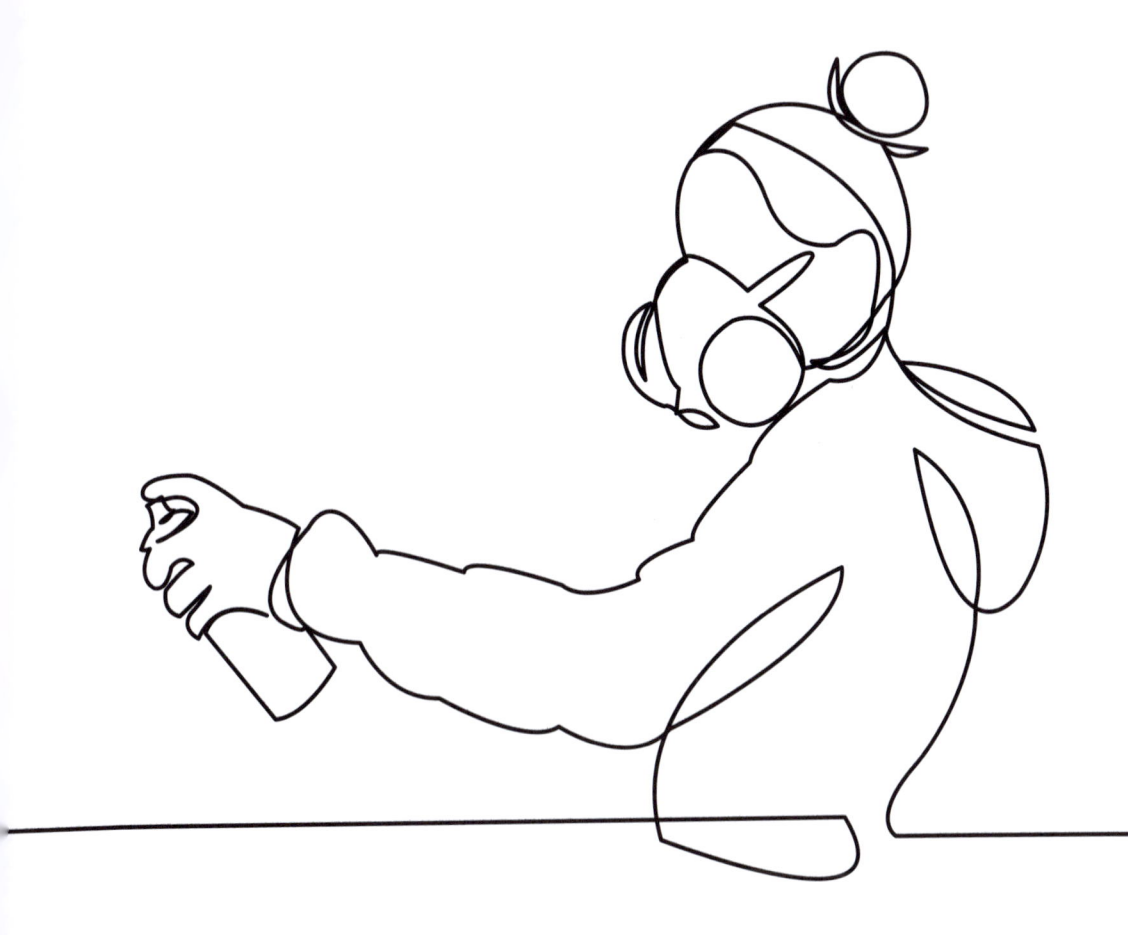

古板而枯燥的工作环境会产生古板而枯燥的想法。了解了环境的作用如此强大，该如何将办公室变成一个促进创新的地方呢？

营造促进创新的环境可以激励人们打破常规，追求颠覆性的创意。

策略

1. 容忍疯狂的想法和打破边界的行为

领导者的角色不是提出伟大的点子，而是创造一种鼓励创意的氛围。在斯坦福设计学院（d.school），我们正在为如何改善一家女性时装店而进行头脑风暴。小组中最有影响力的人是一家大公司的首席运营官。为了破冰引入正题，他大胆地说出了第一个想法："我们给进入商店的人们提供免费玉米片！"

什么？免费的玉米片？这听起来像是一个荒谬的想法，但房间里的人们都明白一个道理：如果他都这么说了，我又有什么不能说的呢？他不仅点燃了创造力，而且还鼓励自由思考。事实上，这一疯狂的提议甚至激发了其他人较为现实的创意："用免费的玉米片来欢迎人们？好的，那就来个定制化的欢迎仪式吧——个性化的进店服务。"

2. 庆祝"没有什么值得被视若珍宝"

斯坦福设计学院奉若箴言的原则之一是"没有什么值得被视若珍宝"(Nothing is Precious)。记得一个学生枯燥地展示他的生态产品理念。他仔细在一张大纸上铺陈开自己的思路，但我难以理解他究竟想做些什么。当有人说出"没有什么值得被视若珍宝"时，他笑了笑，将纸撕碎，周围所有人欢呼起来。

大多数办公室文化环境都不支持员工以玩笑的姿态来面对失败。而在这里，"没有什么值得被视若珍宝"使人们能够在文化层面对好的、坏的主意一视同仁。人们在分享未成熟的观点时感到很舒适。如果你所在的文化环境要求人们在分享之前润色、修饰他们的想法，那么大家就要花上几周的时间来构思。接着便可能带来两种后果：第一，人们对分享变得有抵触情绪。第二，人们有所保留地分享意见。

相比之下，如果你所在企业的文化认为潦草地写在餐巾纸上的想法也值得被分享，就算有人把餐巾纸撕碎，他也不会生气。想象一下，这时候，你这么说会显得多么奇怪："你为什么要这样做？我在那张餐巾纸上花了足足五分钟的时

间！"所以，要拥抱多样性。

如果没有拓宽视角，你就无法开阔视野进行另类思考。20世纪80年代，"多样性"仅仅意味着性别和文化多样性。现如今，多样性涵盖了非传统的思想。很久以前，我们团队正在为世界某五大科技公司之一举办情景规划工作坊。为了拓宽视野，我们确保了工作坊的性别多样性、种族多样性，以及思维方式的多样性。我记得第一次头脑风暴的助手是杰伦·拉尼尔（Jaron Lanier）。在清一色的顾问中，杰伦脱颖而出，不仅因为他穿着T恤，还因为他的简历陈述介绍他是牧羊人、助理助产士、作品曾在巴黎现代艺术博物馆展出的艺术家、在宝丽金出版了唱片的音乐家、斯坦福大学讲师、高中辍学生，以及虚拟现实技术的发明创造者。一个非传统的思想者必将给组织带来挑战，使团队能够从不同的角度看待问题且以更具创造性的方式成长。

3. 雇用怪胎（非传统的思想者）

非传统的思想者提供了别具一格的创意和适应环境所需的个性。汤姆·彼得斯（Tom Peters）喜欢用"怪胎"这个词，并列出了他喜欢怪胎的很多原因。在他的演讲《重新想象》（*Re-imagine*）中，汤姆指出以下关键点：有趣的事情往往是由一个怪胎完成的；"怪人更有趣"；以及"我们需要怪胎，特别是在这个怪异的时代"。（题外话：我的团队希望我把这句话放在书里。）

4. 鼓励灵活性

为了鼓励创新，个人需要一种感知——即环境允许变革发生。大型组织里的结构和流程框定了许多程序，因此很难培养创新的灵活性。杰克·韦尔奇正是因为认识到了这一点，最终使通用电气成为一个灵活的组织：用手写纸条代替备忘录，保持会议交流不断，鼓励公司内部上下级对话。即使是最具官僚气息的机构也可以通过创造拥抱变化的感知来激发创造力。

5. 让理性战胜等级制

1975年，瑞·达利欧（Ray Dalio）被一家股票经纪公司解雇。在他看来，他无

法融入一个等级制比理性更重要的企业文化。因此，他创办了自己的公司——桥水公司（Bridgewater Associates），在那里，冲突和理性比资历更重要。在桥水公司，上级不能以权力驳回下级。分歧需要通过逻辑说理或由第三方判断来解决。他的理念显然起作用了。如今，该公司拥有1600亿美元的资产，达利欧的身价则高达180亿美元。

6. 把人惹毛

混乱往往意味着团队要进行大刀阔斧的变革，要通过做出艰难的决定来谋求整体的福利。正如科林·鲍威尔（Colin Powell）所说："负责任有时意味着把人惹毛。好的领导者要为群体谋福利，这意味着你将因为自己的行为和决定惹恼一部分人。如果你令人敬重，那么这种情况是不可避免的。试图让每个人都喜欢你是平庸的表现。"当领导者回避大胆的变革时，整个组织就会错失适应新环境的机会。

7. 避免论资排辈

地位高低造成了等级差距和距离感，从而限制了敏捷性和团队合作。例如行政人员专属的停车位、餐厅、独立楼层和等级权力，这些只是削弱组织敏捷性的几个例子。1989年，马塞尔·特列斯（Marcel Telles）成为布哈马公司（Brahma）的CEO，这是一家全巴西第二大惨淡经营的啤酒企业。作为一名市场交易员，特列斯已经习惯了交易大厅高节奏的开放环境。在这样的背景下，他做出了两个强有力的改变。首先，加强布哈马公司的分析能力。第二，推倒办公室的隔墙，创造开放的工作环境，并取消所有可能导致权利资格划分的行政津贴。在随后的20年里，布哈马从巴西啤酒业排行第二发展到了世界第一。现在的它是一个敏捷的、渴望成长的"啤酒巨兽"。

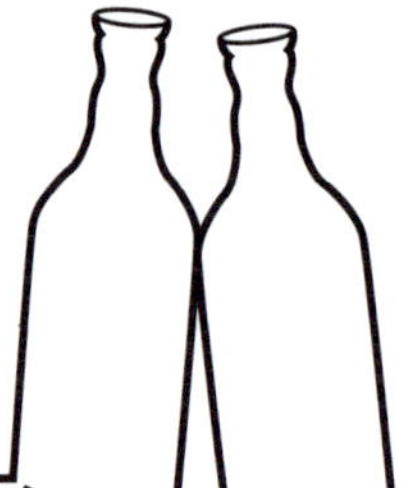

工作坊问题

- 如果不考虑现在的顶级产品系列，你的公司业务会怎样？
- 如果可以重新开始，并且拥有同样的团队和资源，你会选择进入什么行业？
- 如果可以重新选择，哪三个行业最可能吸引你？
- 你会如何重新定位以便让企业更好地适应可预见的市场趋势？
- 如果亚马逊、脸书、优步、沃尔玛、特斯拉或谷歌失去了其头牌产品和特性，你将如何重新想象这些公司？

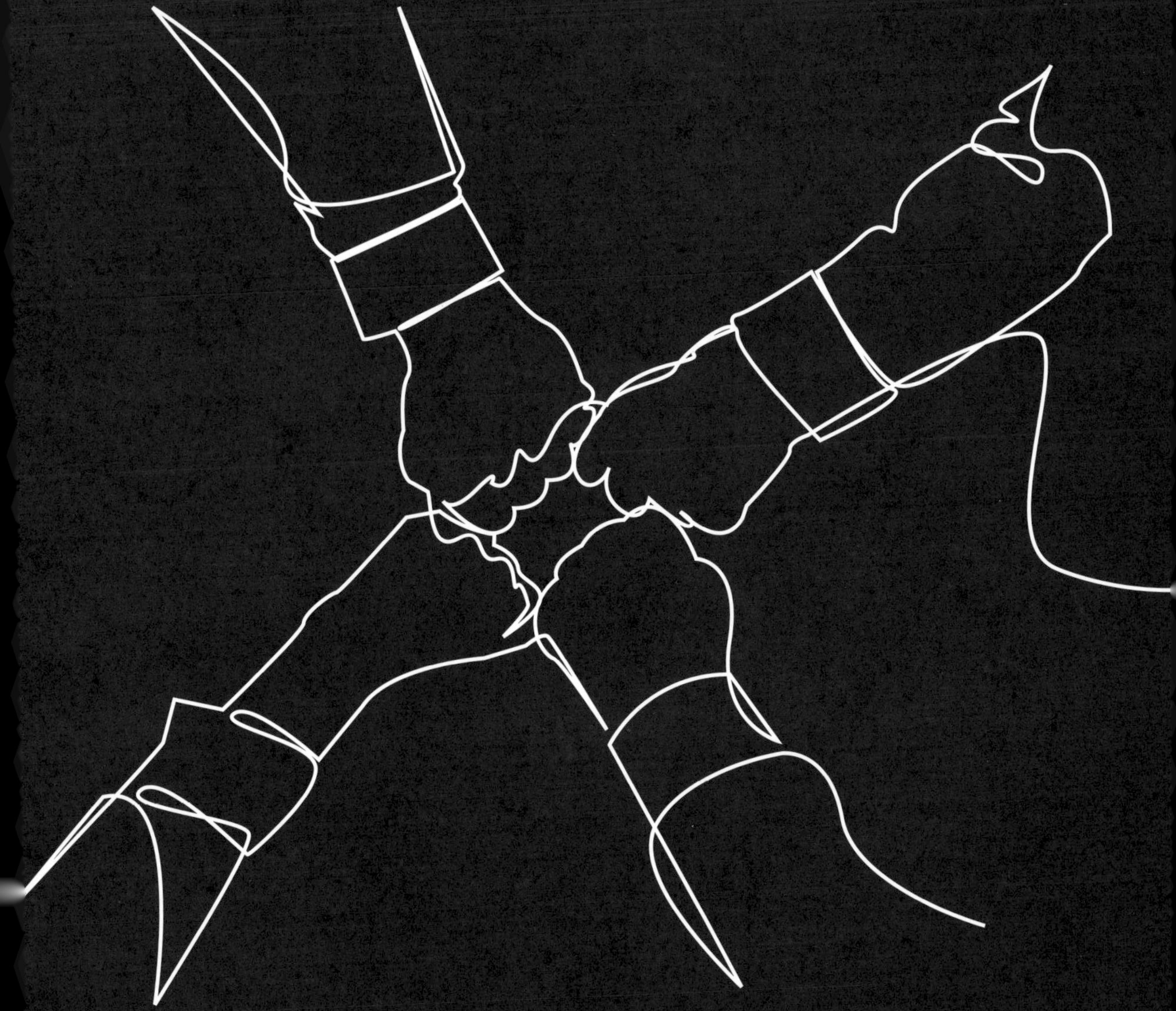

"趋势猎人"首席文化官吉米·尼利（JAIME NEELY）的洞察

四个发人深省的企业文化问题

当下的商业世界常常忽视创新和企业文化之间相互依存的关系。很多人没有意识到，文化可以是公司最大的资产，也可能是最大的负债。不幸的是，很多老板、经理和领导人其实并不真正了解他们的团队。

多亏了"趋势猎人"的创新评价指标体系，我们研究了世界各地数以万计的员工，他们来自不同的行业和岗位。这个评价指标体系的独特性在于，不仅可以评估个人的创造力及其如何创新，还可以衡量员工对公司文化的真实感受。

虽然"趋势猎人"的"创新文化框架"涵盖五大重点领域，但我们也意识到许多客户希望根据基本特征更宏观地衡量他们的文化——这些特征更广泛地描述了文化在日常生活中的表现。以下是我们得出的结论。

自2016年推出以来，我们的评价指标体系已经产生了一些出人意料的结果和观点——53%的员工认为他们的公司没有强有力的创新战略；51%的员工认为他们没有时间或资源来追求新的想法；27%的员工认为他们的想法没有被倾听。这些数字刻画了当下严峻的企业文化状况。作为创新者或雇主，如何才能克服这一挑战？

首先是定义企业文化。在"趋势猎人"，我们倾向于把企业文化看成公司的品性、个性和能量——员工精神的驱动器。更重要的是，它是员工每天来上班的感受。而关于企业文化，无论企业是否重视，它都存在。越早看到文化与创新、文化与成长、文化与成功之间的联系，企业发展得就越好。

除了我们研究得到的数据，德勤（Deloitte）调查结果显示：88%的员工认为强大的文化是当今市场的竞争优势，而94%的高管认为独特的文化是整个商业成功的关键。一种"独特的企业文化"不是为员工提供无限量的沙拉、公司内的瑜伽

课程，或者允许带宠物狗上班。独特的企业文化包括不可见的东西，但它有助于为你和你的团队创造一个充满正能量的环境，比如认真地合作、开放地交流、成长的机会、一致的价值观，以及对所有员工始终如一的支持。

在与世界上700个最强大的品牌合作并评估了各个领域的创新者之后，我们定义了现代企业文化的四个E：进化（Evolution）、参与（Engagement）、体验（Experiential）和卓越（Excellence）。

1. 如何促进企业文化变革?

可以说，今天的职场与五年前、十年前、二十年前、五十年前相比已经有了惊人的改变。从办公室摆放的家具，到做一份有意义的工作换取养老金的理念，我们使用的技术、我们与同事和客户的互动方式，甚至我们对公司福利的期望，都发生了很大变化。

如今职场所发生的最重大的变化与人口结构有关。据估计，到2020年，50%的员工是千禧一代，而Z世代将占20%。换句话说，新一代员工将很快占据工作总人口的70%。了解这几代人的不同行为、动机、价值观和心态，对公司的成功至关重要。

技术对职场变革产生的影响再怎么夸大都不为过。从沟通和分享信息的方式，到如何管理时间、如何相互交流，甚至如何把想法变成产品，都已经发生了天翻地覆的改变。特别是在人工智能、机器人和自动化方面。我们知道此类技术如何影响消费者体验，但它是如何改变当下员工的世界的呢？在接下来的几年中，组织可能会拥有比现在多10~10000倍的数据。简单地说，数据有利于创新，这已经是人尽皆知、老生常谈了。在工作中，它能使员工做出更明智的决定，更有效地完成工作，并最终对其职业生涯产生更深刻、更持久的影响。

谈到人工智能，根据麦肯锡的一项研究，如今每800个不同行业的工作中就有49%的行业已经实现了自动化。虽然我们本能地觉得这是一个坏消息，但是这也意味着员工可以花更多的时间和精力来应对更复杂的挑战。

谷歌公司就是一个很好的例子，它利用人工智能使其员工的日常工作变得更容易。谷歌最近的产品"谷歌招聘"（Hire by Google）使用人工智能来处理招聘相关任务，包括扫描简历和预约面试。还有公司正在使用人工智能进行培训和工作专注度跟踪。

技术正在周期性地改写工作场所的规则和人们可以完成的工作。不仅出现了

新的岗位，员工的类型也在改变。戴尔（Dell）公司估计，未来85%的工作还没有出现，或者目前还不为我们所知。虽然这看上去是个惊人的数字，但在领英上已经有大量对未来可能出现的有趣工作的预测，例如个人现实设计师（Personal Reality Designer）、数字考古学家（Digital Archaeologist）、技术伦理顾问（Ethical Technology Advisor）、机器人联络官（Robot Liaison Officer）、怀旧设计师（Nostalgist）、云端清理师（Cloud Cleaner）和自由职业者关系官（Freelance relationships officer）等都是未来可能出现的职业。随着零工经济时代的加速到来，最后这个职业（自由职业者关系官）将特别有趣。研究表明，如果按照目前的发展速度，美国50%的雇员将在十年内成为自由职业者。对许多人来说，灵活的上班时间、自主权、控制力和新的职业体验所带来的好处超过了传统全职工作的好处——稳定的收入、带薪休假和医疗健康。

这与人们对工作方式的偏好变化相一致。据评估，52%的人喜欢多样性的工作，而不是一辈子只从事某个职业或项目。

2. 如何增强员工的敬业度?

大量研究表明,敬业的员工和高绩效的团队之间存在正相关性。然而,也有研究表明,现在的劳动力缺乏敬业精神。如今,近70%的员工认为自己上班时并没有专注于工作。

更糟糕的是,许多雇主不得不面对现实,接受员工不敬业和不开心的事实。但是如果客户也不高兴或不满意了呢?公司每年花费数百万美元收集消费者数据,以更好地了解客户并做出更明智的决策。为什么不对员工也进行同样的投资呢?

迄今为止,在接受评估的人中,48%的员工认为他们没有资源或时间跟进或落实创意,然而,近70%的人更喜欢多样性的工作,而不是持续取得高绩效。对员工的刻板印象和假设正在束缚着雇主。用评估等方式获得调查数据,比靠直觉、猜测或干脆什么都不知道对改善员工敬业度大有裨益。

沟通是另一种有效途径,我们可以通过它来提高员工的敬业度,然而沟通这一方式本身也已发生了巨大的改变。由于技术的发展,员工之间的沟通比以往任何时候都要快,但这并不意味着沟通会更有效。研究发现,81%的千禧一代员工实际上更喜欢开放性的沟通,而不是花哨的工作福利。根据我们的评估,21%的人不愿意与经理分享自己的想法,高达43%的人甚至不知道谁负责他们公司的创新战略。虽然如今技术可以使沟通实现跨越时间和空间的限制,但它会让员工对公司正在发生的事情以及如何融入公司感到脱节和困惑。当今世界,制定沟通策略,促进面对面、一对一的交流、提高沟通的透明度以及允许员工分享想法对企业的成功至关重要。

3. 如何增强员工的体验感？

当今世界，员工体验从和招聘官接触的那一刻开始，一直持续到离职前的最后一天。大部分的员工体验都根植于办公室和同事的关系中。许多人实际上喜欢和同事在一起，甚至把有些同事看作亲密的朋友。

事实也证明，办公室友谊可以为雇主带来很多好处。有同事好友的员工对公司更忠诚，对工作的投入度高 7 倍，工作效率高 57%，压力更小，并且更享受日常工作。年轻员工也想与他们的领导建立更紧密的关系，他们经常把领导看作导师，寻求他们的帮助。事实上，人们一生中三分之一的时间都花在工作上。因此，让员工在办公室中寻找一段有意义的关系，帮助他们在信任、开放、理解中不断成长、学会面对失败是建立员工忠诚度的关键。研究表明，如果一个员工认为自己可以在工作中做真实的自我，他在公司工作超过五年的可能性将增加 46%。

与员工忠诚度相关的还有认可和奖励员工的方式。今天，许多雇主通过偿还部分学生贷款和债务来表示认可。这不仅表明了对员工的关心程度，还极大地提高了员工的生活质量，这直接关系到员工工作和生活的平衡。如今，66% 的全职员工认为他们目前没有将工作与生活平衡，而美国在这个问题上的世界排名位列倒数的 20%。

虽然雇主在工作安排等方面变得更加灵活，但今天大部分员工都在寻求更灵活的工作环境。如今的职场上活跃着四代人，他们有截然不同的要求和需求。

如果雇主允许员工用自己的方式实现工作与生活的平衡，必然有助于企业的可持续成长。

4. 如何追求卓越?

如今的员工不仅自己追求卓越，而且也希望公司追求卓越。调查表明，87%的人优先考虑和有创新精神的群体一起工作，60%的人会根据公司对待创新的态度和政策来决定去留。就像消费者购物时挑挑拣拣一样，员工也希望自己的公司不以盈利为唯一目的。研究表明，目标驱动型公司更能吸引顶尖人才。

研究还表明，拥抱多样化的公司能留住员工的时间更长。但是多样性，尤其是在执行层面，对许多公司来说一直是个挑战。安永会计师事务所（Ernst & Young）最近的一项研究发现，在执行董事会中，名叫约翰、罗伯特、威廉和詹姆斯的男性多于女性。公司必须要考虑种族、性别、教育、宗教、工作经历和成长背景的多样性。现在，年轻的员工特别重视包容性和多样性，他们在寻找新工作时会考虑这两点。

频繁跳槽现象在当今的年轻人中很普遍，尤其是千禧一代。虽然许多人指责千禧一代的懒惰是造成这种情况的根本原因，但这种解释并不公平，也不能真正代表整体情况。许多非常有野心的年轻人是想寻找更充实、更有意义的新机会和新岗位。据调查，51% 的人认为职业体验才是工作中最令人满意的部分，70% 的人认为一旦工作成了一项例行公事，就没有乐趣了。因此，今天的年轻人希望他们的职业发展能得到优先考虑和重视。87% 的人表示职业发展对他们的工作是最重要的。如果一家公司不能带来好的职业前景，员工会毫不犹豫地另谋他途。

尽管技术发展的速度越来越快，但任何成功公司的背后，员工才是真正的驱动力。在如今的商业世界里，企业和工作场所文化是不能事后想起来才补救的可有可无之物。

创造未来框架

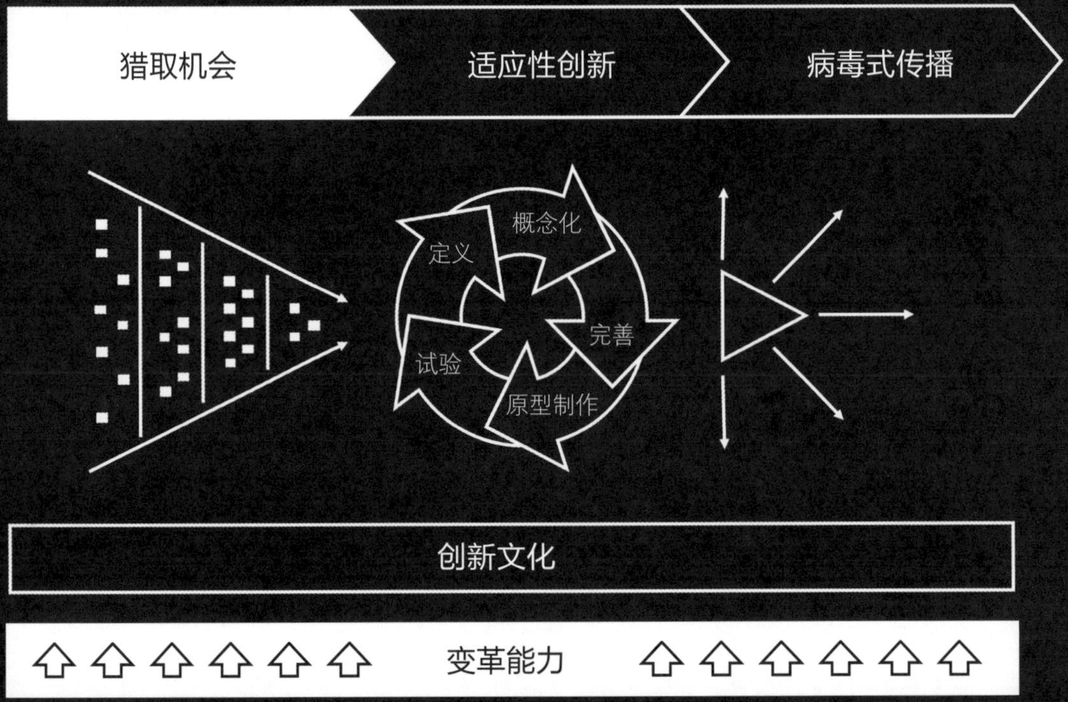

| 猎取机会 | 适应性创新 | 病毒式传播 |

概念化
定义
完善
试验
原型制作

创新文化

变革能力

第三部分 ————————————————————

猎取机会

创新和战略优势取决于对趋势的预测和定位下一个风口的能力。通过广撒网、集思广益，你可以从眼花缭乱中找到机会出现的模式。

这一部分将寻找机会分为若干个关键步骤，这些步骤是从一万多个定制趋势项目和四十多万篇已发表文章中提取的智慧结晶。

如果答案已知，创新就没有意义

很多拍案叫绝的策略和炙手可热的想法都诞生于头脑风暴。但问题在于，在参与头脑风暴时，人们脑海中已经有了想要提出的想法。我们把这些已有的想法拿来讨论，然后一起论证这些最初的想法是非常好的，但这对创新来说完全是悲剧！

我采访了法拉利的设计师马尔科·莫罗西尼（Marco Morrossini）。我问他如何看到流行趋势。他说他人生中一半的时间都在设计手袋、天马行空的时装和狗屋（是的，是狗窝）。他强调说："你需要对可能发生的一切保持开放心态。"

在他看来，如果他不能走在女性时尚的前沿，他也不可能在设计男性气质很强的法拉利时走在汽车设计的前沿。

不论你是政府官员还是餐厅服务员，紧跟趋势的意识都对你适用。但这需要一个开放的心态和探索创新的意愿，虽然创新看起来像随机发生的意外。

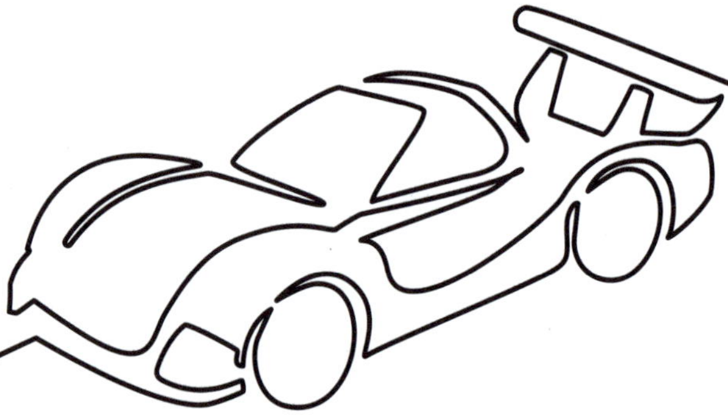

—— 在看见趋势前，
重启期望。

积极寻找灵感

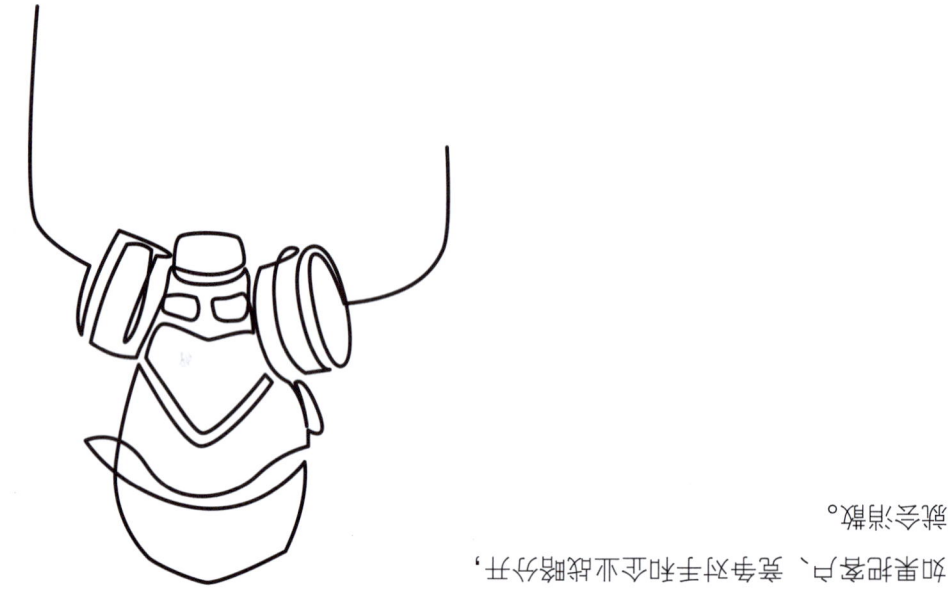

那些有名的时装设计师不会围在会议室的桌子旁构思想法。尽管极富创造力，他们仍积极寻求灵感。他们会在其他行业寻找灵感，比如设计、建筑、流行文化、音乐和艺术。

他们无法通过观察顾客来获得灵感，因为他们的顾客就像郊区购物中心里的孩子，是潮流的追随者。相反，这些设计师要寻找奇异而独特的想法。

他们在大都市寻找那些戴着空气净化面罩、穿着自制衣服和奇特鞋子四处走动、表现小众的时尚青少年。这些孩子在校园里属于另类，他们厌恶主流时尚，但由于他们与众不同，无意中推动了时尚文化的发展。

在任何行业中，找到独特的想法并不难。小众文化和众多创意围绕着我们。但是这个世界充满着混乱。因此，当追求炫酷时，我们会发现一些奇怪的趋势，比如给婴儿戴假发、恐怖时尚、给盲人纹身、推特和情侣发型。

如果把客户、竞争对手和企业战略分开，灵感就会消散。

如何理解混乱？

开发筛选创意的"工具包"

无论你是企业家、艺术家、官员或者营销人员，都可能需要与其他人产生"连接"。在寻找"连接"的过程中，创造力和效率很可能被公司体制、不确定性和一些被忽视的机会所限制。

为摆脱这些限制，需要一个帮助定位趋势的"工具包"——帮助过滤掉无用想法，将新产品和服务与客户连接起来的"装备"。

这个工具包中有积极寻找灵感的个人意愿。试着大声说："我将不遗余力地追求新想法。我对创新的渴望永不满足。我甘愿成为小众边缘人群。我也将成为前卫的、光芒四射的人"。

本节讨论的其他工具包括有助于你找到灵感和发现机会的技巧。

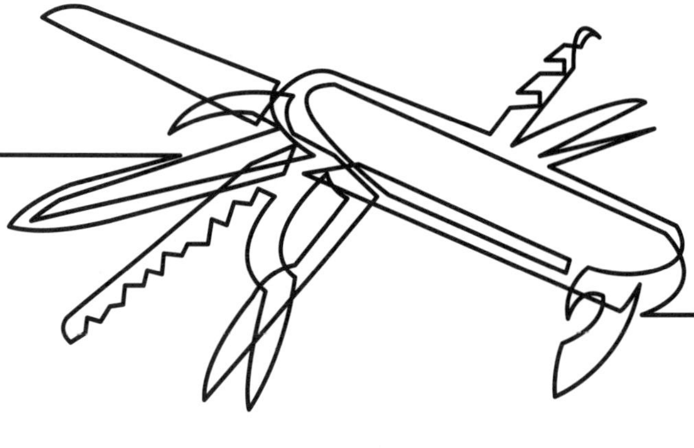

客户

竞争对手

市场趋势

经济

社交媒体

趋势报告

人口统计

大数据

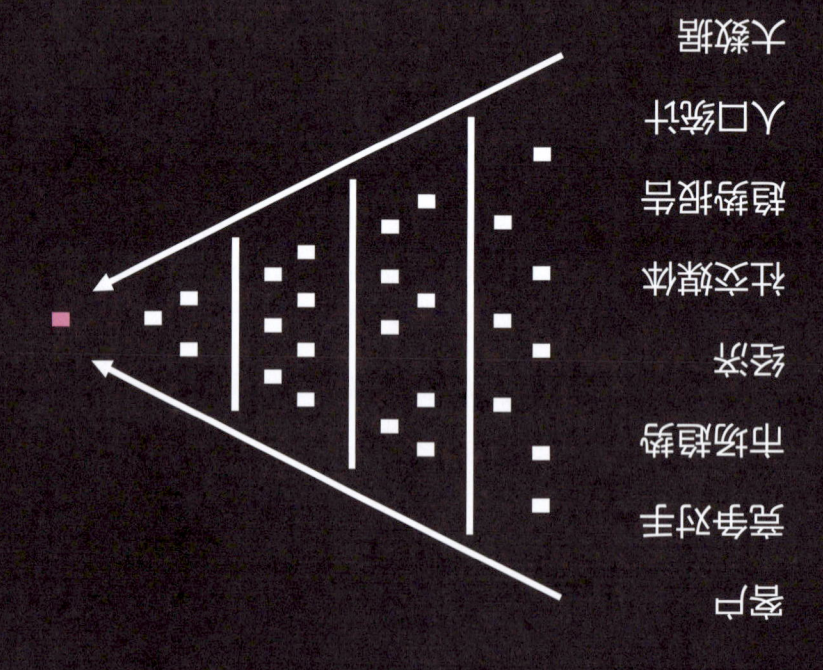

在全球危机和媒体日益混乱的时代，
"工具包"比以往任何时候都更为重要。

机会的四个层次

- **层次1——想法**：你可能会受到某个绝妙想法的启发。在"趋势猎人"上，我们发表了大约 400000 篇关于个人想法的文章。看这些启发思维的创意有助于人们产生新想法。需要注意的是，世界上绝大多数创意都是个人的想法，因此很难辨别哪种想法真正适合你。而且这些想法可能转瞬即逝，也有可能促成第一种含咖啡因的功能饮料——红牛的诞生。

- **层次2——集群/消费者洞察**：如果识别出一些非常吸引人且相似的想法，那么你很可能发现了一个机会集群，或者专业地讲，消费者洞察。在"趋势猎人"上，我们的 400000 个创意仅产生了 10000 个消费者洞察。一个例子是含咖啡因的饮料、含咖啡因的薯片、含咖啡因的药丸和含咖啡因的巧克力棒。当这四种产品流行开来时，消费者需求的洞察点可能被称为"咖啡因替代品"。依照这些替代品背后的发展势头，可以预测新产品和服务可能会在一到五年内呈上升趋势。

- **层次3——大趋势**：如果审视影响人类未来的所有可能性，可能只有50个大趋势可以解释消费者需求的每一次重大变化。大趋势不是预测明年流行什么，而是解释世界在未来3~10年内将如何变化。在"趋势猎人"，我们不断重新评估最重要的大趋势，并公开我们认为最具影响力的18个大趋势。

- **层次4——机会模式**：每一项创新都像是四溅的水花，每一朵水花都会创造机会的涟漪。在"趋势猎人"，我们研究提出了六种机会模式，你可以据此对每一个重大创新进行分类，或预测接下来会发生哪些创新。不论环境和世事如何变迁，这六种模式都会是创新和创造未来的关键原则。

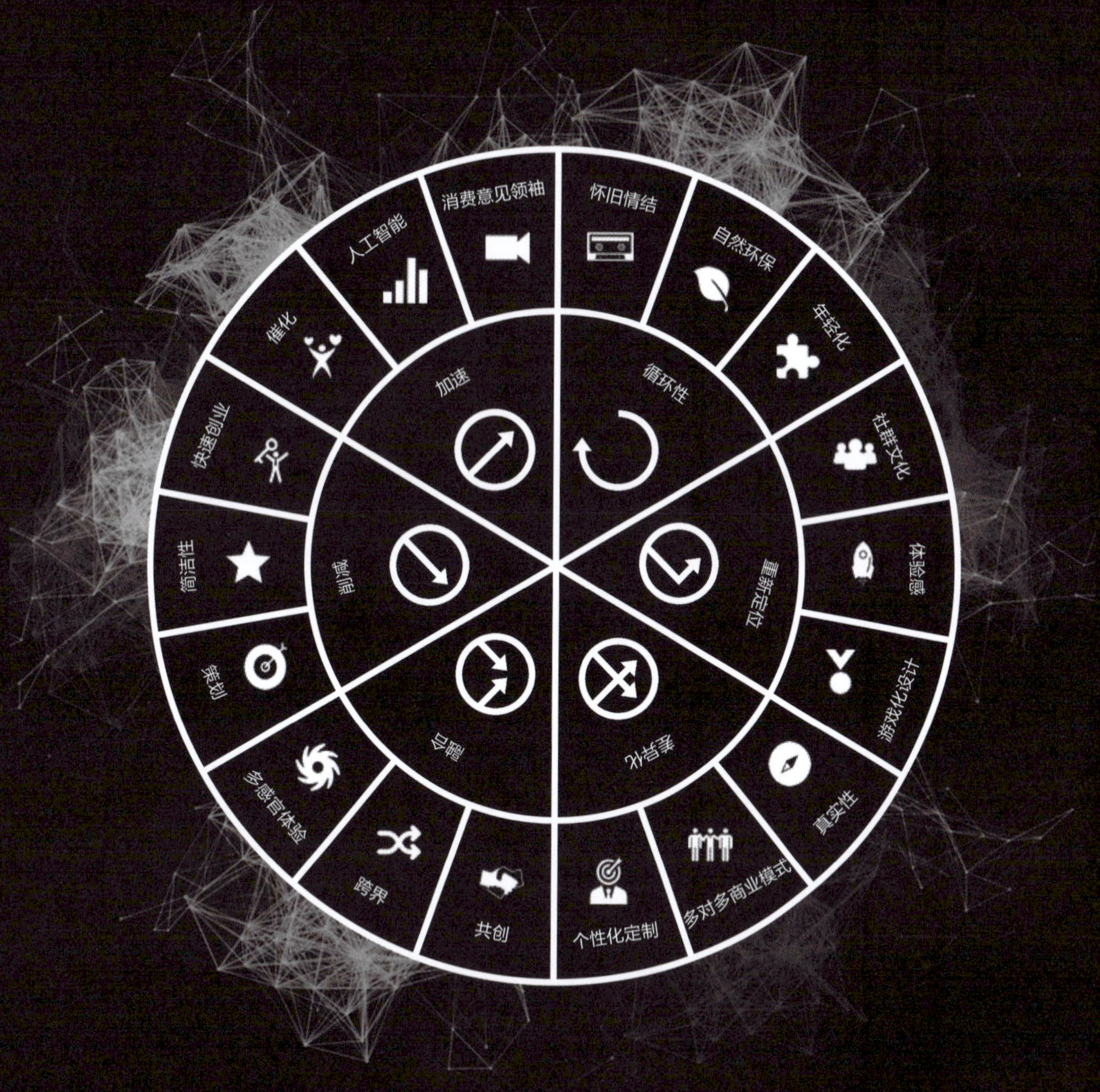

人工智能　消费意见领袖　怀旧情结　自然环保

催化　　　　　　　　　　　　　　　年轻化

快速创业　　　加速　　　循环性　　社群文化

共异间　　　　　　　　　　　　　　体验感

策划　　　　缩小　　　　重新定位　　游戏化设计

多感官体验　　　　　　　　　　　　真实性

跨界　扩量　奋斗　多对多商业模式

共创　个性化定制

如果要充分了解每一层次，
请访问TrendHunter网站。

唤醒内心的潮流捕手

毫无疑问，每个人心中都存在着叛逆的、创造性的潮流捕手的精神。它只是需要被唤醒去执行任务，就像士兵一样，它需要纪律和方法。

寻找新想法是令人兴奋的，但持续专注也会让人乏味。偶然的灵感降临并不难，但是缩小范围，找到真正的亮点却挑战重重。想要获得灵感，可以从以下三个方面积极寻找：

- **客户**：最重要的是，创新始于客户。在如今信息混乱的时代，客户喜欢寻求显著的变化。因此请关注你的客户！他们是谁？他们需要什么？他们晚餐吃什么？（扯得太得远了，对不起）简而言之，客户至上对于看清趋势非常重要，因此本书专门设置了一节相关内容。
- **竞争对手**：密切观察竞争对手是了解市场的有用方法。诀窍在于正确定义竞争对手是谁。广泛地寻找竞争对手，可以激发更多好的创意。
- **相邻市场和流行文化**：突破性创新把对客户的深入了解，以及文化和新兴技术结合在了一起。

—— 如果想激发灵感，需要猎取那些看起来很"酷"的想法。但究竟什么才是"酷"？

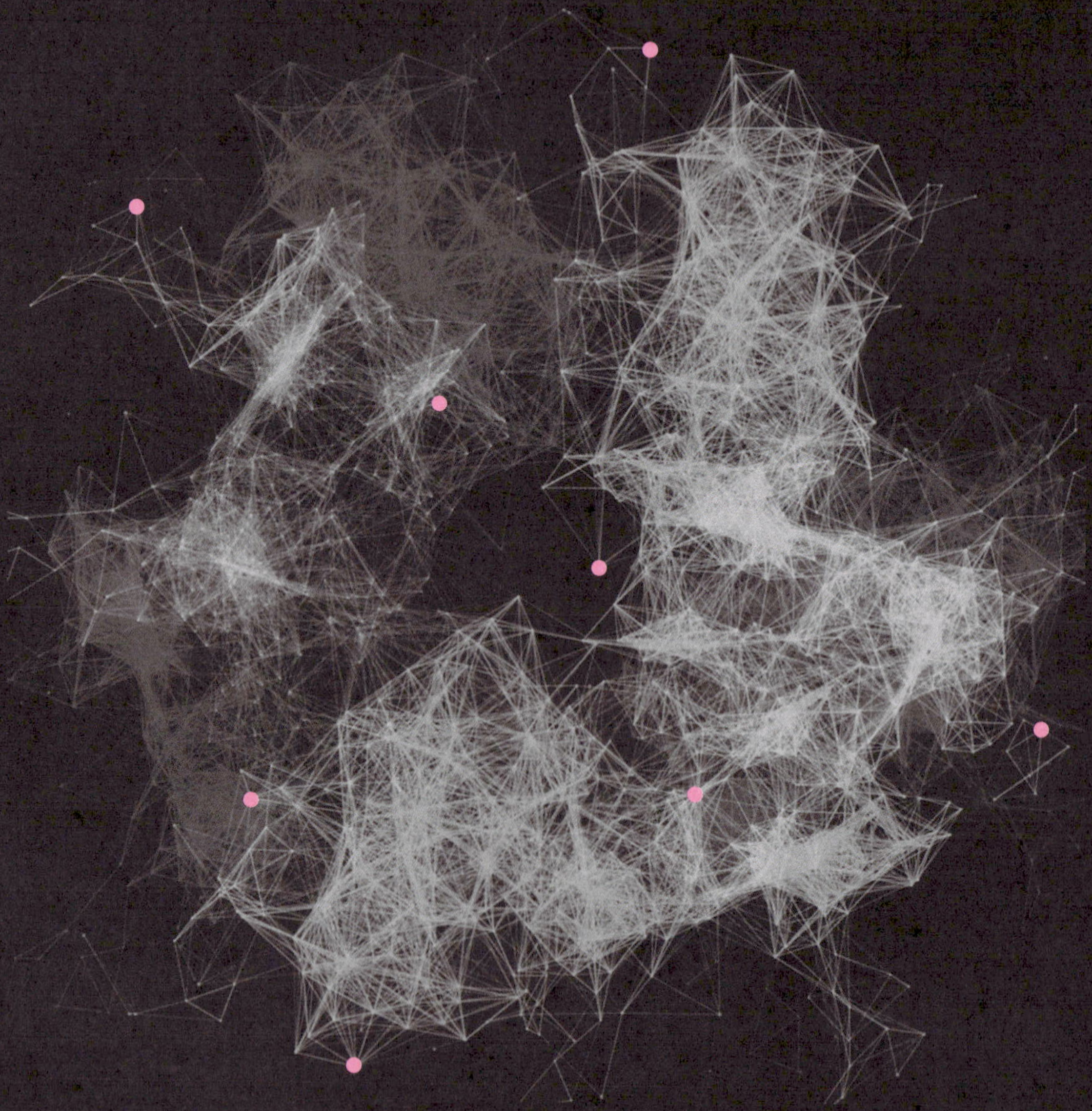

层次1：独特的想法

不断寻求独一无二。独特的想法可以激发突破性创新，但首先必须排除无用信息。

UGG雪地靴、凡达驰帽子（Von Dutch hats）、暇步士（Hush Puppies）、iPod、赛文·弗奥曼德牛仔裤（7 For All Mankind jeans）、卡骆驰（Crocs）和Mini Coopers……这些突破性创新产品之所以能席卷市场，是因为它们独一无二。

- UGG雪地靴：澳大利亚农民穿的这种丑陋靴子的名字来源于他们的反应："Ugh"，就像在念"丑陋"（ugly）这个词一样。尽管看起来很丑，但在2000年以后，麦当娜（Madonna）、布兰妮·斯皮尔斯（Britney Spears）、莎拉·杰西卡·帕克（Sarah Jessica Parker）和卡梅隆·迪亚茨（Cameron Diaz）等名人都开始穿起了UGG雪地靴。到2008年，该品牌的收入达到5.8亿美元。现在还有谁会觉得雪地靴很丑呢？

- 暇步士：在《引爆点》（*The Tipping Point*）一书中，马尔科姆·格拉德威尔让暇步士广为人知。就在这个"丑陋"的鞋履品牌正要倒闭的时候，纽约东部郊区的潮流人士开始穿上暇步士，因为觉得这个品牌稀有而独特。不久之后，这双鞋出现在时装秀和名人秀上。销量从1994年的30000双激增至1996年的170万双。

- 卡洛驰洞洞鞋：2002年，在迈阿密游艇展上，卡洛驰只卖出了200双。这种塑料鞋太丑了，以至于专门有一个网站以贬损这种丑陋的鞋子为乐。成千上万的人加入了专门抵制卡洛驰的Facebook群组。尽管有这么多唱衰的声音，卡洛驰的销售额从游艇展上的6000美元增长到2007年的8.5亿美元。

—— 真正独特的想法可以推动流行文化的产生。

流行并不意味着"酷"。

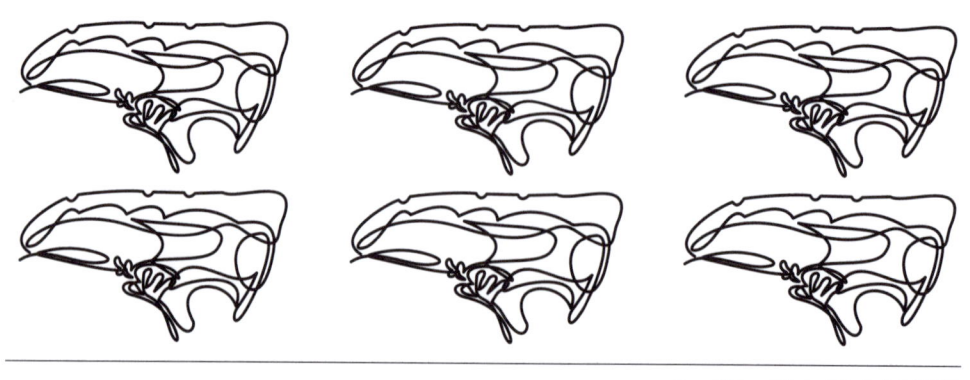

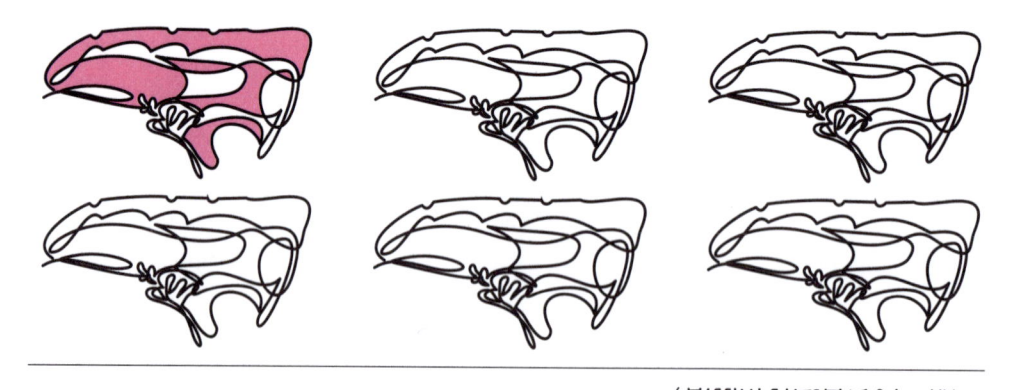

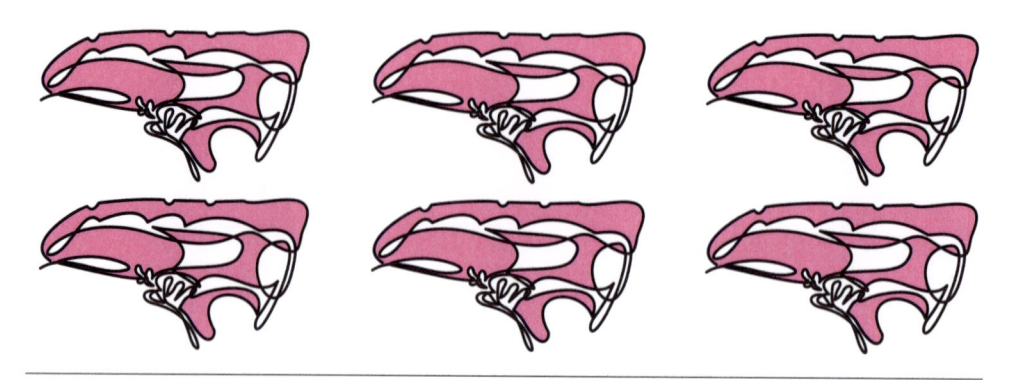

"酷"代表着独特和前沿，

而且"酷"能病毒式传播，这是营销人员和产品设计师孜孜以求的。

层次2：集群/消费者洞察

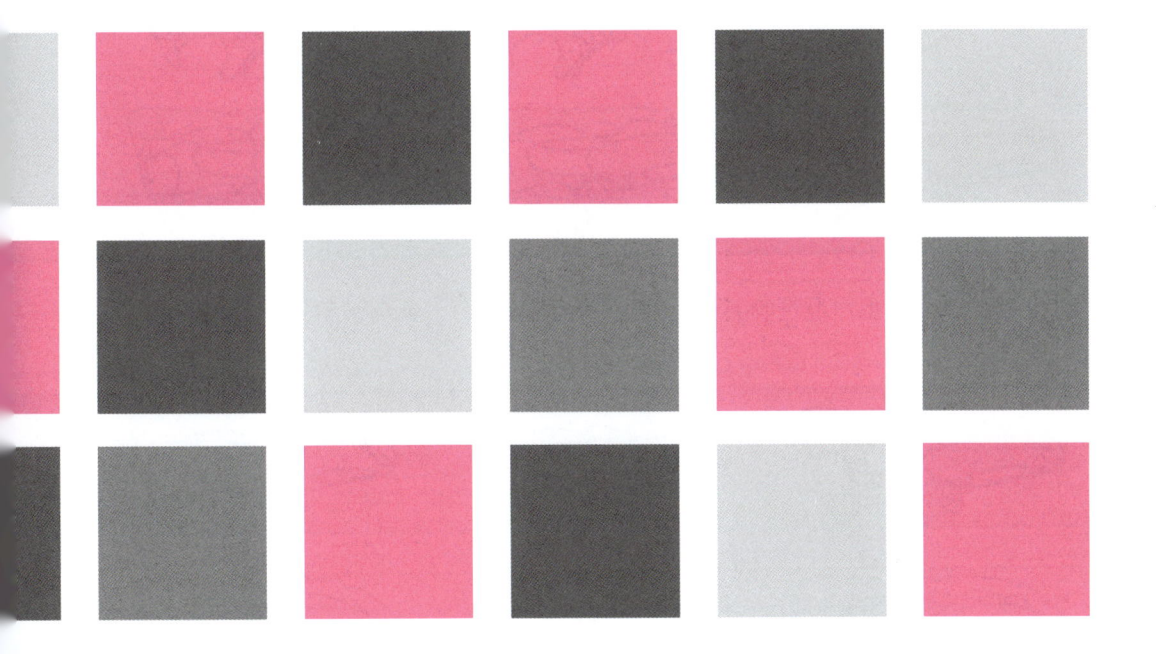

寻找有意义的机会集群。这是得到好机会的最佳方式，因此我们将深入研究。

首先，为什么"趋势猎人"会用"集群"这个词，而不是"趋势"？很简单，趋势这个词太宽泛了，可以指明年秋天的流行色，也可以指宏观趋势，像绿色运动、女性买家、企业合并、业务外包、Web 2.0 和老龄化等。这些趋势在一定程度上是有用的，但过于笼统，无法实现突破性创新。

集群是一种非常有意义地了解客户需求的方法。为了找到集群，需要收集跟踪趋势过程中的观察结果，并滤掉无用信息。

你定义的集群将成为创新的重点。

重新组合最好的想法以释放洞察力

　　人类大脑非常善于通过创造思维捷径来识别模式。毕竟，刻板印象、经验技巧和模式有助于提高思维效率。这就意味着人们在创新过程中会自然地定位到已经意识到的趋势，并通过实例来说服自己。但对创新来说，这不是好办法。

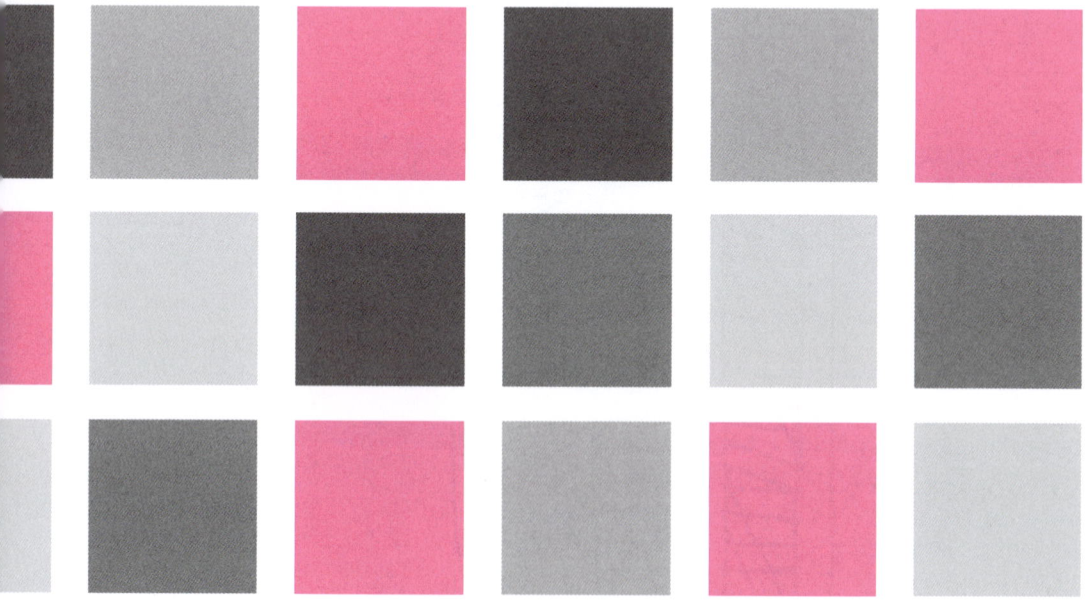

强迫自己重新归类将使你能够 ——
摆脱偏见，形成真正独特的思维模式。

116
创基手册

案例：设计时尚酒店

毫无疑问，你终将取得巨大成功。但那时你会做什么呢？你太有创造力了，但还没到退休的时候，所以你需要一个爱好。

为了更好地说明寻找趋势的过程，假设你决定开一家时尚酒店。如果今天就开始做，第一步会如何设计？

- 酒店会是什么样子的？
- 地点在城市还是海滨小镇？
- 你会为一个特定的人群设计吗？
- 主题是什么？
- 电梯里会播放什么类型的音乐？
- 房间有什么独特之处？
- 酒店有哪些亮点？

放松一下，想象你将设计的酒店。

第一步：清空大脑

你的大脑里已经有了酒店设计创意，现在请忘掉这个创意。请记住，"没有什么是珍贵的"。第一步是抹去期望，从零开始。生出一个想法然后忘掉不是在戏弄你，相反，我想表明的是放下最初的想法很难。

准备好寻找创意

创新始于你的客户。假设发现世界上的酒店已经饱和。当全球经济开始崩溃时，酒店空置率飙升，在豪华连锁酒店预订一个实惠的房间非常容易。市场开始倾斜，在低端市场，经济型酒店正在蓬勃发展。但在你想参与竞争的中高端市场，客户的选择很多，竞争压力非常大。

在酒店酒廊闲逛时，你采访了十几位游客并发现了一个目标群体：雅皮士（城市收入高、生活优渥的年轻人）。他们有钱可花，也想去旅行，但大多数酒店都不能满足他们的需求。一位 28 岁的受访女士说："如今这些酒店一直有优惠。我可以住得起任何地方，但我也正在寻找一些独特而有创意的地方——可以向朋友炫耀的地方"。

城市旅行者想要的不是旅馆，他们想要的是体验。

市场动态是：自 2000 年以来，小众酒店激增，但仍没有满足市场。尽管一些较大的连锁酒店正在进入这一市场，但大多数"时尚酒店"都是私人的。例如，喜达屋（Starwood）在2005年推出了雅乐轩（Aloft），这是他们网红"W酒店"品牌的经济型版本。喜达屋成了你的酒店最大的竞争对手之一。2009年，希尔顿（Hilton）宣布推出自己的时尚酒店Denizen。然而，像雅乐轩和Denizen这样的时尚连锁酒店也都"如出一辙"。真正独特的时尚酒店创意仍然有机会。

为了找到独特的创意，在流行文化的边缘寻找趋势至关重要。除了关注时尚酒店之外，还需要关注相邻行业和其他偶然的成功创新案例。当寻找创意时，请记住马尔科·莫罗西尼（Marco Morrossini）的建议"你需要对可能发生的一切保持开放心态"。

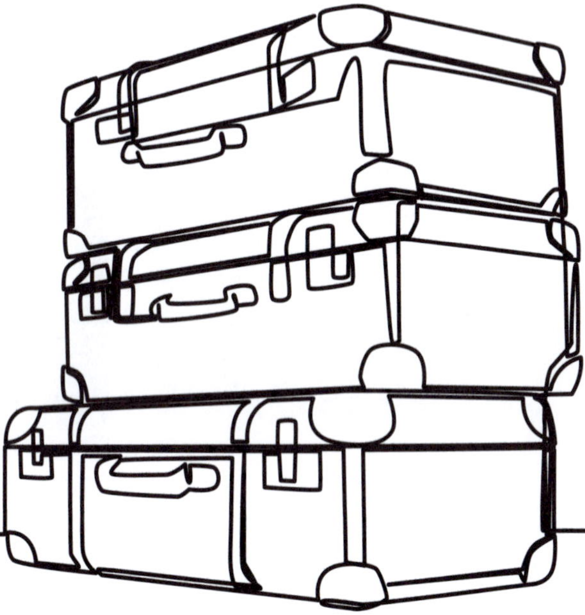

第三部分 猎取机会

119

接下来，请到TrendHunter网站上———

浏览数百家独特的酒店、服务和未来趋势……

在本行业市场中寻找成功案例

开始寻找灵感时，一定要充分探索本行业的市场。你可能会在世界某个地方发现一些新事物，从而激发更妙的想法。首先浏览一些关注度很高的时尚酒店。

示例："趋势猎人"精选的时尚酒店

监狱酒店

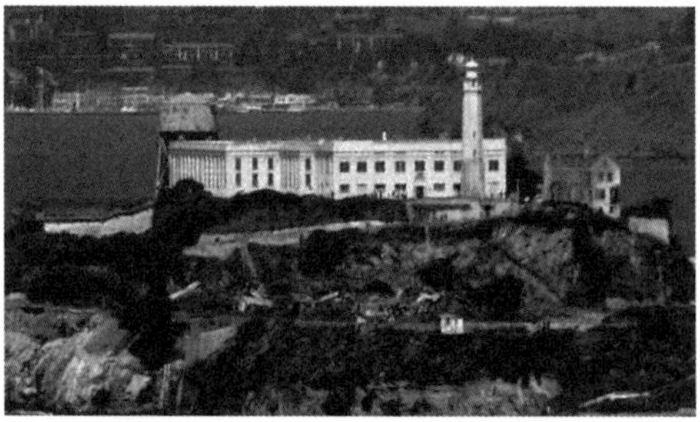

棺材酒店

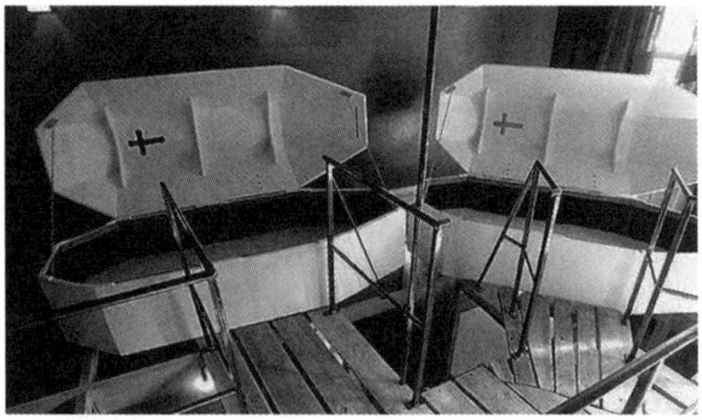

贫民窟小旅馆（位于里约热内卢）

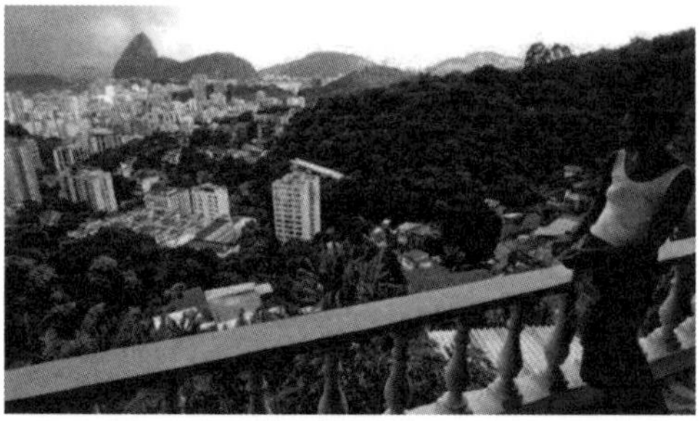

管道酒店

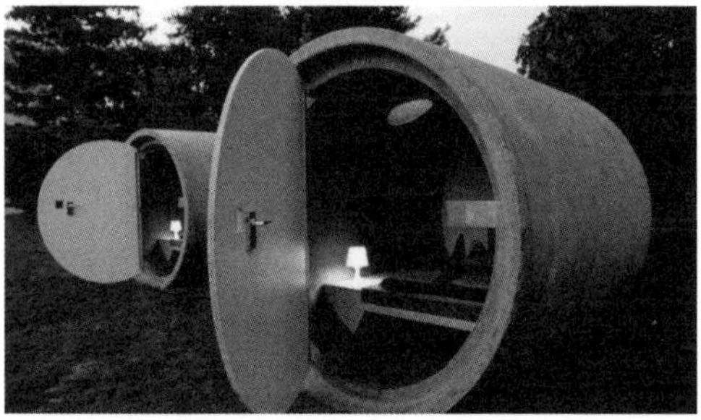

码头边的起重机酒店

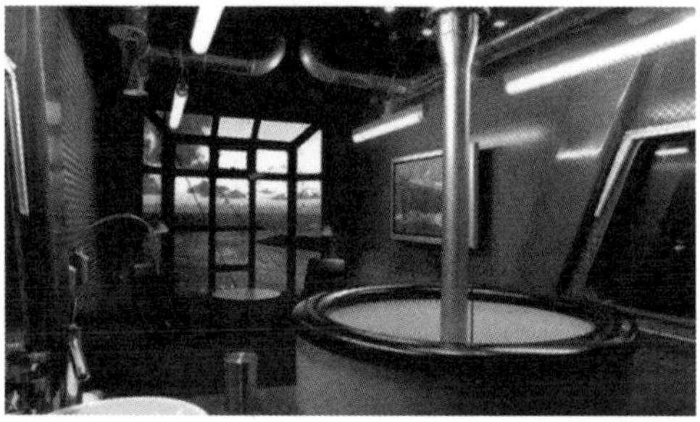

名人民宿（托蕊·斯培林）

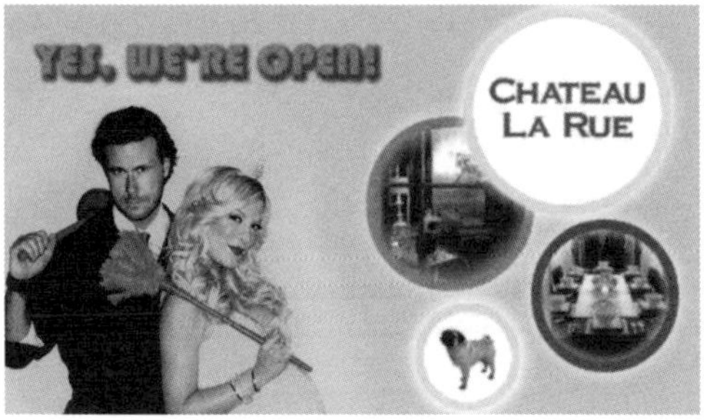

第三章 分类学

城市飞艇酒店　　　　　　　　水下酒店　　　　　　　　地穴酒店

楼底酒店（要住底下！）　　　便携式酒店　　　　　摩斯兰斯酒店

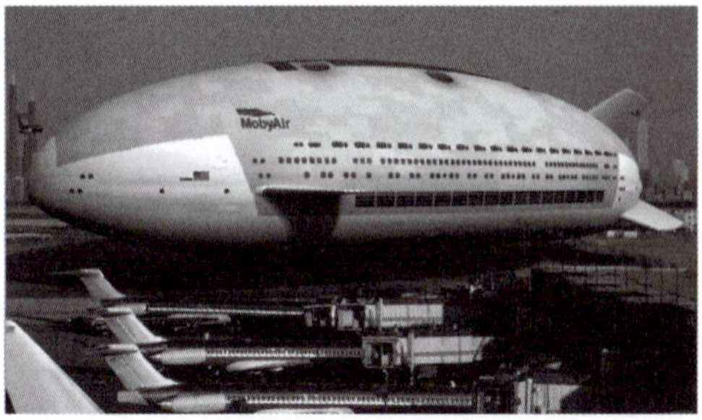

译为自TrendHunter网站
了解时尚酒店长形势

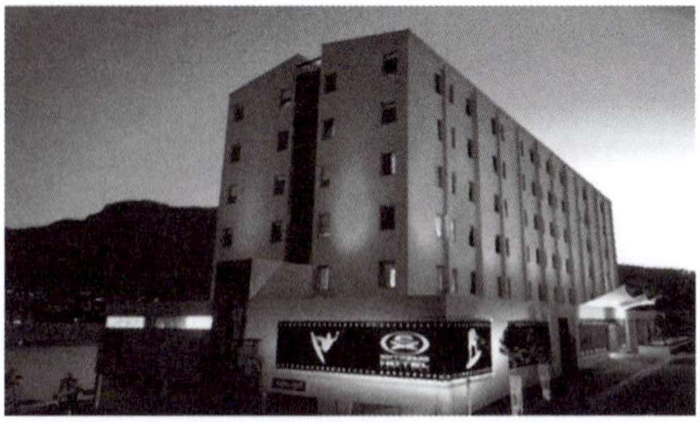

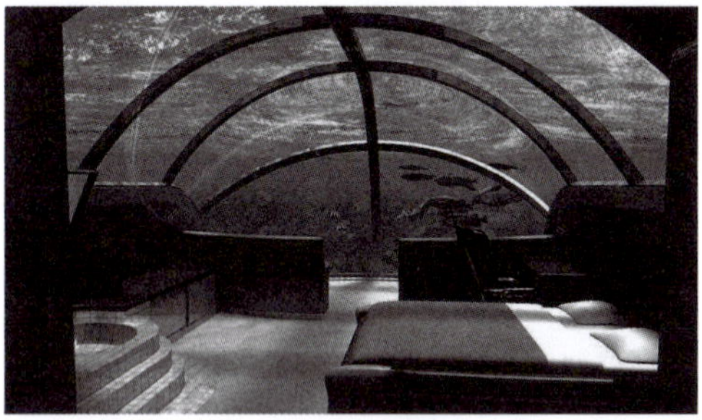

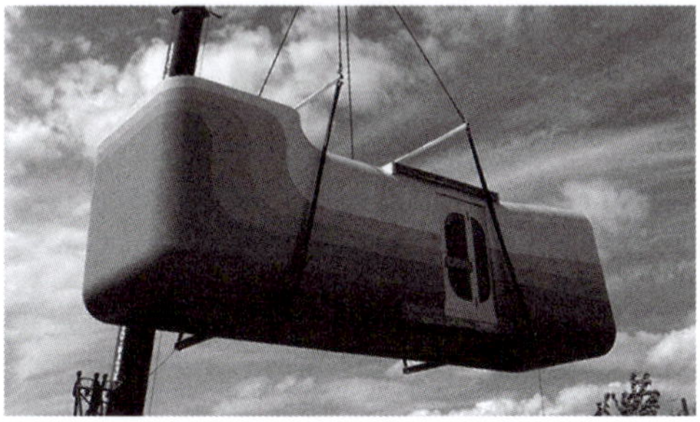

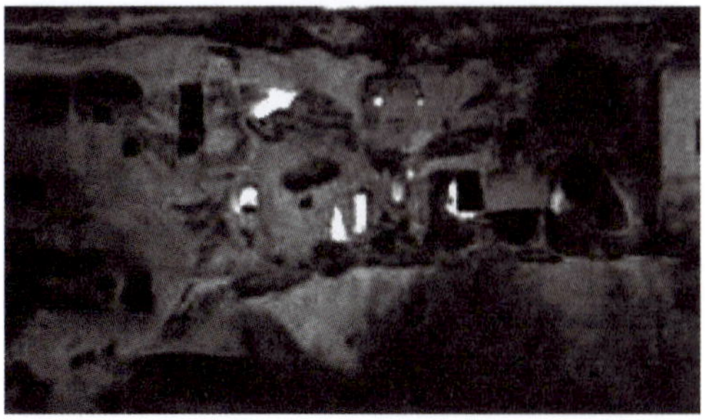

121

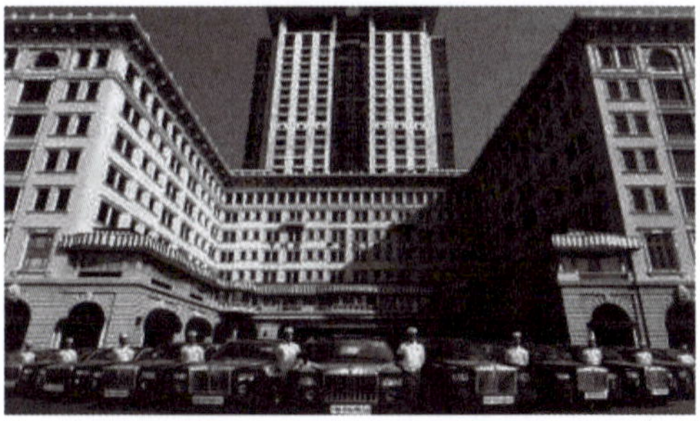

观察相邻行业市场

在研究了本行业的市场之后，下一步可以观察一下邻近行业的市场。当消费者体验你的产品和服务时，他们的体验如何？以下是一些独特的酒店服务。

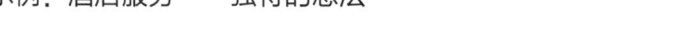

示例：酒店服务——独特的想法

上门按摩

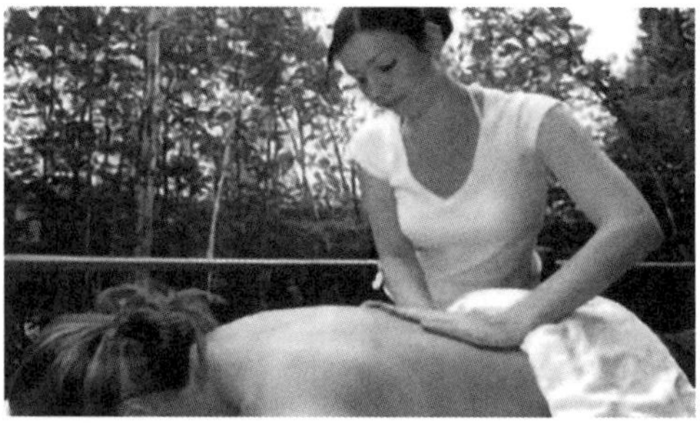

涂鸦建筑

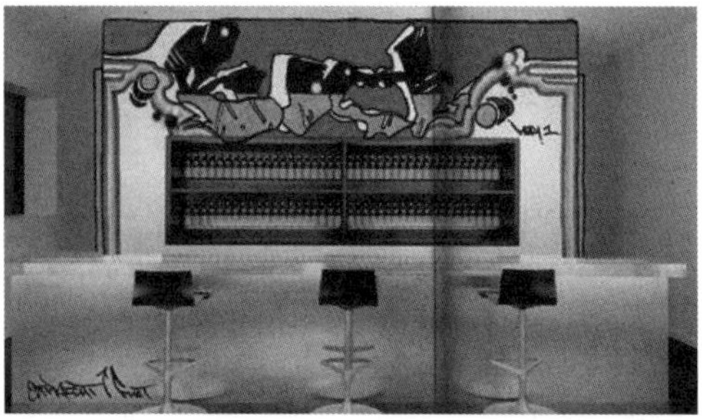

过夜派对

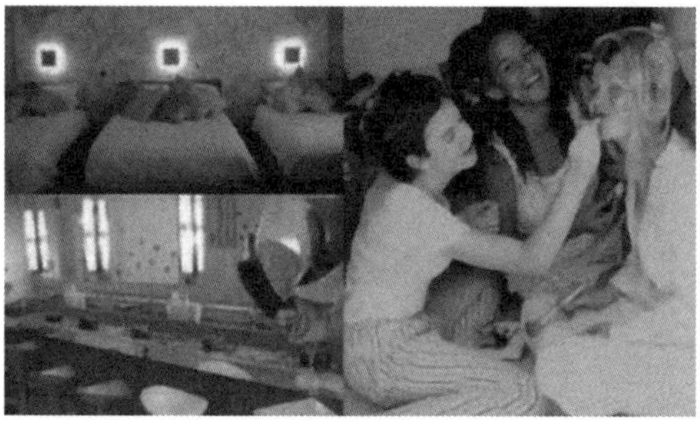

发光浴盆

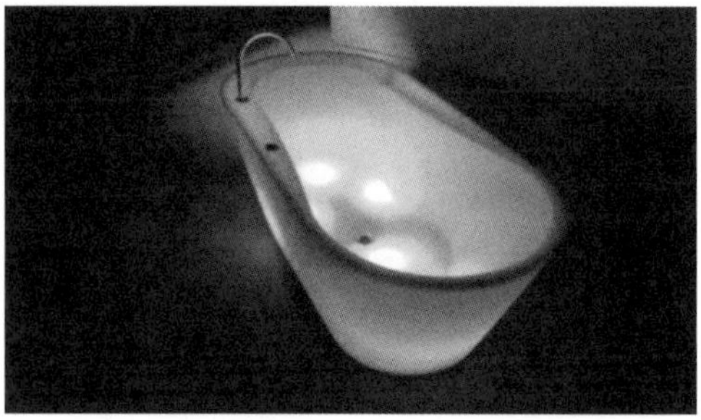

雨帘淋浴

艺术家设计的房间

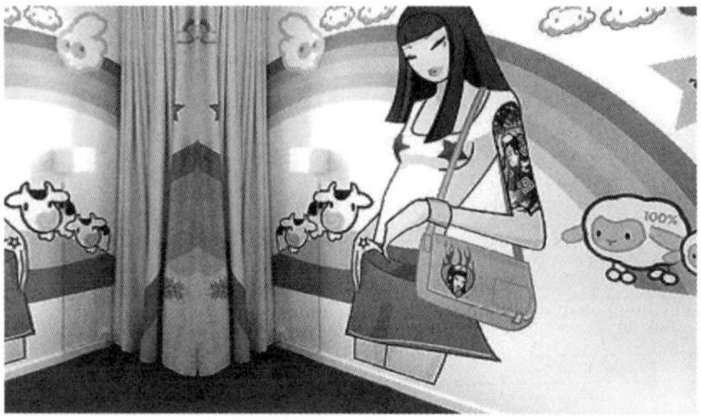

请访问TrendHunter网站
了解时尚酒店趋势

红酒水疗

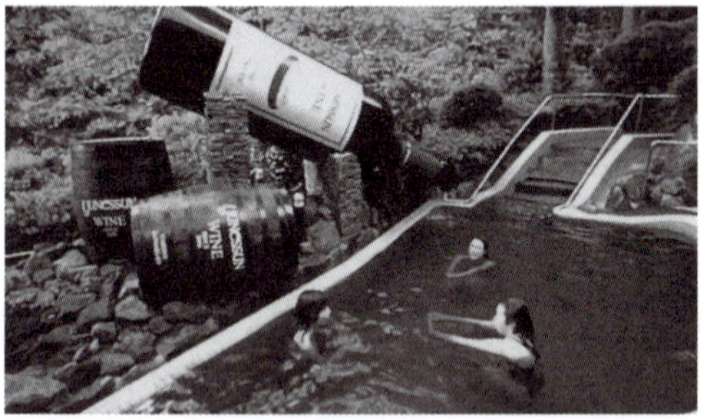

预制美食

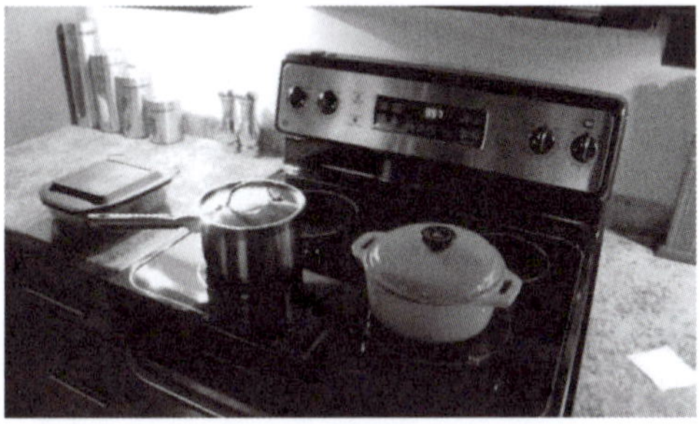

宠物浴池

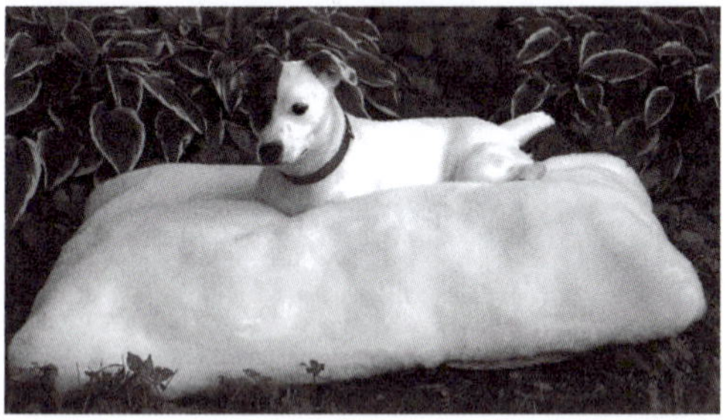

上门大厨

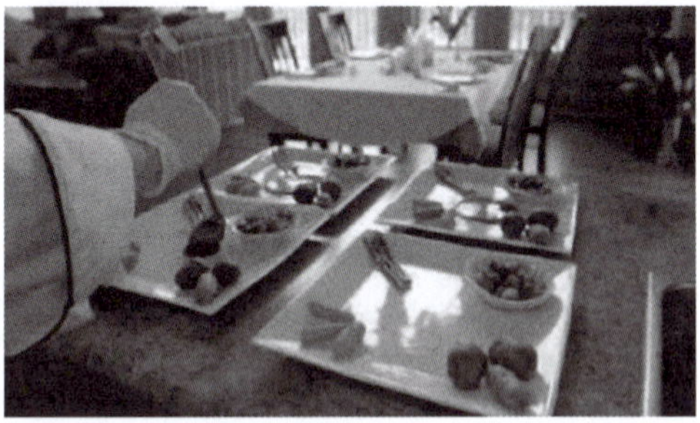

啤酒水疗

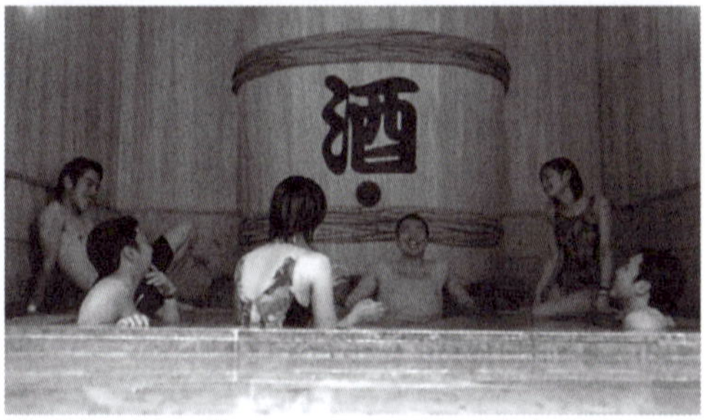

泡沫建筑

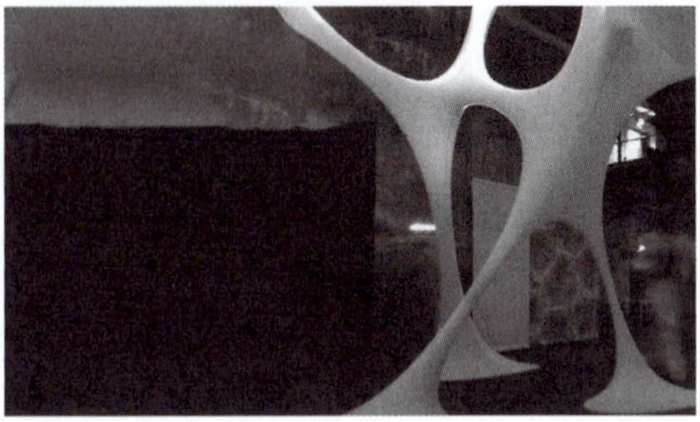

找到对目标人群来说重要的东西

最后，我们将研究目标人群正在经历的所有有趣和创新的事情。就时尚酒店而言，可以看看年轻的城市专业人士正在分享和享受的其他创新产品或服务。

示例：市场上的流行概念

博物馆里的滑板公园

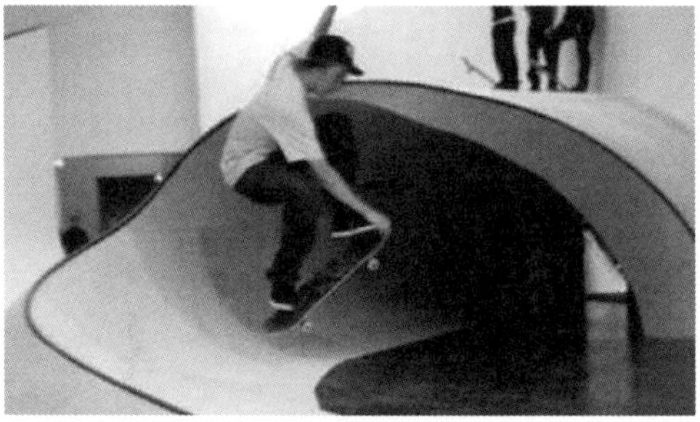

豪车租赁

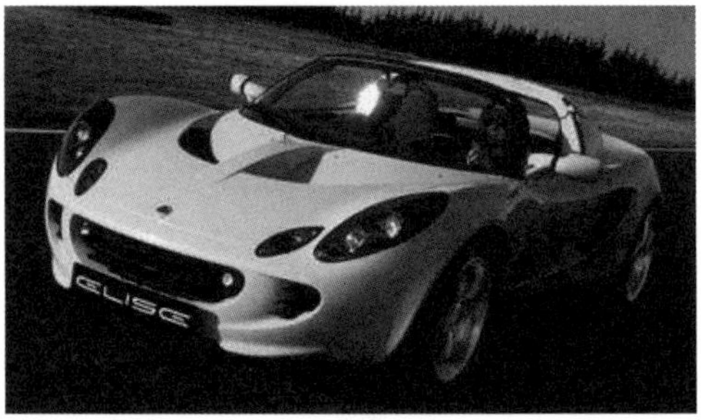

狗狗头盔

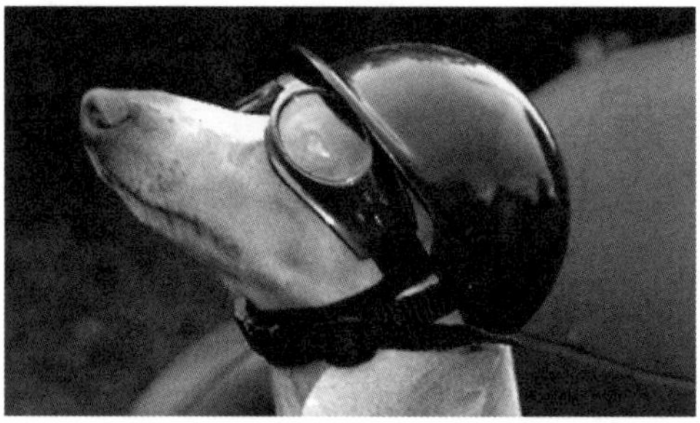

狗狗小便池

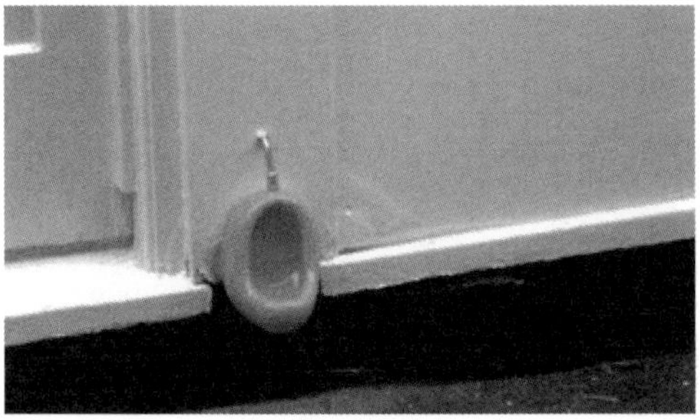

犹太芭比

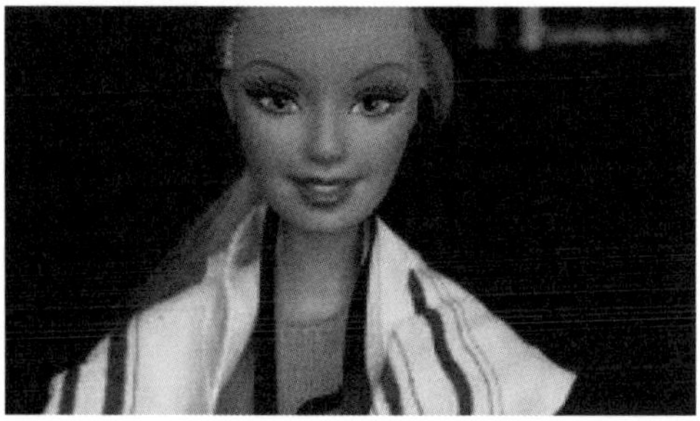

穆斯林芭比

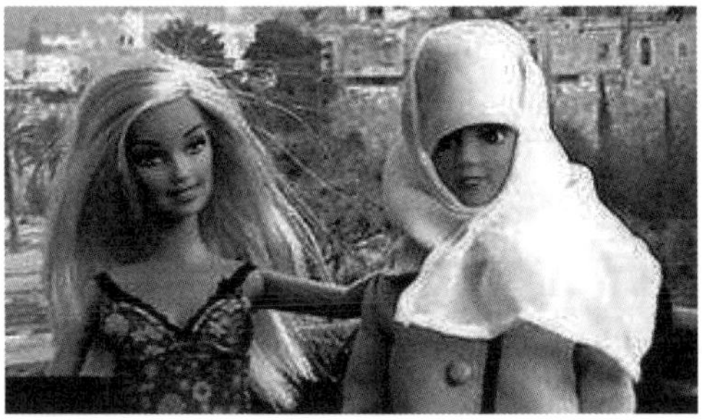

请访问TrendHunter网站
了解相关趋势

俄罗斯方块建筑

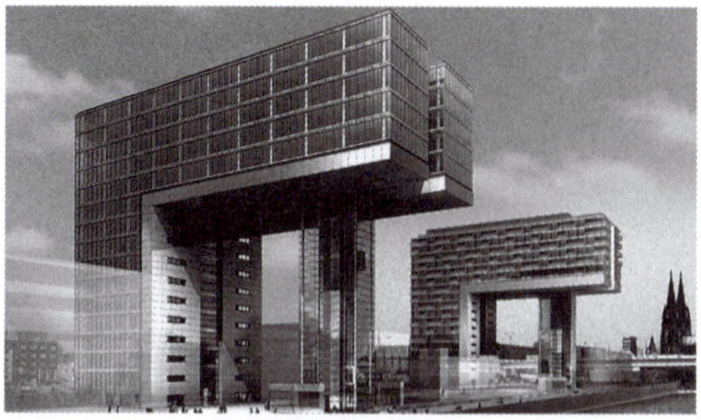

免费自动售货机

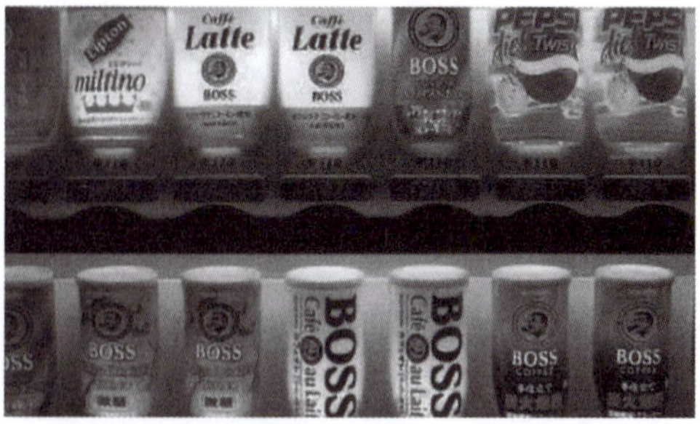

家用注氧仪

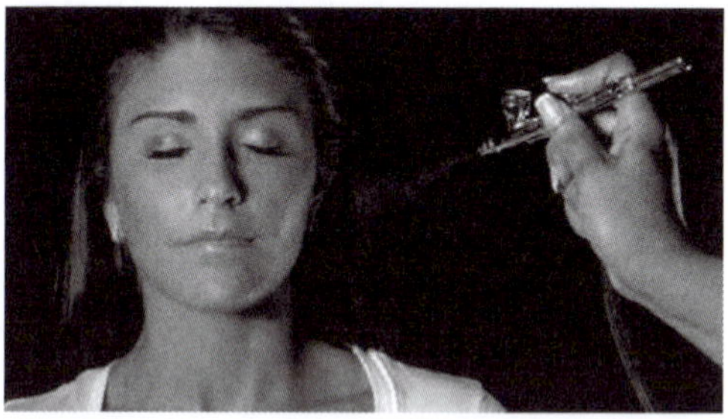

纽约垃圾艺术

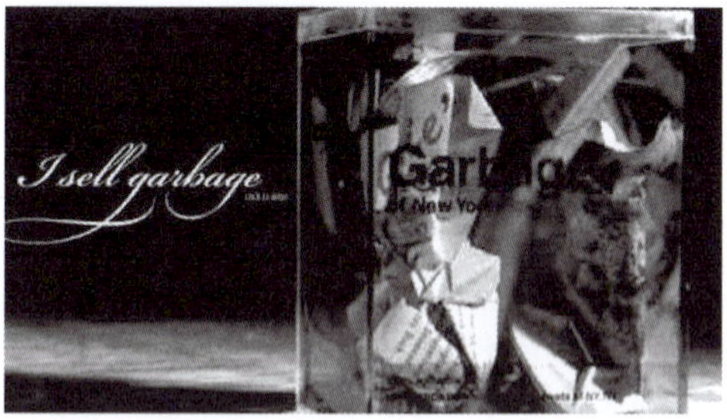

荒诞建筑

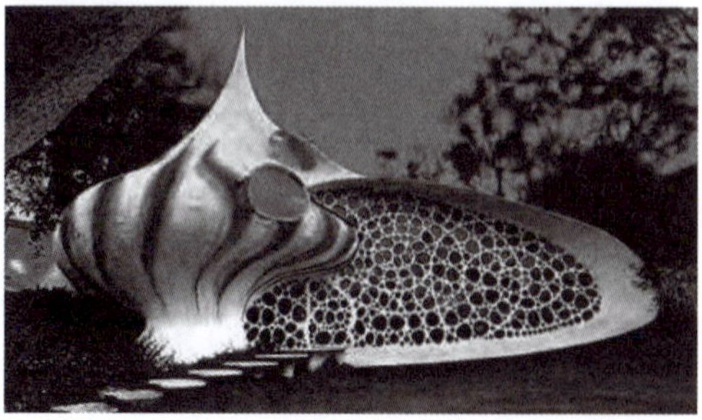

芭比化妆品 （联名）

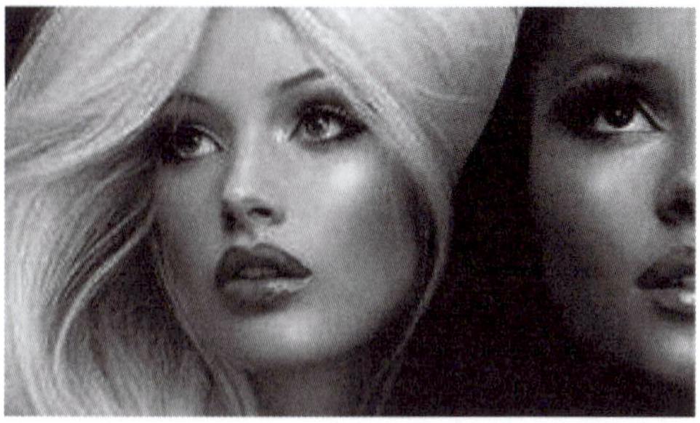

第三部分 猎取机会

125

识别机会集群/洞察

在完成了趋势追踪（并预订了监狱酒店的住宿）后，下一步便是识别出机会集群。有一些非常明显的模式，例如，你可能已经注意到以下两类机会集群模式：

- 超豪华：劳斯莱斯酒店、上门按摩和豪华汽车租赁都属于这种模式。
- 猎奇：啤酒水疗中心、贫民窟旅馆和带有狗狗小便池都属于猎奇的范畴。

正如之前提醒的那样，需要谨慎对待第一轮识别出来的机会集群，因为第一反应难免带有偏见。

在此练习环节，如果让你在看示例之前头脑风暴一下时尚酒店的趋势，你可能已经能想出超豪华和猎奇这两个卖点来了。这意味着世界上任何人都可能发现这些相同的需求点。如要胜出，你需要寻求独创性。

—— 当你归纳集群的时候，很重要的一点是要超越你最初的设想。寻找独特的机会集群。

超豪华

上门按摩

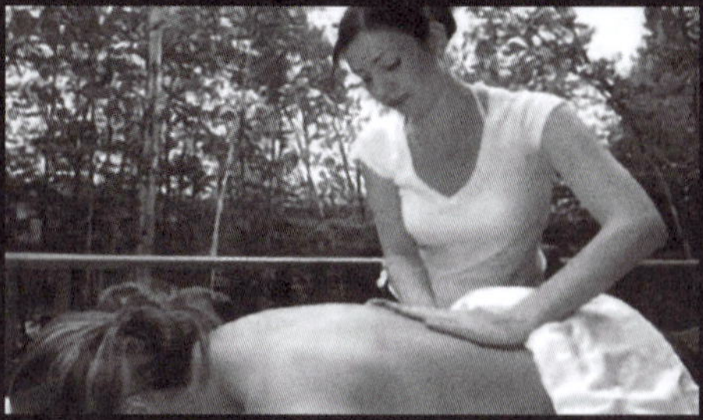

豪华飞艇酒店

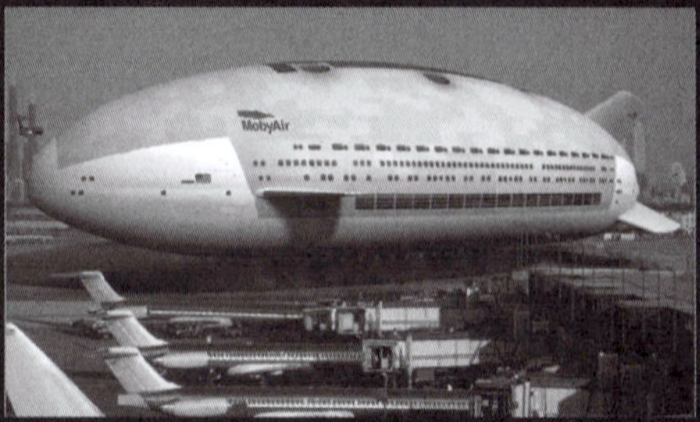

上门大厨

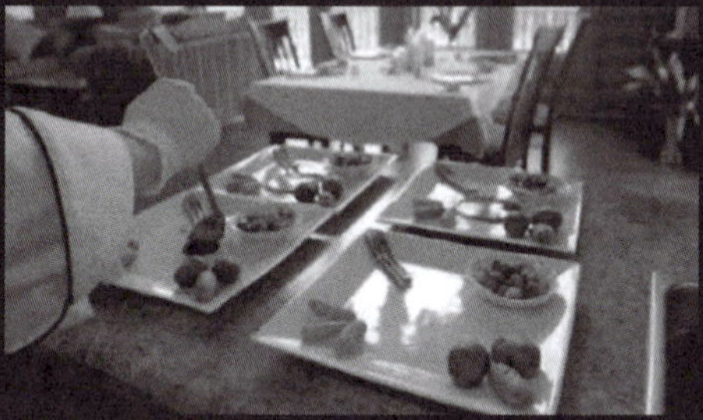

劳斯莱斯酒店

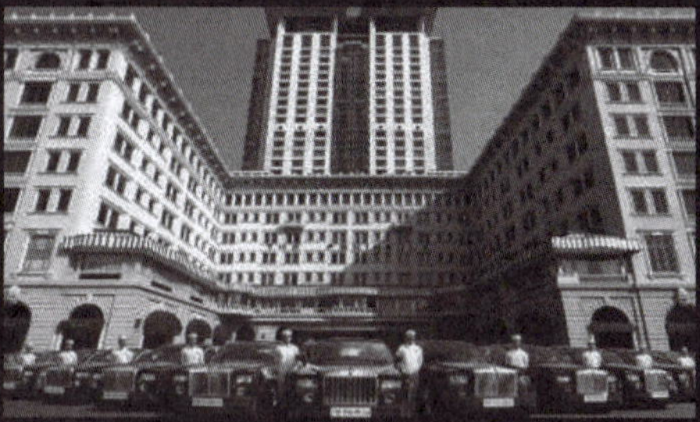

猎奇心理

极限酒店（需要爬上去！）

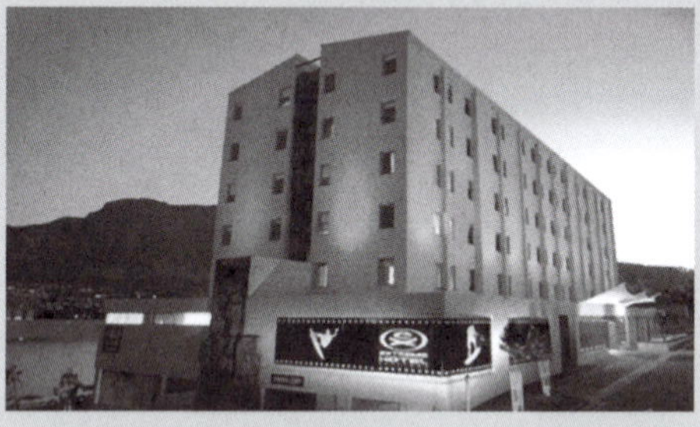

棺材酒店

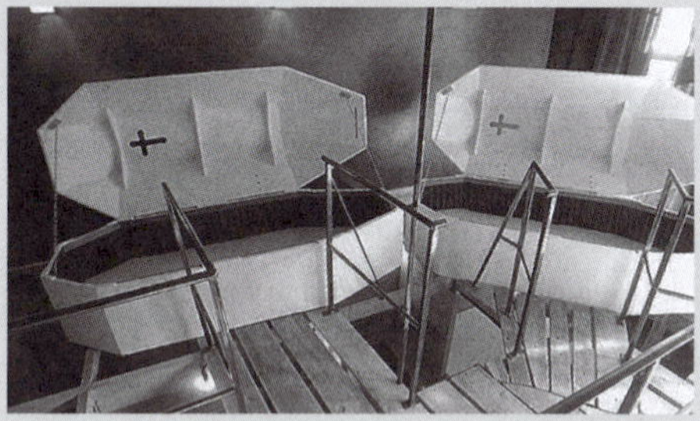

管道酒店

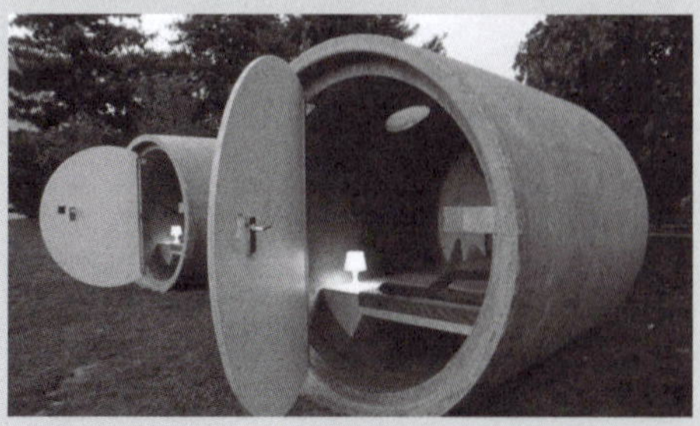

啤酒水疗酒店

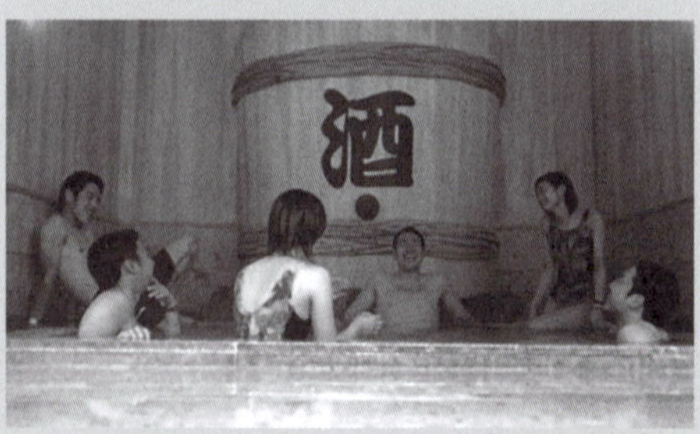

忘掉已知，深度思考

迫使自己想出更多的集群。同样是这些创意，你可能还会发现以下几个集群。

- 客房附加豪华服务：上门按摩、预制美食
- 怀旧品牌联名：芭比化妆品、穆斯林芭比、犹太芭比
- 宠物人性化设施：狗狗小便池、宠物浴池、狗狗头盔
- 病毒式年轻人群定位：专业的过夜派对、博物馆里的滑板公园
- 租赁文化体验：小贫民窟旅馆、监狱酒店、豪华汽车分时租赁

如果你把酒店的创新点集中在满足一个特定的需求上，必然成就独一无二的特性与品质。例如，选择上面的某个集群，想象一下对应的时尚酒店。

比如说如果你专注做一家 "出租文化体验" 的最好酒店，它会是什么样儿的？位置在哪儿？客户想要什么类型的文化体验？

—— 如果逼迫自己去发现新的需求点，
你将形成独特的洞察力。

酒店房间里的奢侈享受

豪华服务

上门大厨

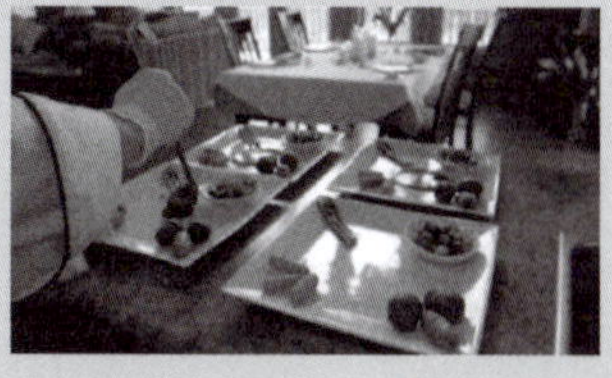

预制美食

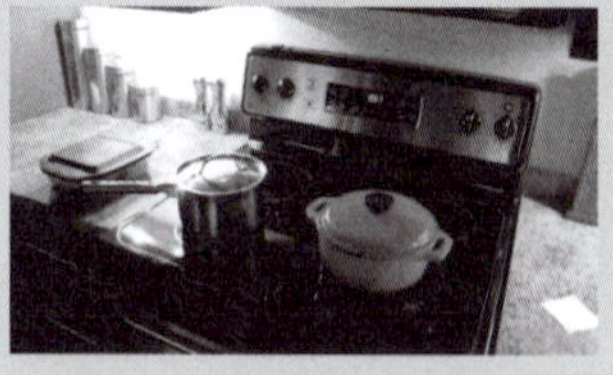

上门按摩

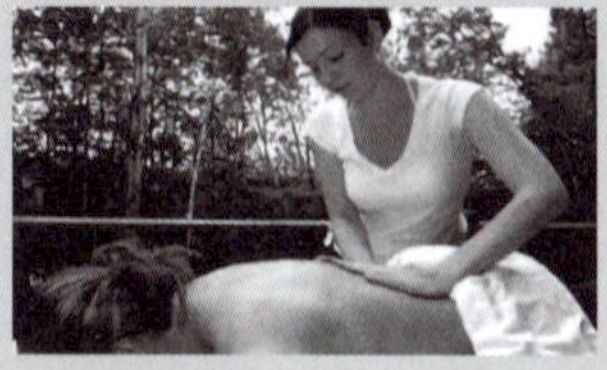

犹太芭比

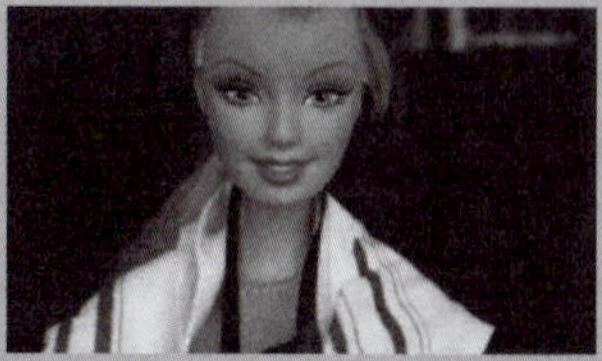

穆斯林芭比

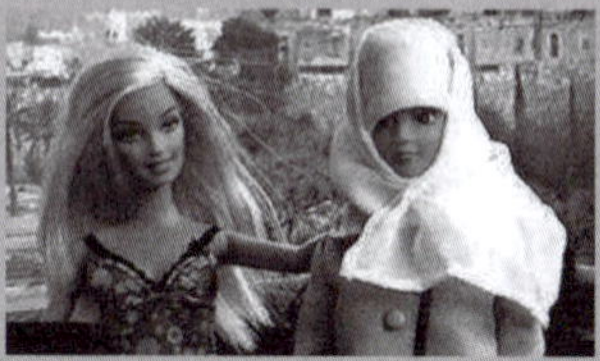

芭比化妆品（联名）

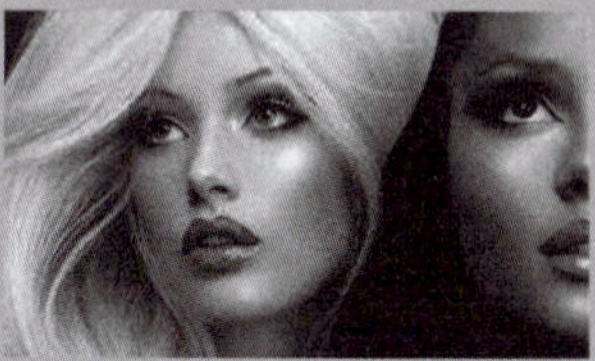

宠物人性化设施

狗狗头盔

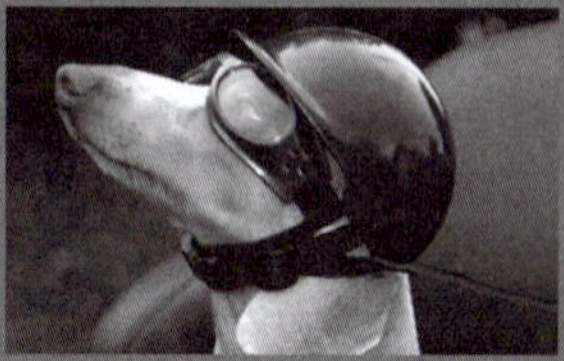

狗狗小便池

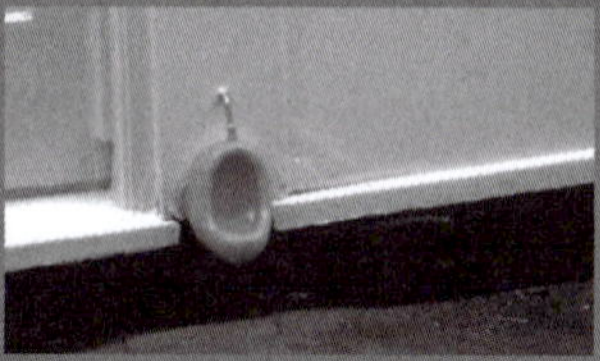

宠物SPA

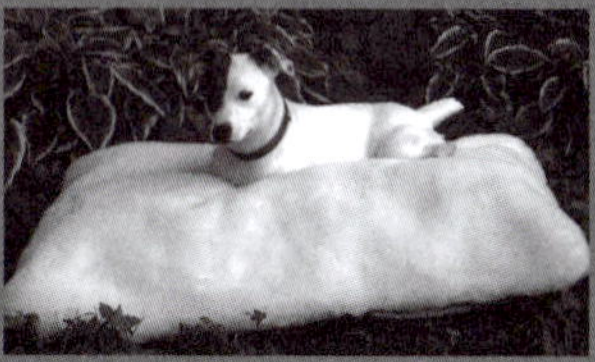

年轻定位

博物馆电动滑板公园

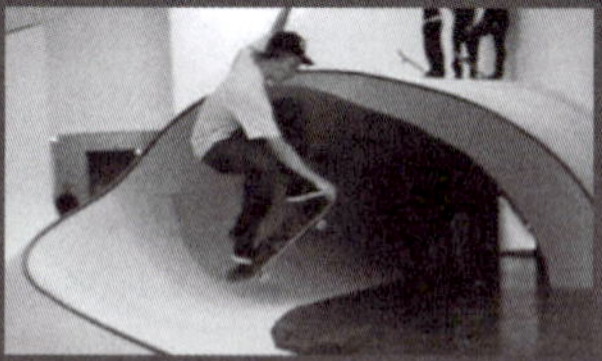

过夜派对

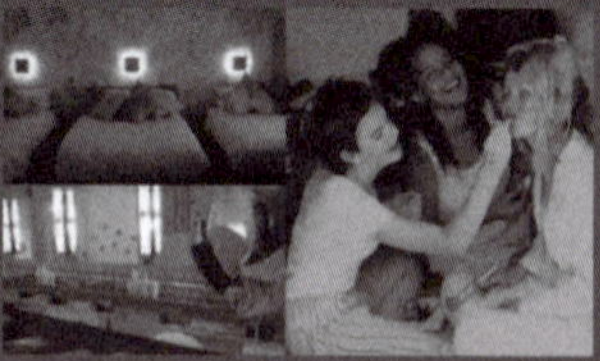

极限酒店（需爬爬上去！）

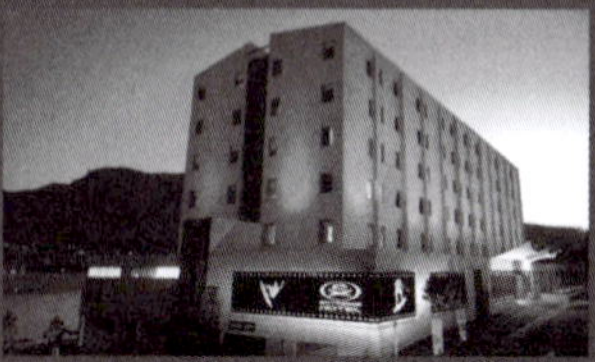

租赁文化体验

贫民窟小旅馆（里约热内卢）

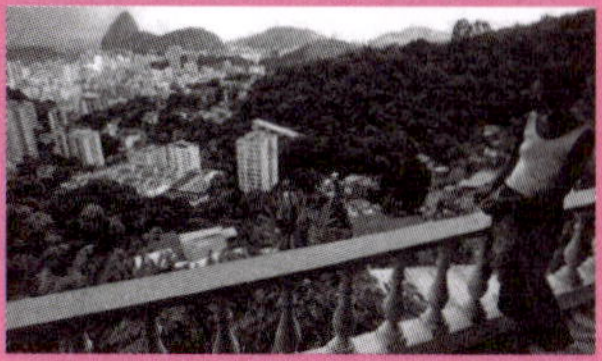

豪车租赁

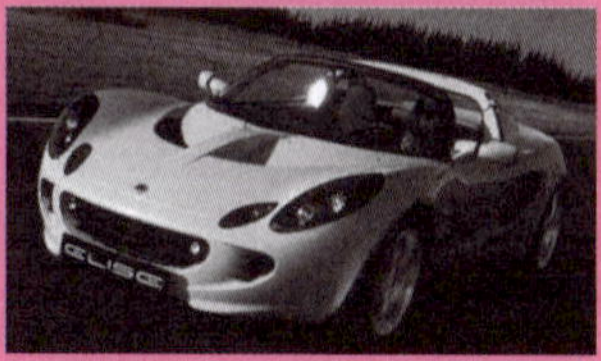

劳斯莱斯酒店

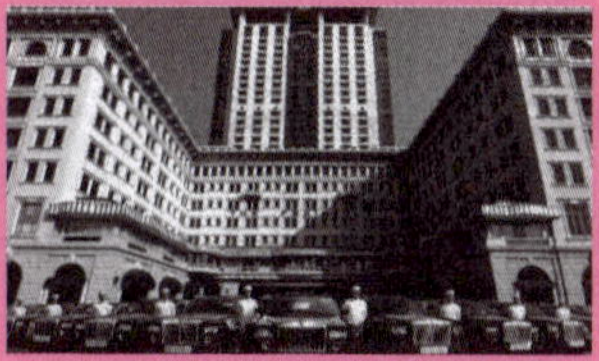

基于集群的头脑风暴

发现新机会时，人们可能会感到茫然和陌生，这是发现新事物后的典型感受。这就是为什么在每个特定的集群中进行头脑风暴大有裨益。

当专注于创造力时，会发生两件事：第一，你的想法会聚焦于你认为有意义的趋势；第二，你最终会得到一个更聚焦的想法。

例如，如果选择了"租赁文化体验"，你可能会想出一个"在美国的非洲小屋酒店"的想法。客人可以住在泥屋里，体验非洲贫困的生活。房间里也可以播放教育讲座和电影。也许在住过一两晚之后，你的客人就去住当地的四星级酒店了。

建造泥屋的成本并不高（肯定比前面提到的星级酒店"阿拉伯塔酒店"低），但对客人来说，这段大开眼界的经历，他们永远不会忘记。

最后，这个想法可能会引起国际媒体的关注。对于任何"时尚酒店"来说，获得国际关注都如有神助。

—— 通过创造独特的集群，
有助于更加聚焦，从而产生卓越的创意。

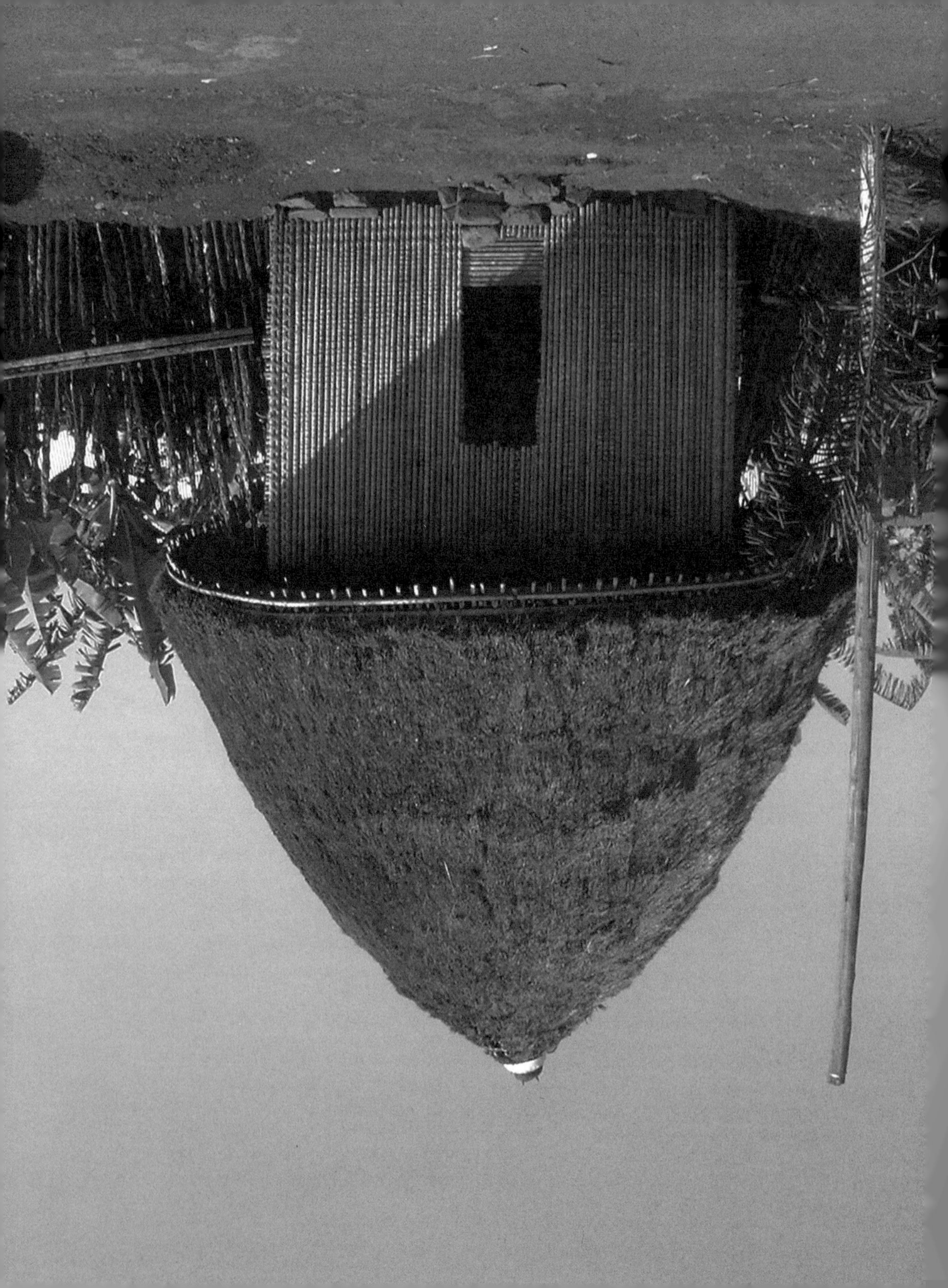

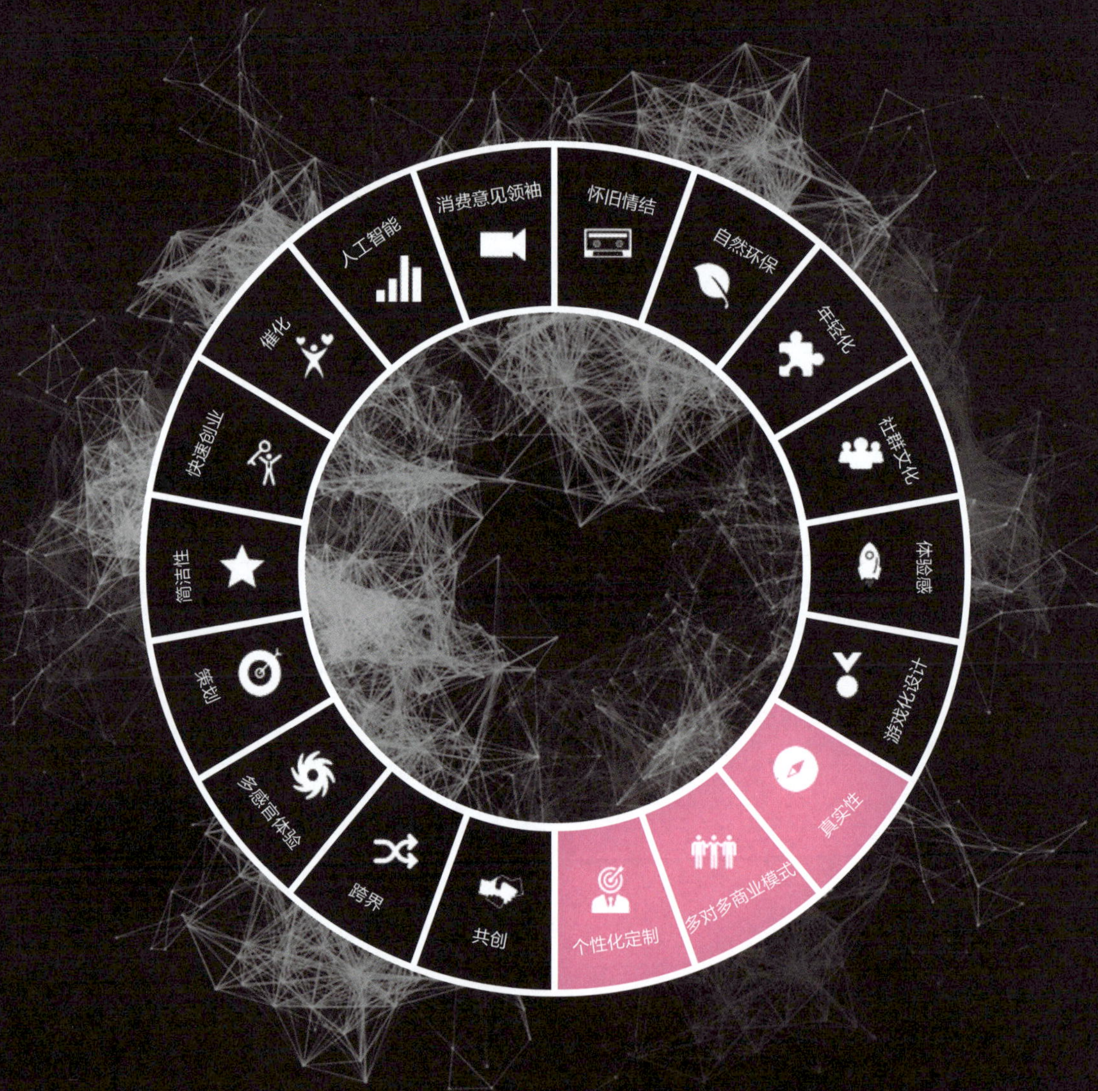

消费意见领袖　怀旧情结

人工智能　　　　　　　自然环保

催化　　　　　　　　　　　年轻化

快速创业　　　　　　　　　社群文化

高潮性　　　　　　　　　　体验感

策划　　　　　　　　　游戏化设计

多感官体验　　　　　　　　真实性

跨界　多对多商业模式

共创　个性化定制

层次3：大趋势

大趋势是指控制消费者欲望的深刻影响，通常由至少一百多个案例组成，影响跨度为3~10年，比如包括个性化、对真实的渴望，以及多对多商业范式等，因此比集群更为人所知。多对多商业范式指的是相对于大品牌，个人创造者的数量正在激增。

后面的图表中显示了我们目前排名前18位的大趋势，在几页后会介绍。在使用大趋势制定长期战略时需要考虑以下一些因素：

1. **目前的定位**：目前你与哪些大趋势保持一致？这不是一项检查打钩，而是一个挑战，要深入思考目前对你的业务影响最大的三个或四个大趋势。与这些趋势相一致是有意为之还是巧合？

2. **未来的潜力**：哪些大趋势与你未来想要进入的市场一致？你也许可以做些简单的改变来适应某些大趋势。大趋势就像一颗北极星，不断推动你的创新工作取得更大的成功。

3. **错位的未来**：你是否有不符合大趋势的产品或计划？例如，如果在一家饮料公司工作，而你的产品是用塑料瓶装的，那么你的业务很快就会受到"自然环保"大趋势的威胁，以及支持环保和可持续发展的下一代人的反对。这个问题需要解决，否则将被颠覆。

大趋势是影响较大的趋势。 ——
这些趋势将引导企业的长期战略和目标。

层次4：机会模式

每一朵大水花都会创造机会的涟漪。如果研究涟漪，你就会知道水将流向何方。同样，竞争对手的行为、颠覆性创新以及对消费者生活的改变也会创造机会模式。通过这些模式，你可以预测竞争对手的发展方向。

我的上一本书《更好更快》主要讲述了理解六种最有影响力的机会模式的艺术和科学。例如，差异化是一种模式，表明与主流相反的产品可以取得很大成功。作为人类，我们倾向于被独特的、差异化的或只为我们自己定制的事物所吸引。因此，差异化告诉我们可以采用反主流的策略在某些市场上取得成功，例如红牛、维珍航空和其他不同于当时主流的品牌。

可以通过两种方式使用这些模式。一方面，模式可以用来对趋势进行分类，并解释为什么文化会推动某些创意。另一方面，可以使用模式来预测特定市场中的创业或成长机会。

例如，如果给一家新酒店想出一个创意，我可以与我的团队围绕六个机会模式进行六场头脑风暴。在"差异化"类别中，我会思考目前所有让人们反感的酒店服务，然后创建一家与现在的服务方式相反的酒店。我知道人们讨厌缓慢的入住流程、个性化服务的缺失、单调的菜单、被像数字一样对待。与之相反，"差异化"的酒店可以在顾客到达之前就办理好入住手续、提供定制化菜单和个性化的问候语。

模式是帮助预测世界如何演化的工具。

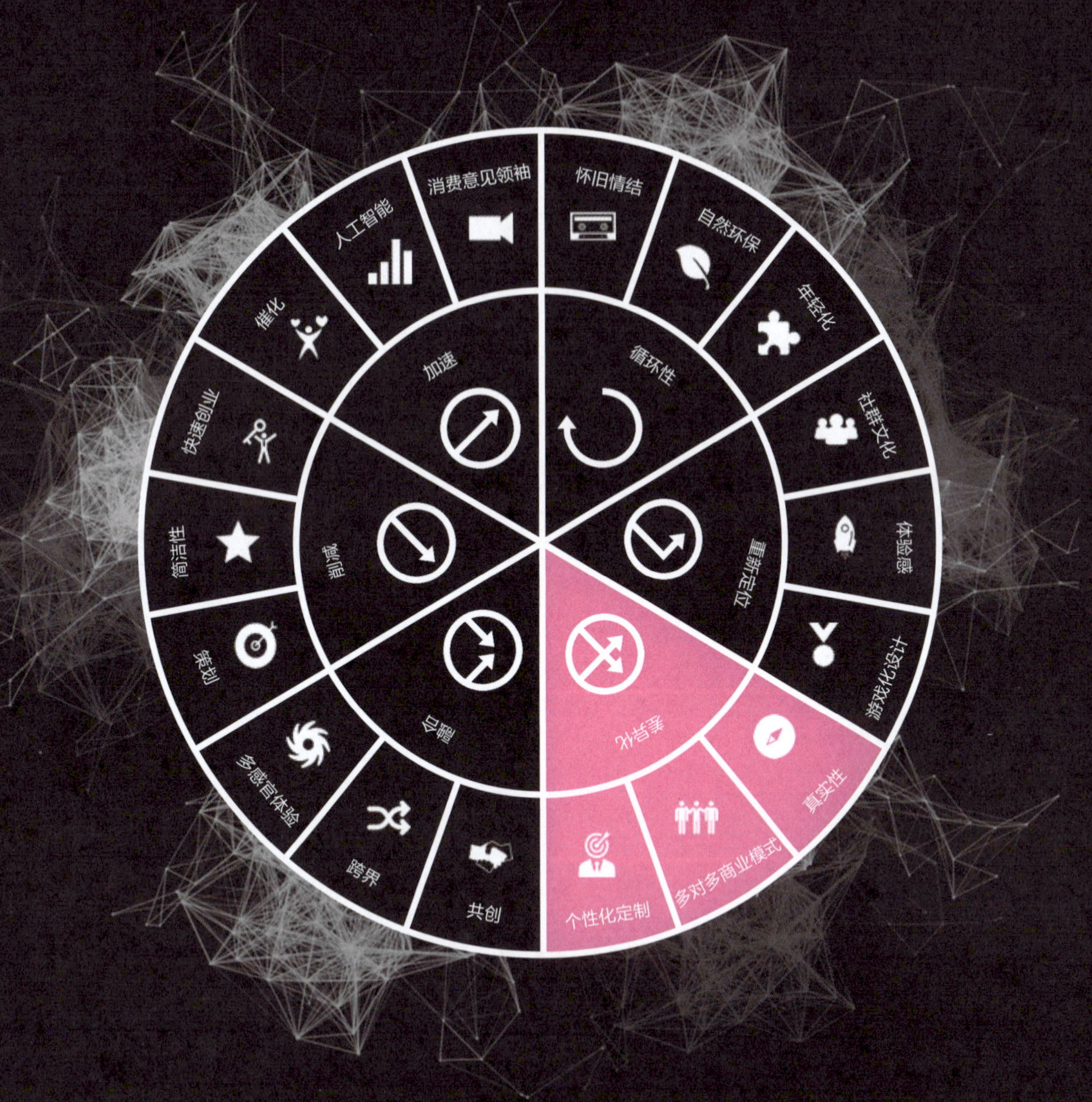

消费意见领袖　怀旧情结
人工智能　　　　　　自然环保
催化　　　　　　　　　年轻化
快速创业　　加速　循环性　　社群文化
简洁性　　　　　　　　体验感
策划　　　　　　　　　游戏化设计
多感官体验　　　　　　真实性
跨界　　　　　　　　多对多商业模式
共创　　个性化定制

6种机会模式和18项大趋势

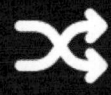

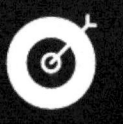

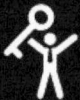

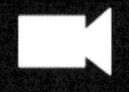

加速
不断完善想法
有向往的目标
夸张的特征
重新构想的解决方案

催化
品牌具有促进消费者个人成长的作用

削减
专业化
更少的流程 + 效率
众包
订购

策划
精确定位消费人群的产品、服务、订购和建议，以更好的方式简化生活

融合
组合 +分层
增加价值
品牌联名 + 合作
实物 +数字化

共创
品牌、产品、服务和客户正日益共同创造一个相互依存的世界

消费意见领袖
从用户生成内容到创客文化，今天的消费者越来越期待专业的工具和服务

人工智能
我们正在进入一个转型的新时代，这个时代以数据、机器人和智能的指数级增长为标志

快速创业
新的服务使构思、筹资和创立一家公司比以往更容易

简洁性
在快节奏、拥挤的世界里，简洁性脱颖而出。从而形成专业的业务和干净的设计

多感官体验
科技、AR、VR和互动体验正在提高我们在娱乐、零售，甚至食品领域的期望

跨界
随着商业模式、产品和服务的融合，行业之间的界限正在变得模糊，创造出独特的概念和体验

如果想扩展在趋势研究方面的知识，在"趋势猎人"上有400000个案例可供探索，以激发你的灵感。

创建免费的账户，可以持续关注喜欢的类别。

请登录TrendHunter网站。

循环性
复古 + 怀旧
有代际特征
经济性 + 季节性
在循环中重复

怀旧情结
美好的回忆激发起我们将过去的事物带到现在的欲望，特别是关于一个人的成长岁月的

自然环保
推崇可持续产品，包括本地的、有机的、可回收和非化学成分的

年轻化
在几代不想长大的年轻人的推动下，这个世界正变得越来越好玩，他们想要一个更积极、更丰富的生活

重新定位
重新调整重点
逆转思维
找到一些惊喜点

社群文化
忠实的群体更容易形成特定的兴趣、事业，甚至品牌

游戏化设计
将游戏动力学（游戏的思维和机制）应用到现实世界中，打造一个更具竞争力和吸引力的世界

体验感
在一个"物质"丰富的世界里，体验成为生活的优先事项

差异化
个性化、定制化
身份 + 归属感
风格 + 时尚
年轻反叛

真实性
社交媒体的兴起和对传统广告的厌倦创造了对真实和现实的渴望

个性化定制
小批量的生产技术和更加个性化的媒体推送创造了日益增强的个性化期望

多对多商业模式
卖家和媒体创作者的大规模增长将世界转变为多对多的商业模式

策略

1. **旅行**："我喜欢寻找酷和新兴潮流的亚文化。为了找到这些，旅行对我来说是头等大事。连接不同的文化和亚文化是很重要的。"——Quiksilver的联合创始人夏辛·萨德奇（Shaheen Sadeghi）

2. **追求好奇心**："创造一些你会使用的东西，并回答这个问题：'如果……会不会很酷？'不要只关注目标人群和市场研究。那是为失败者准备的。"

   ——盖伊·川崎（Guy Kawasaki,），风险投资家、作家、荣誉趋势猎人（Honorary Trend Hunter）

3. **关心**："创新没有议程、没有计划、没有严格的结构。你在做一件你关心的事情。我发现有真正关心的东西的人最有可能成为创新者。"——畅销书作家赛斯·高汀（Seth Godin）

4. **叛逆**："你需要一种叛逆的文化、一个灵活的沙箱、一种测试规则的心态。创造创新文化确实不可避免地需要过程和计划。但是，如果不怀着一些自发想法扩展自己的界限，那么你会走得很慢。"—— 盛世长城广告公司（Saatchi & Saatchi）CEO凯文·罗伯茨（Kevin Roberts）

5. **随机应变**："专注于自己喜欢的东西，但不要只限于自己喜欢的事物。订阅新杂志，下载与你当前生活无关的主题的播客，去听不同领域的顶端人才的讲座。购买电子书籍，然后关注一些收集有趣信息的网站。（我每天在Reveries网站上听潮流新闻，从TrendHunter网站上获得最新趋

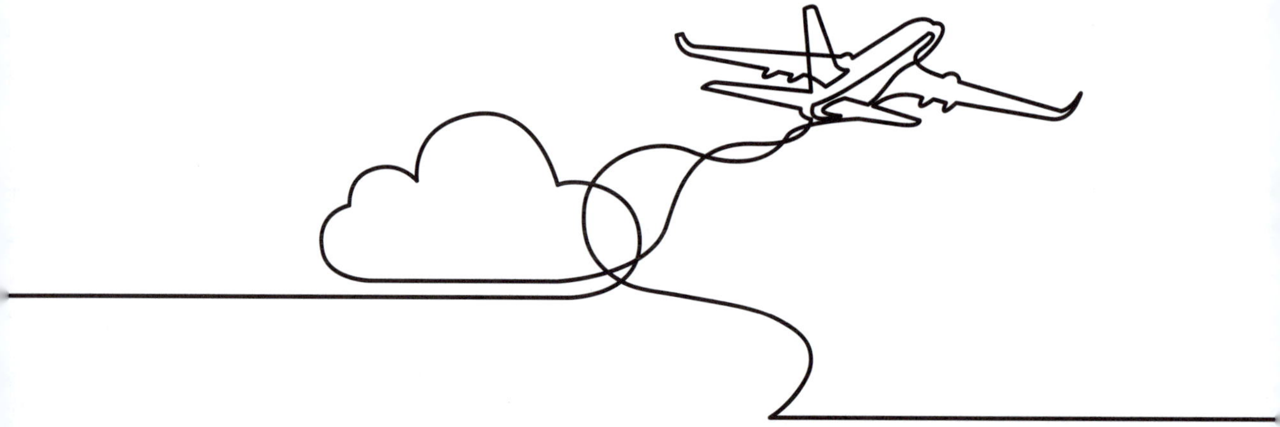

势。）"——世界著名设计公司IDEO总经理汤姆·凯利（Tom Kelley）

6. **分享想法：** "我尝试把尽可能多的想法变为现实，从撰写一篇简单的博客文章到创办一家公司。简单地将它们写下来，然后发表，这是一个很好的习惯，因为一旦被公众知晓，往往会得到改善。" ——《连线》杂志前主编克里斯·安德森（Chris Anderson）

7. **形成一种理念：** "一个原则是，找到一个共同的痛点或是兴奋点，然后围绕这个点把人们组织起来。" ——《海星与蜘蛛》作者，励志作家罗德·贝克斯托姆（Rod Beckstrom）

8. **追求酷：** "通过追求酷，营销人员能够在竞争对手之前确定趋势的内在文化。传统的产品定位是以物理属性为基础的。文化品牌是基于产品对消费者的文化意义。这使得追求酷成为产品定位的新来源。"——杰伊·汉德曼（Jay Handleman），女王大学教授，通过展示马尔科姆·格拉德韦尔的文章《猎酷》启发了我创办TrendHunter网站。

9. **与"奇怪"的人交流：** "我认为，无论是通过电子邮件、面对面还是电话交流，与各种各样的人交流也很重要。只与熟悉的人交流可能会形成一个回声室。"——丹·平克（Dan Pink），我认识的唯一商业漫画作家

10. **消费流行文化：** "无论是书籍、杂志、艺术、博客、网站，还是连续电视剧，我都是流行文化的狂热消费者。创新的关键是关注周围发生的事情。持续的刺激并且以开放的态度看待新想法是必须的。" ——玛丽安·萨尔兹曼（Marian Salzman），培恩国际公关公司（Porter Novelli）首席媒体官，著名未来学家

11. **寻找积极性：** "有意识地寻求积极性。媒体通常会对伊朗等地的负面新闻大肆报道。我会专门寻找一个独特的角度，来挖掘它背后积极的一面，例如伊朗的时尚，德黑兰（Tehran）的地下音乐界，或者那里的生态环保博主所做出的努力。"——比安卡·巴茨（Bianca Bartz），TrendHunter网

站编辑（已发表4000多篇文章）

12. 社交和联系：找一些同事和朋友，让你在不断挑战中寻求新想法。

13. 花一天时间："花一天沉浸在目标消费者的生活和环境中——这才是真正的接地气！"——新百伦（New Balance）全球消费者洞察高级经理玛丽安·麦克劳林（Marianne McLaughlin）

14. 对趋势进行考察："真实的生活经历能激励我，比如出差考察（体验其他行业和文化）。尝试不同的环境，比如，比较上海和伦敦的商业情况。"——宜家宏观洞察力经理玛丽亚·奥兰（Maria Akerlund）

15. 创建一个竞争对手的感知图："竞争对手的产品能满足什么需求？创建一个竞争产品的感知图，以识别空白区域。从微观到宏观考虑并重复回答这个问题。还可以思考、拓宽产品类别。在大众消费品领域，我会参观餐馆、酒吧和餐车。"——优鲜沛（Ocean Spray）创新总监丽莎·提里诺（Lisa Tirino）

16. 与客户一起购物："我每月都会举办'购物活动'，在那一天我们与客户一起购物，这样同事们有机会体验购物，进而研究购买行为，帮助设计和开发产品。"——葛兰素史克/辉瑞（GSK/Pfizer）工业设计与创新总监大卫·多布罗夫斯基（David Dombrowski）

17. 人群观察："我会参观竞争对手和小商店，研究顾客在做什么"。——雀巢公司消费者和感官专家劳伦·西蒙尼希（Lauren Simoneschi）

18. 教导：令人惊讶的是，真正能动摇固有思维的最好方法之一是教学或指导。当你强迫自己说出重要的答案时，就会形成清晰的观点。

19. 研究其他的类别："我从其他类别的产品和服务中得到启发，并设想如何将我的见解应用到我的工作中，使之变得更好。"——可口可乐公司高级品牌经理尼古拉斯·阿纳尼卡斯（Nikolaos Ananikas）

20. 提问："举办一个只能提问题的工作坊，不能提出任何答案；然后再开一个单独的工作坊，由每个人提出解决方案。"——美国家庭保险集团数字战略顾问汤姆·克努贝尔（Tom Kneubuehl）

21. 访问"趋势猎人"网站："在TrendHunter网站——发现什么是酷的，在它变成酷的之前。"——MTV Live

TrendHunter网站上有超过40万个前沿创意，分成一百多个类别，包括设计、流行文化、广告、现代艺术和创新。你可以在网站上探索创意，注册后下载免费的每周趋势报告，或者创建自己的账号，收集和发布你最喜欢的创意。

工作坊问题

- 你所在行业主要的创新是什么？
- 相邻市场有哪些创新？
- 在目标客户的世界里，有哪些创新正在发生？

创造未来框架

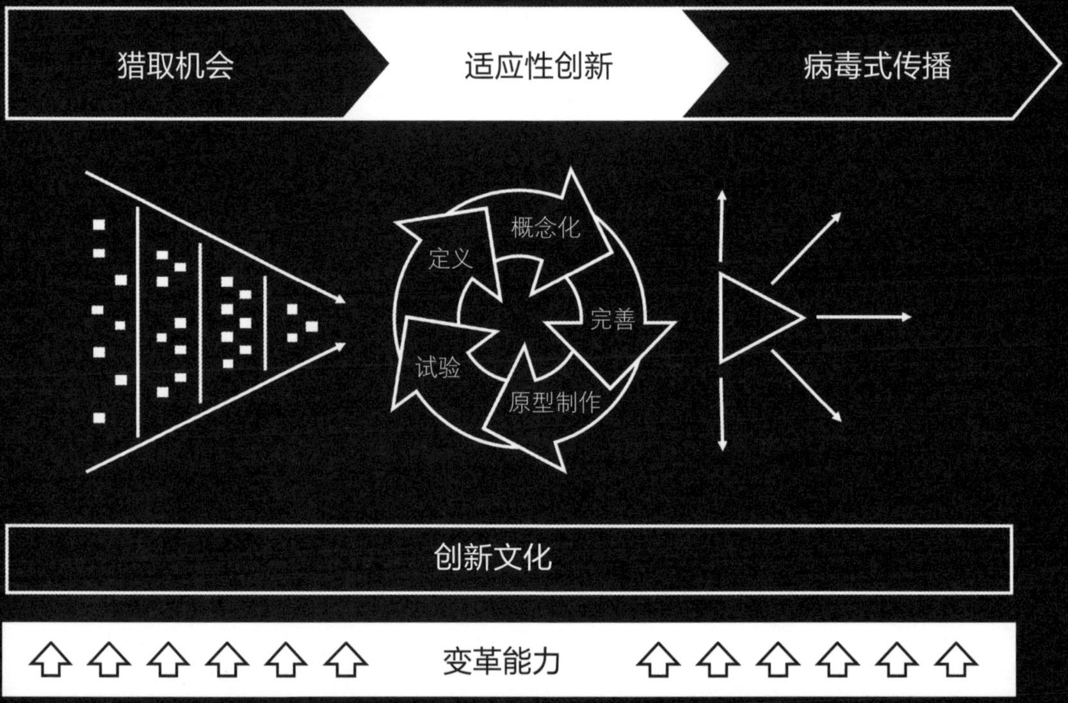

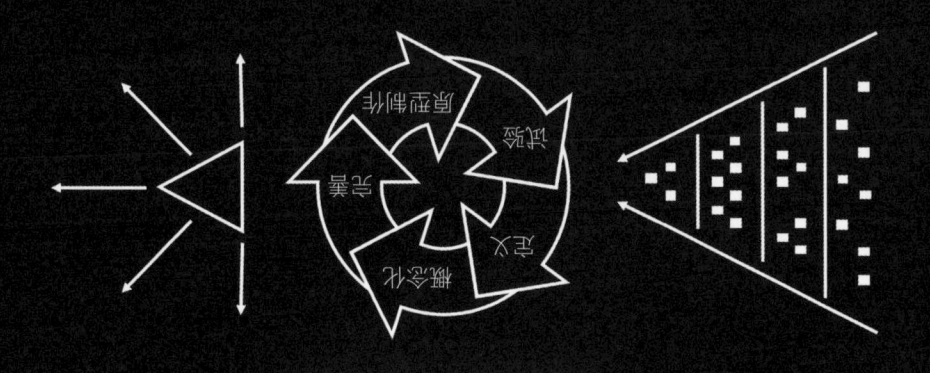

猎取机会	适应性创新	病毒式传播

概念化

定义

完善

试验

原型制作

创新文化

⇧ ⇧ ⇧ ⇧ ⇧ ⇧　　变革能力　　⇧ ⇧ ⇧ ⇧ ⇧ ⇧

第四部分 ————————————————————

适应性创新

市场的混乱和肆意的创造有可能偏离轨道，带来威胁。为赢得当下和未来，企业需要精通创新管理之道，利用适应性强的方式来实施创意和原型设计。

本节将创新分成两部分：其一是一系列循环步骤，其二是一套像股票投资组合一样的创新管理之策。

创新的科学与方法

　　"适应性创新框架"旨在帮助读者科学地思考创新过程。最重要的是赋能创业者、管理者和员工，制定个性化的、专属的创新工具和流程，从而确保找到机会遍地的新领域。此外，这一框架也有助于读者释放终生创造力以提高企业成功的概率。

　　第1步　明确定义客户需求；

　　第2步　创意概念化；

　　第3步　完善概念；

　　第4步　快速制作原型；

　　第5步　测试并优化。

　　重复以上步骤。

　　创新是循环的过程，就像狗一直追赶自己的尾巴。企业需要持续适应，并一次又一次重新定义试图满足的客户需求或试图解决的客户问题。与狗不同的是，你会在每次创新循环中变得更聪明。

　　根据对趋势的观察，任何时候，你都可以调整这个实施创新的过程。

—— 适应性创新是有条不紊、循环的过程。

适应性创新框架

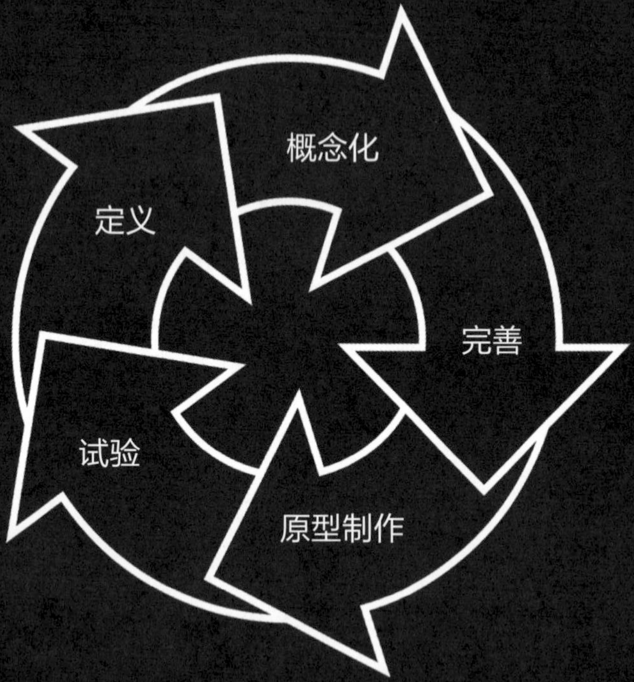

概念化

定义

完善

试验

原型制作

第一步：明确定义客户需求

适应性创新从明确的客户洞察开始，是经过趋势搜索和过往产品测试后的结果。

问题定义明确与否决定成败，所以务必确保创意和洞察是具体的、可执行的，否则最终的结果可能是"香草冰激淋"。

简单解释一下，如果你了解甜点，你知道冰激淋非常受欢迎。而在冰激淋品类中，香草味是最主要的口味。

然而，香草冰激淋作为冰激淋的一个大品类，人们并不真正关心他们买的香草冰激淋是什么品牌的，因此，要长期保留香草冰激淋客户几乎是不可能的。

因为香草味事实上平庸无奇。

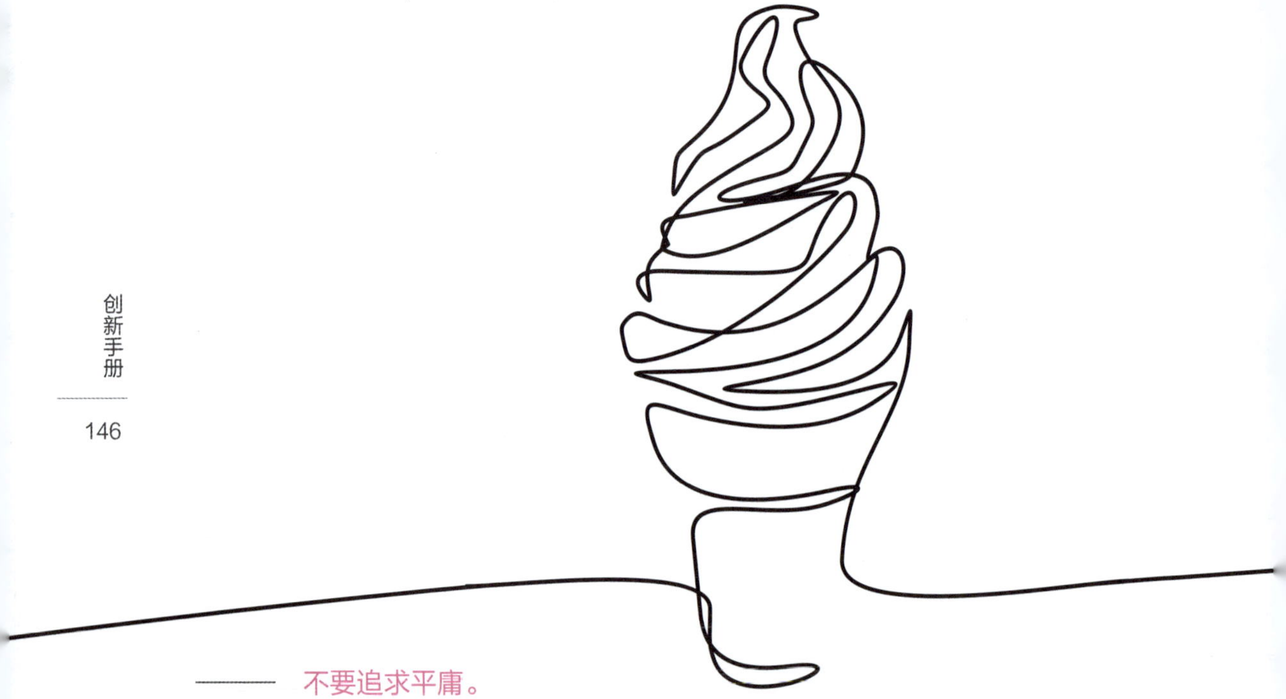

—— 不要追求平庸。

找到下一个"樱桃加西亚"

要想成为美味冰激淋市场的玩家，你需要一群狂热的粉丝，也就是要找到下一个"樱桃加西亚"（Cherry Garcia）。

"樱桃加西亚"是Ben & Jerry's品牌冰激淋的一种口味，含有樱桃和巧克力块。这个口味于1987年推出，是为了向"感恩至死"摇滚乐队的首席吉他手杰里·加西亚（Jerry Garcia）致敬。自推出以来，它已成为Ben & Jerry's最受欢迎的口味。

事实上，尽管樱桃加西亚冰激淋是冰激淋中的"奢侈品"，但在1990~1991年的经济衰退期间，它帮助Ben & Jerry's的销售额增长了400%。

并不是全世界的人都想吃加了樱桃和巧克力块的冰激淋，但对于数百万想吃的人来说，没有什么可以替代这个味道。杰里·加西亚的一句话概括了这一概念："你不仅仅想成为精英中的精英，你还希望被认为是能做自己的那批人。"

第四部分 适应性创新

寻找机会的时候，不仅要有广度，更要有深度 ——

找到被忽略、被忽视的机会。

第二步：创意概念化

"概念化"比头脑风暴这个词更贴切，因为大脑里并不存在"风暴"这种东西，所以，说"头脑风暴"实在很荒谬！

其次，人们不会认真对待头脑风暴，因为他们认为头脑风暴其实就是"不假思索地直言不讳"。我本人过去也这样认为，直到我经历了发生在斯坦福大学设计学院那种级别的"风暴"。在斯坦福，以下规则让人们着迷：

- 不急于下论断；
- 鼓励大胆的想法；
- 重视量的积累；
- 一次只谈一件事；
- 标题；
- 跳板式思考（以他人的想法为基础）。

我特地使用"跳板式思考"作为衡量概念化的标准。当你能够以别人的想法为基础，这就证明了你实际上在实践中激发了新的思维方式。

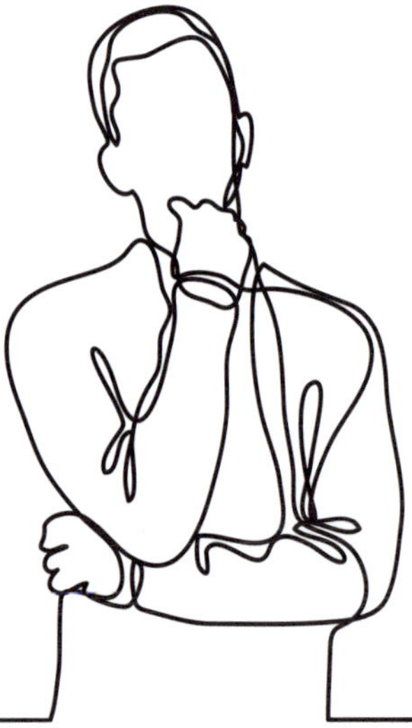

—— 概念化时遵循规则很重要，就连斯坦福的高材生们都在每场讨论会前检验这些规则。——

头脑风暴最佳实践

虽然已经对标题和细节进行了修饰，但以下一系列步骤通常反映了我们在斯坦福设计学院使用的头脑风暴结构———小时头脑风暴的目标是大约产出100个想法。

- 设置场景：邀请最优秀的人，营造一个有用的空间，打破僵局。
- 保持专注：提出非常具体的问题和非常具体的规则。可以在头脑风暴的过程中改变规则，我经常这样做。
- 寻求灵活度：鼓励不受限制地提出多样化的创意。
- 保持趣味性：创造团队活力，鼓励幽默。
- 给讨论加点"调味料"：重塑问题，选择某个创意并深入研究。提出疯狂的想法。鼓励现场走动。
- 用特定问题挑战现场的人：例如，如果试图向男性销售更多的连裤袜，试着回答这个问题："我们如何重新命名'棕色连裤袜'这个名字，让它更男性化、被男性接受？"
- 总结：让现场的人为他们最喜欢的创意投票，并询问是否有进一步评论。

让创意构思成为工作的一部分，
热爱必将成为突破性创意的燃料。

第三步：完善概念

在完成概念构思活动后，该如何（在没有争论的前提下）选出最佳创意？

- 收集（100个想法）：以第二步的成果作为起点。
- 筛选（20个想法）：大浪淘沙，掘到最好的金子！在一个较小的团队中，创建集群或直接挑选出最佳创意。
- 提炼（10个想法）：为最佳的10个创意准备"标题"，就像要把它们销售给客户一样。
- 排序（对10个想法进行排名）：对10个精心选择的创意进行量化排名。在理想情况下，以实际客户为样本进行在线调查。
- 聚焦（3个想法）：选择3个最佳创意进入第4步。

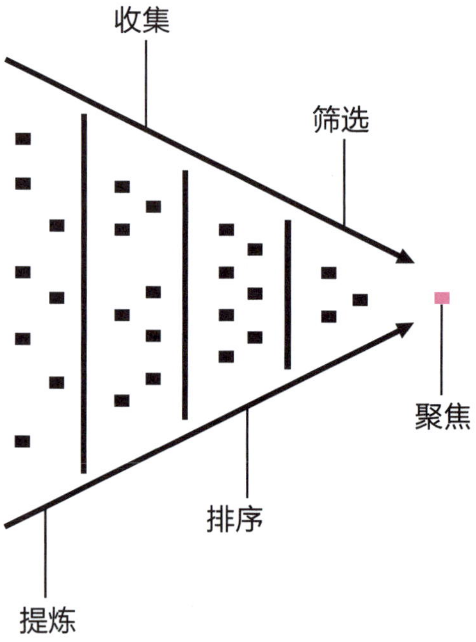

第四步：快速制作原型

　　"快速制作原型"这个术语让人听起来好像真的知道自己在做什么。并且这是创新过程中令人愉快的一步，包括制作产品或服务的初始版本。快速制作原型与建立计划不同，因为这是在构建一些类似模拟体验的东西。这也意味着创作一部短剧以提前获得体验，或者花几小时搭建一个样本商店模型。

> "原型的价值不在于模块本身，而在于它们所带来的交互。"
>
> ——迈克尔·施拉格，《严肃戏剧》（Serios Play）的作者

　　通过原型设计，你和你的团队将快速发现可能促成或阻碍想法成功的因素。

　　几乎任何东西都可以制成有效的原型。这里有一些例子：

　　模拟产品：图表、框架、实物模型、幻灯片、简单工艺品、模型、样品包装、三维模型、样品广告和"照片购物"设计。模拟服务：角色扮演、短剧、视频和流程图。

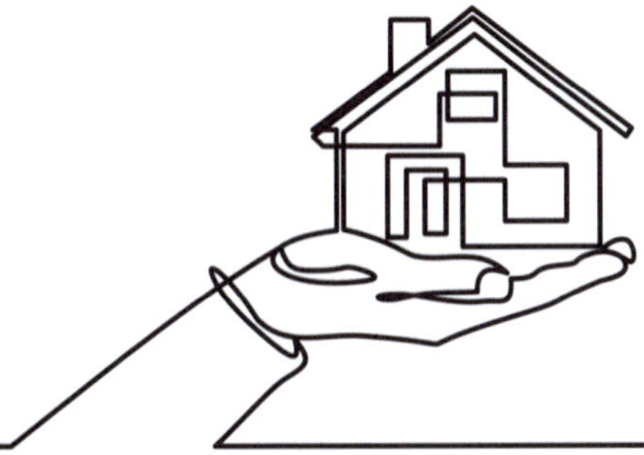

第四部分　适应性创新

创建物理模型可使概念可视化，从而获取有用的反馈。

第五步：测试并优化

在未知领域，当测试前沿的新想法时，科学方法就很重要。找到量化不确定性的方法，随后的设计都将更接近突破性创新：

- 在成长期，"趋势猎人"每周测试10多个网站页面布局，并对每位访问者的页面浏览量、访问时间和退出页面的概率进行测量。
- 通过实时测试新产品，戴尔公司测试价格敏感性和特别促销的影响。
- "第一资本"每月都会发送数十份产品测试邮件，其中测试信息包括价格点、用词，甚至是信封颜色等。

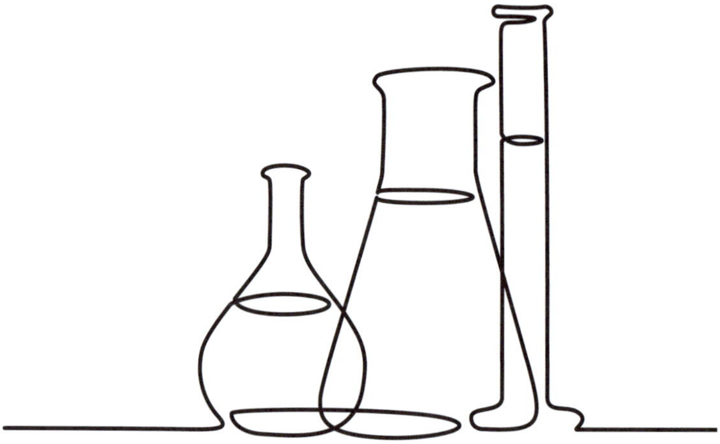

重要的告诫是需要在最不确定的领域进行广泛测试。通常，公司会把这件事搞砸。

当公司擅长某件事时，他们会做出一些微小的调整来改进，以达到他们已经达到的巅峰。当发现一座新的高峰时，不能陷在细节里，而要广泛探索。

—— 通过对模糊性的探索和测试，
混沌将变得有序。

探索、测试、

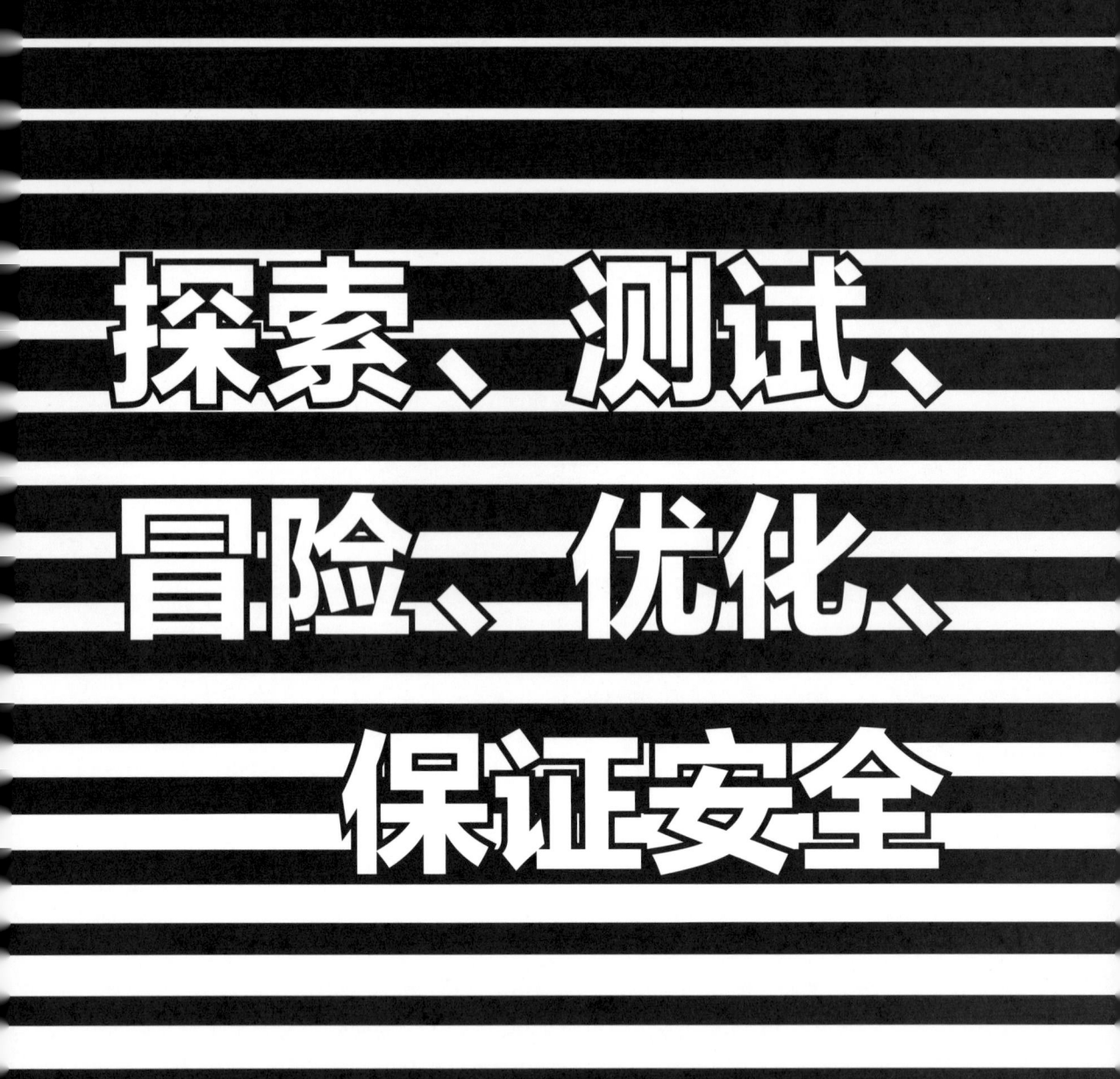

冒险、优化、

——保证安全

策略

像股票投资组合一样管理创新

这部分内容可能是读者一直在等待的一部分！这是见证神奇的时刻，当我拿出我的特许金融分析师这一角色，吸引你进入投资组合管理的奇妙世界。乍一看，长期股票投资组合似乎并不具备吸引力和创造性。然而，没有其他行业比这更能容忍和研究风险。以下是财务经理为创建能够安全增长的投资组合而采取的一些策略。当把这些策略应用到业务中，可以帮助你在追求创新的同时驾驭混乱：

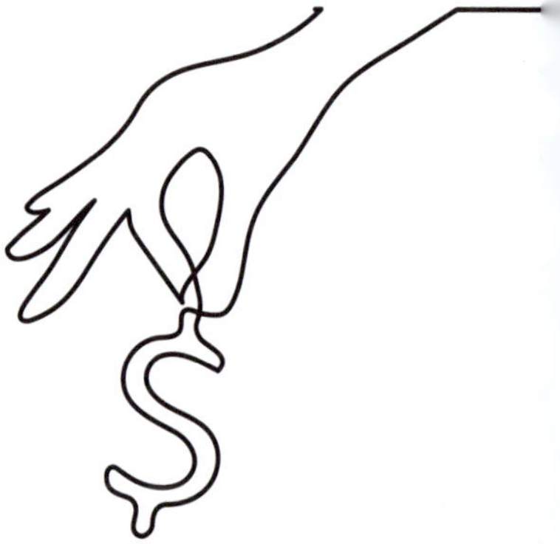

1. **多样化**——能够增加获胜的几率，同时限制失败的可能性。多样化提高一致性，同时降低风险。正如投资传奇人物彼得·林奇曾经解释的那样，"如果你擅长投资，十次可能有六次你都赌对了。"你永远不会完美，但多样化意味着你不必如此。对于创新者来说，多样化意味着以下几点：

- 一次完成多个项目：在某些方面，你将获得的成功项目数量是你尝试了多少想法的数学乘积。WD-40（养护品牌）意味着第40次研发尝试。你能测试出成功率是多少？

- 留出探索时间：无论你是一名艺术家还是一名营销人员，都应该为追求新的风格、想法和技术留下充分的时间。谷歌和3M公司都给员工15%~20%的时间进行个人项目。你花多少时间来提出新想法？

- 尝试高风险和低风险项目：组织通常会尝试多种产品，但所有产品的风险水平都相同。专注于太多的低风险项目就像专注于一个高风险项目一样糟糕。

2. 控制赌注的大小——在一定范围内进行创新。投资组合管理在一定程度上意味着对每个实验的规模进行预算，并迫使自己在这个范围内具有创造性。这听起来有多可怕和无聊？令人惊讶的是，这个概念来自迪士尼——世界上最具创意的组织之一。当迈克尔·艾斯纳接管迪士尼时，该公司正在亏损。他最初的任务之一是为每个迪士尼项目分配一个严格的资金箱。然后，员工们被要求创造性地将自己的想法融入财务框架。迪士尼的创意人员不熟悉如此严格的控制，他们对此表示怀疑（也有可能愤怒）。然而几年后，它成功了。艾斯纳将迪士尼的市值从20亿美元增加到600多亿美元。

3. 创造人为约束——人为约束带来成功。在"第一资本"，"趋势猎人"团队的一个典型实验涉及价值达数百万美元的测试。我们一直在思考是否有更好的方法，但没有给下一个项目拨款数百万美元，而是向团队发出挑战，看看在50万美元的预算规模内我们能做些什么。乍一听，这仍然是一大笔钱，但当你考虑到媒体的价格时，50万美元意味着我们不能使用电视媒体，其他一切都必须小规模进行。所以我们强迫自己：如果那笔钱是我们个人的50万美元呢？我们如何利用这笔钱以更好地了解我们的客户，并吸引他们购买我们的优质产品？我们团队在预算内开展了口碑宣传活动、媒体传播、慈善赞助和我们有史以来的第一个推荐计划——考虑到预算，一系列令人印象深刻的项目。该项目使我们看到了有限预算的无限可能，并提高了我们团队在所有成本高昂的活动中的效率。

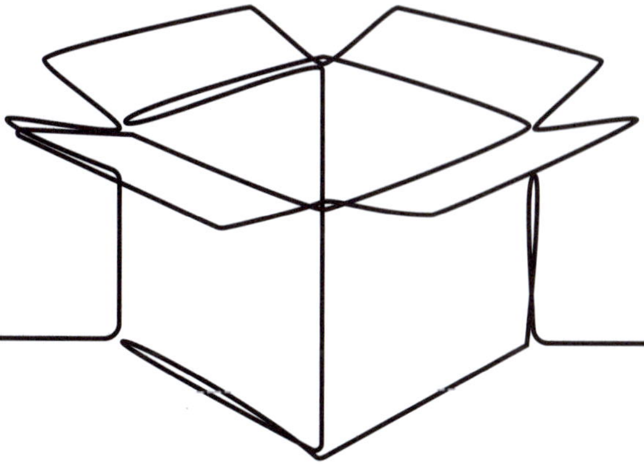

4. 不要陷入"蛇咬效应"——创新预算往往成为创新失利后第一个被缩减的预算，但对个人和企业而言，创新是最值得冒的风险。当赌徒遭受巨大损失时，他的自然反应是在下一次下注时变得更加保守。这就是"蛇咬效应"，它源于这样一种观念，即被蛇咬伤会让你事后蜷缩在恐惧中（这有点像来自你爱人的家人的来访）。在组织与团队中，当失败时，我们会体会到"蛇咬效应"，这基本上发生在变革的任何时候、任何地方。"蛇咬效应"导致团队在创新方面倾向于保守。在当今混乱的环境中，危险在于市场的巨大损失将导致公司过度谨慎。

5. 不要陷入"赌场盈利效应"——"蛇咬效应"的对立面被称为"赌场盈利效应"。当赌徒经历一场大胜时，倾向于认为赢钱很容易（钱实际上仍然属于赌场）。然后，从心理上来说，赌徒输掉这笔钱就容易多了。即使在赌场赢得大笔钞票，在冒险和确保安全之间保持平衡至关重要。

6. 拔野草，种玫瑰——如果你有一个花园，你想种玫瑰，还是杂草？在投资时，你是匿名的，可以随时退出，没有人看到你的错误。在组织中，没有匿名的说法，人们知道哪些项目失败了，荣誉会受影响，工作也可能岌岌可危。沉没成本让人失魂落魄。因此，要懂得什么时候放弃，没有什么是绝对珍贵的。

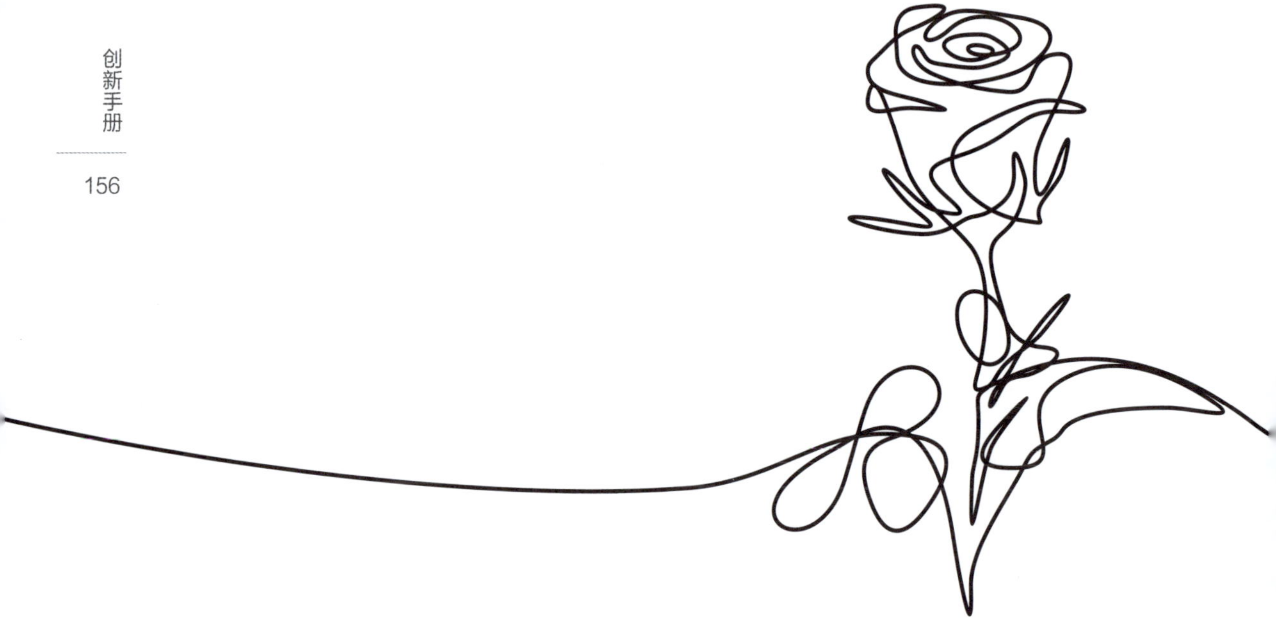

工作坊问题 —————————————————————————

- 你会如何将更多的科学或投资组合管理方法应用到创新过程中?

- 看看你所有的产品和新想法,你会如何将它们分为低风险、中风险和高风险三个风险类别? 你觉得每一类的项目都够多吗? 有明确的市场和资金支持吗?

- 如果你不是根据获胜的可能性,而是根据赌注的大小来评估新产品,那么什么想法可能突然变得更具吸引力?

第四部分 适应性创新

创造未来框架

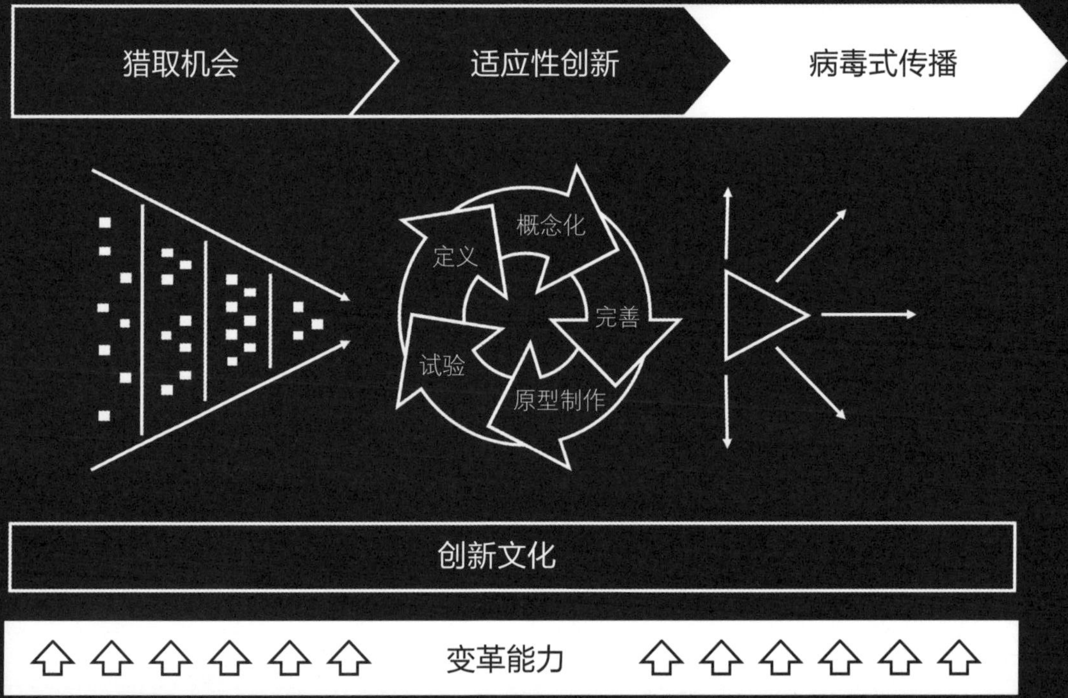

猎取机会	适应性创新	病毒式传播

概念化

定义

完善

试验

原型制作

创新文化

变革能力

第五部分 ———————————————————————

病毒式传播

我们生活在一个混乱的世界。如果想让你的创意穿越噪音，就需要一个完整的故事。幸运的是，我们花了很多时间研究这一点，以吸引数十亿人浏览"趋势猎人"网站。通过病毒式传播，你的创意会引起共鸣，助你在竞争中脱颖而出。

当你创建了某种连接时，信息传播速度比以往任何时候都会快

早在2005年，我在"油管"和脸书之前创建了"趋势猎人"。在社交媒体和博客发展的早期，我们都像是探索互联网的先驱。我第一个在网络走红的案例在今天的变革步伐中显得非常简单，但在当时它是史诗般的，具有持久的启发意义。

你曾经在家工作吗？如果是这样的话，你会明白穿着拳击短裤（或睡衣）工作的乐趣。但有时需要与团队进行视频会议。如果这样，你需要一套西装，但不是一套完整的西装，而是一半。

这是一款真正的产品，被称为"商务围嘴"（Business Bib），这件小小的半西装是上半部分用于工作，下半部分用来聚会。

当2006年"趋势猎人"上发表关于半西装的文章时，有180个网站转载了我们的文章。成千上万的人点击链接进入这些网站，据估算，这件小小的半西装有数百万的浏览量。

如今，这篇文章不再排在我们网站的前100位，但我们依然喜欢它，因为这是我们第一次在博客圈走红的体验。而且，我也想要这样一个产品。

你的产品不会是这样一件"半西装"，但这带来的经验是，人类有史以来第一次将拥有一个病毒式传播平台。

—— 创造一些对于客户来说有趣的事情，你的产品将有可能走红网络。

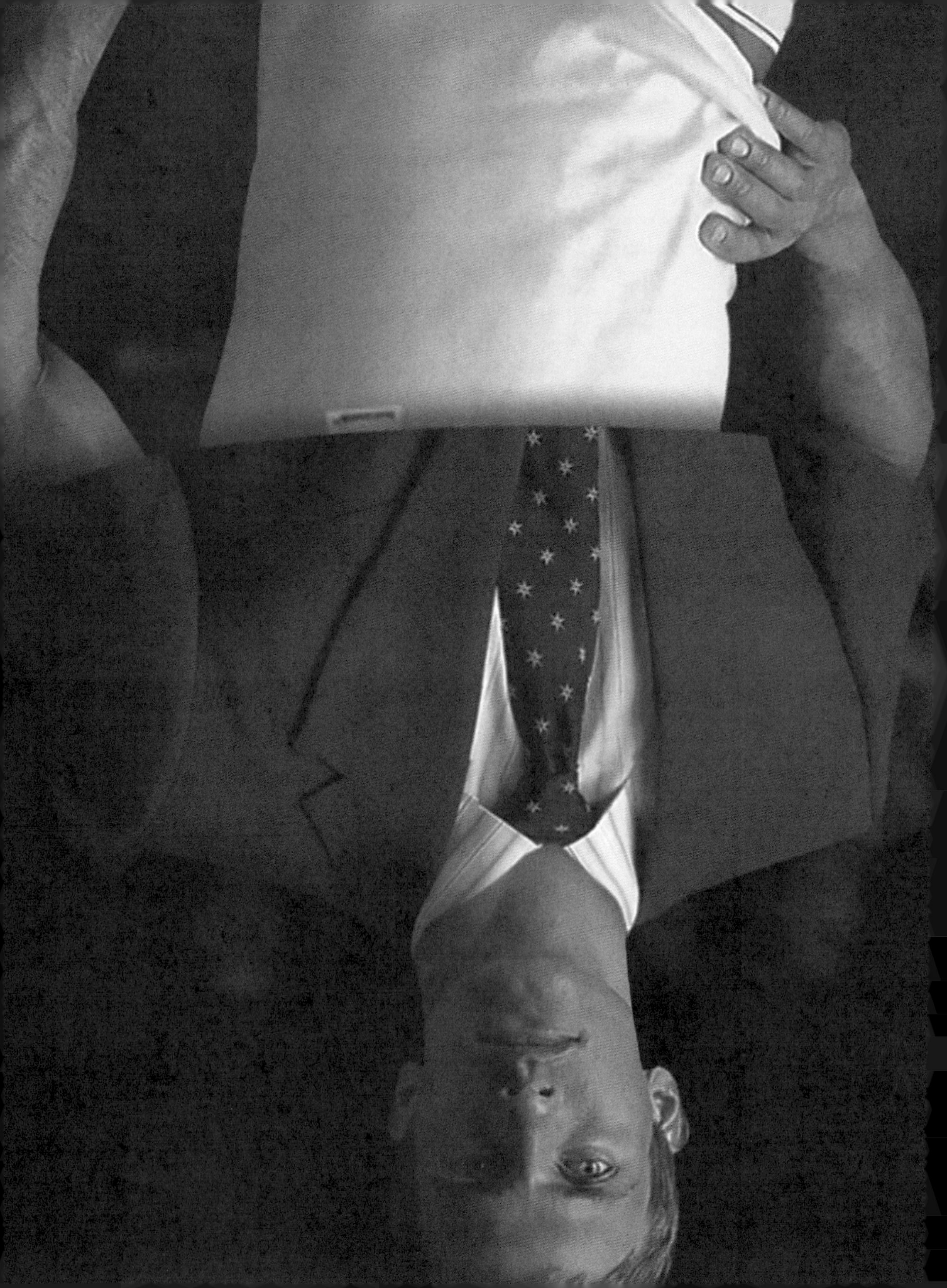

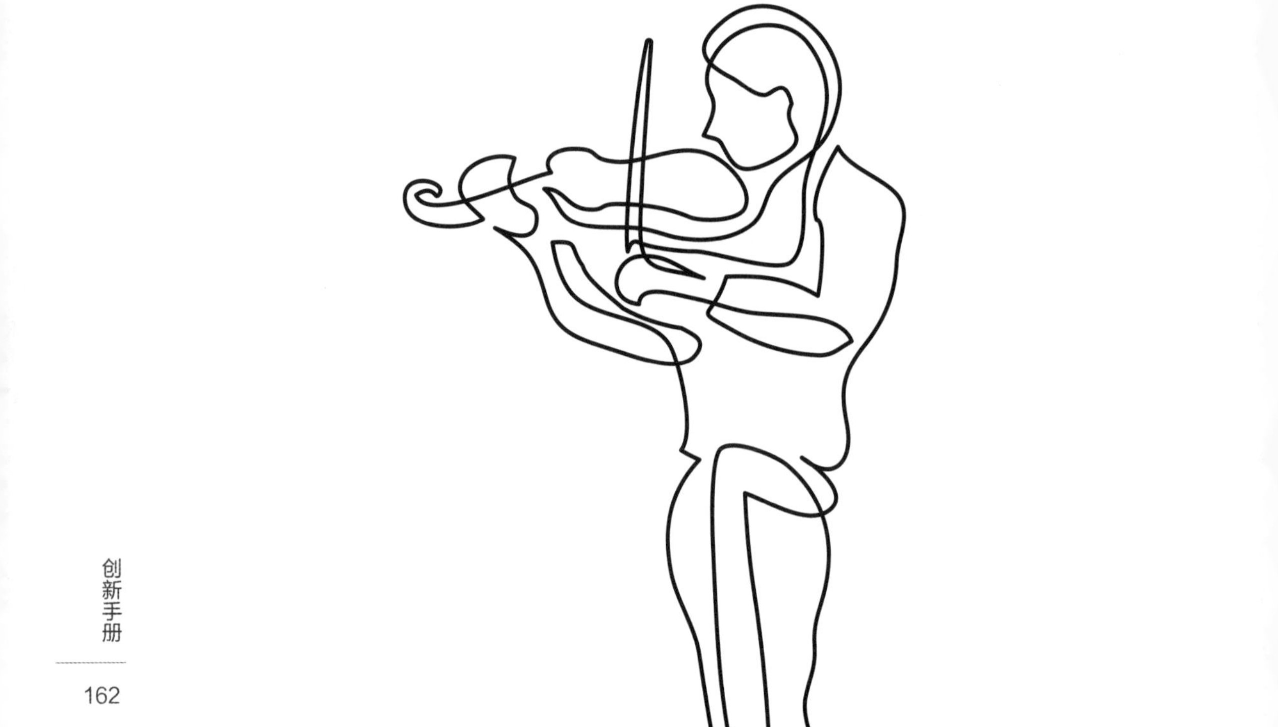

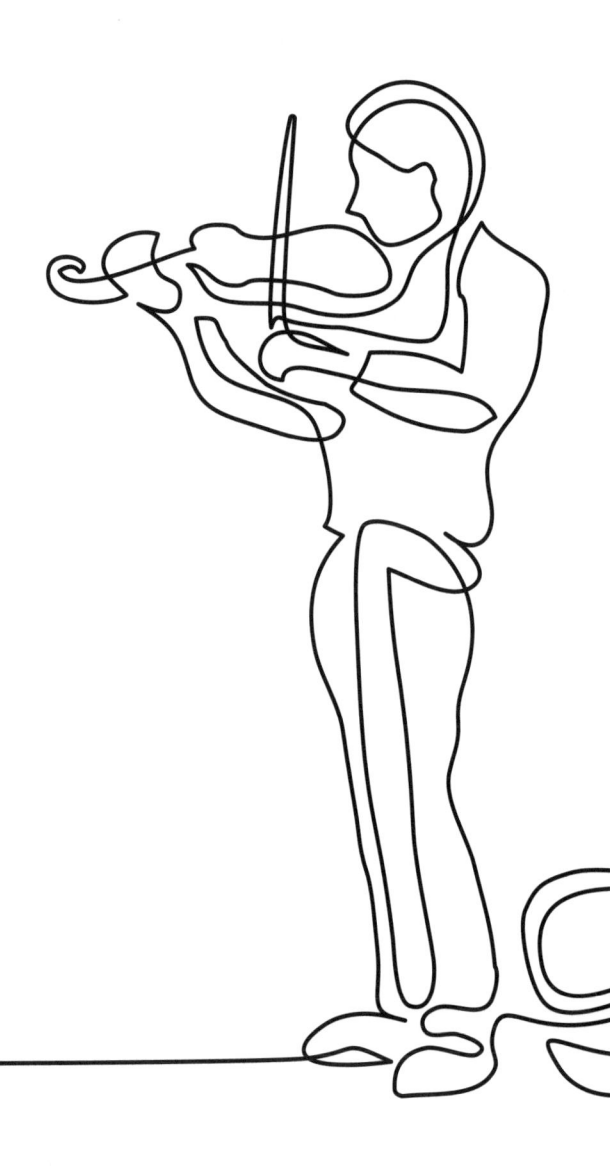

创新手册

162

把产品包装成世界第一的样子

你知道约书亚·贝尔这个名字吗？可能并不。他演奏一把价值400万美元的斯特拉德伊瓦利斯小提琴，并为电影《红色小提琴》（*The Red Violin*）配乐。他在台上每分钟赚1000美元。

贝尔是世界上最优秀的小提琴手之一。因此，《华盛顿邮报》想举办一场未经宣布的音乐会。

他们想在最繁忙的公共走道上这样做——华盛顿地铁长廊，那里每小时有1000多人通过。

策划者们想知道有多少人会停下来听他演奏，哪怕只是一小会儿。这些人中的一半？那也有大约500人，也许这太多了。200人？100人？最起码有50个吧，对吧？

事实证明，只有7个人停了下来。

在乔什·贝尔的行业类别中，他是世界上最好的产品，但当以错误的方式包装时，他没能每分钟赚1000美元。

他一个小时只赚了35美元（而且其中大部分来自一位认出他的女士）。

媒介可以成就或者
毁掉要传达的信息。

别管逻辑，讲个故事

大脑在逻辑方面糟糕得令人困惑，但在理解故事方面却出奇地高超。这里有一个叫作沃森测试（Wason Test）的例子。

想象一下，将以下四张卡片放在桌子上：

| D | F | 3 | 7 |

每张卡片的一面是数字，另一面是字母。为了证明以下规则是正确的或错误的，你需要翻转哪些牌：

每张有D的卡片另一面是3。你猜是哪张卡片？

正确的答案是你只需要翻转D或7。翻D将证明该规则为真，翻7可以证明该规则为假。人们通常建议翻3，但这是不正确的。当莱达·科斯米德斯在斯坦福大学进行这项测试时，只有不到25%的学生回答正确。数字和字母的逻辑太抽象了。沃森测试的美妙之处在于，人们可以用完全不同的方式问同一个逻辑问题。

想象一下，你是一名调酒师，你有四位顾客，其中一个可能是未成年的饮酒者，这会导致你失去工作。

如果要执行"如果一个人喝啤酒，那么他必须超过20岁"的法律，你会选择调查谁？

喝酒	喝可乐	25 岁	16 岁

这一次问题要容易得多。你会翻看"喝酒"和"16岁"这两张卡片。当这样问时，回答的正确率是原来的三倍，达到75%。

在《红女王》（*The Red Queen*）一书中，马特·里德利将这种现象归因于社会契约的概念："人类的思维可能根本不太适合逻辑……但非常适合判断交易的公平性和报价的真诚性。"

人类理解"故事"的能力是天生的。

把信息与文化和情感连接起来

回想一下，通过文化连接，你不是在跟你的客户单方面说话，你是在跟他们进行交流，这是赋能的过程。与客户交流最有力的方式是把信息与故事或生活方式联系起来。

哈雷－戴维森公司的一位高管的话最能说明这一原则："我们销售的是能力，就好像一名43岁的会计穿着黑皮衣，骑行在小镇上，让人们害怕他。"

有这样一个例子，宝洁花了数年时间努力打入日本市场，但到1985年，损失已累计超过2亿美元——他们的营销策略不起作用。

最后，公司决定孤注一掷，大胆尝试推出新产品，用故事营销一种新的皮肤护理产品线——SK-II："SK-II背后的迷人故事开始于日本的一家清酒酿造厂，在那里，科学家注意到年长的工人脸上长满了皱纹，但双手异常柔软、年轻。这些手经常与清酒发酵过程接触。科学家花了数年的研究才分离出神奇成分Pitera®，这是一种从酵母发酵液中自然产生的液体离子过程。"

SK-II因此成为明星产品，到1999年创造的收益飙升至1.5亿美元。

———— 传奇和语境会创造
萦绕品牌的生动情感。

第五部分 病毒式传播

167

用口号表达使命

西南航空公司是有史以来最成功、被研究最多的航空公司。关键因素是赫伯·凯勒（Herb Kelleher）对"低价航空公司"的不懈关注。

赫伯曾经给媒体举了一个例子：假设一位新的营销员工建议，从休斯敦飞往拉斯维加斯的人可能喜欢鸡肉沙拉主菜，而不是只吃一袋花生。你会对那个员工说什么？

赫伯的回答是，你应该问："增加主菜能帮助我们成为低价航空公司吗？"

在《让创意更有粘性》（*Made to Stick*）一书中，希思兄弟认为这种口号之所以有效，是因为它创造了一种强制的优先顺序——教会人们要思考什么以及如何反应。

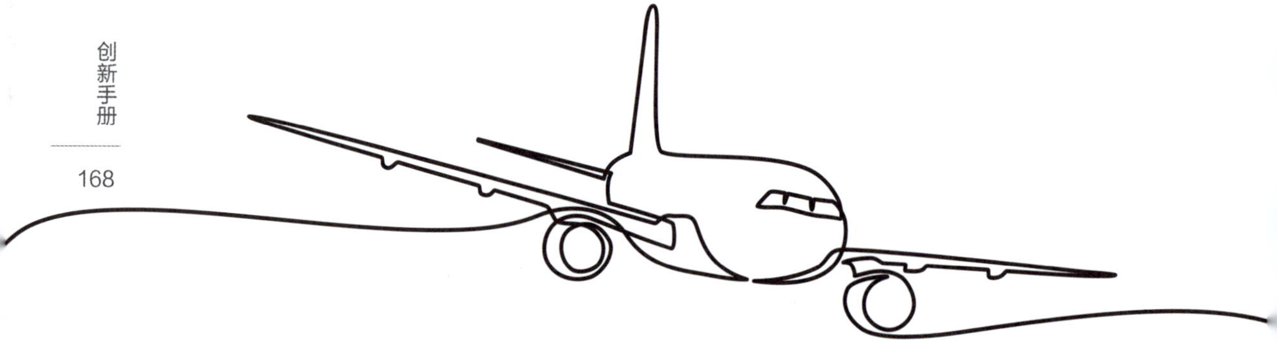

在混沌和巨变的时代，
强大的口号能带来团结和成功。

用不多于七个词表达使命

1935年，亨利·古斯塔夫·莫莱森（Henry Gustav Molaison）是一个天真无邪的九岁男孩。有一天，他正开心地骑行在熟悉的街道上，突然发生车祸，他的生活开始饱受抽搐的困扰。

为了帮助他康复，神经外科医生切除了亨利的部分内侧颞叶。手术使亨利患上严重的顺行性健忘症。他可以记住手术前的每一件事，但无法形成新的长期记忆。

然后，亨利的情况变得更加奇怪。

虽然他记不起五分钟前的任何事情，但对最后30秒总是一清二楚。他在所有短期记忆测试中的得分都非常正常，并继续享受玩宾果游戏、解决填字游戏、看电视以及与护理人员社交的乐趣。亨利的案例提供了第一批证据，证明人类具有强大的短期工作记忆。

亨利将继续对认知心理学和市场营销做出巨大贡献，甚至影响你的电话号码长度。

短期记忆的特点是其容量有限。1956年，认知心理学家乔治·A·米勒（George A.Miller）提出，这种能力是7个加或减2个东西。68年后，被确定为大约2.5秒的信息。在英语中，这等于7个加或减2个单词。在汉语中，它可以容纳10个字。西南航空公司的口号之所以如此有效，部分原因在于它简短易记。

人们擅长记忆7个单词以内的信息，——

因此，要保证口号足够简短

故事至上

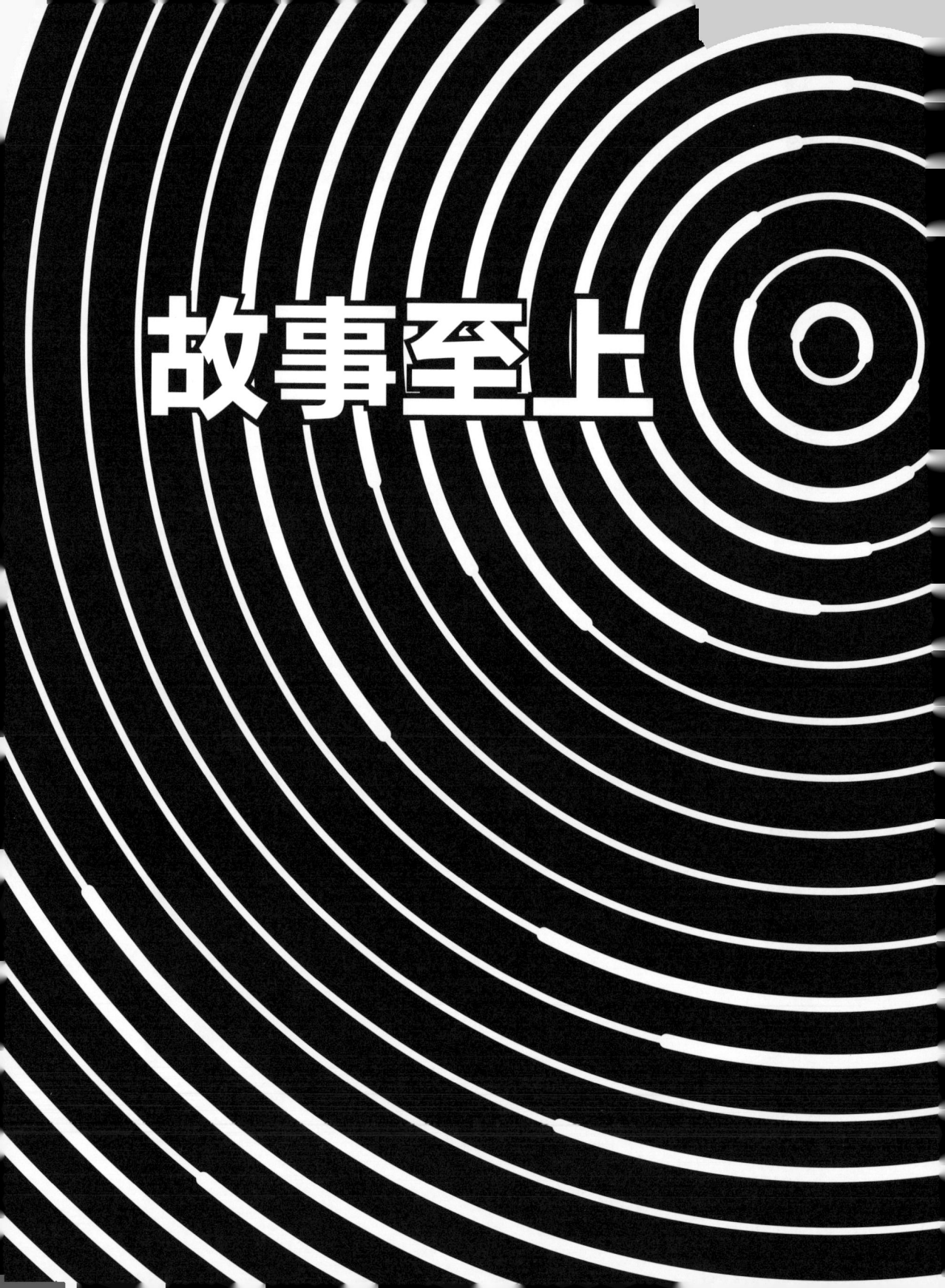

"趋势猎人"的标题框架

在吸引了超过30亿人次的浏览量之后，我们学会了如何让消息快速传播。我们的分析确保我们发表的每一篇文章都有一个标题：简单、直接、具有引爆力。

标题框架分解：

1. **简单（增强口碑）：** 正如通用电气公司的杰克·韦尔奇所说，"简单的信息传播得更快，简单的设计能更快地进入市场，而消除杂乱可以更快地做出决策。"同样，作家塞思·戈丁指出，简单的信息"会让口碑变得超级强大"。

2. **直接（回答：我为什么要选你？）：** 外行应该从10个汉字中理解你的价值主张。价值主张是你的优势，这就是我作为消费者选择你的原因。

3. **引爆力（"我必须告诉某人"测试）：** 10个汉字应该通过"我必须告诉某人"来测试，如果没有，其他消费者为什么会在意？如果不能给消费者讲一个具有引爆力的故事，就不能指望品牌能发生病毒式传播。

"趋势猎人"的标题框架让你看到与传统营销方法截然不同的方式。

案例1

价值5000美元的汉堡包

Fleur De Lys是拉斯维加斯曼德勒湾的一家独特的餐厅，菜单上有一种叫作"FleurBurger 5000"的非常特别的汉堡包，售价5000美元。有趣的名字，对吗？

FleurBurger是一个巧妙模仿餐厅名称的技巧，也传达了这种汉堡非同寻常。然而，这个名字既不简单，也不直接，还没有引爆力。

如果称之为"世界上最昂贵的汉堡包"呢？这条信息简单而直接，但并不完全具有引爆力。我没有告诉别人有这样一种汉堡的动力。

如果叫它"5000美元的汉堡包"呢？事实就是这样：真的就是一个价值5000美元的火腿汉堡包。5000美元的汉堡包太贵了，你甚至可以获得一张证书挂在墙上。这说明什么——我有足够的钱吃一个5000美元的汉堡包！

取名叫FleurBurger显然是错误的。相比之下，"5000美元的汉堡包"简单、直接、有引爆力。

	世界最佳趋势网站	更快地找到更好的创意	创造未来
简单	✗	✓	✓
直接	✗	✓	✓
引爆力	✗	✗	✓✓✓

—— 下次有人谈及昂贵的汉堡包，你会记起"5000美元的汉堡包"，这条信息会留在脑海里。

案例2

心脏病烧烤

还是汉堡包主题，我将继续为你呈现这个可爱的怪兽。这看起来不是最健康的汉堡包，但带来健康从来不是汉堡包的名声所在。

你可能会认为像这样的汉堡包来自法特汉堡连锁餐厅。Fatburger名字很简单，而且相对来说也具有引爆力。

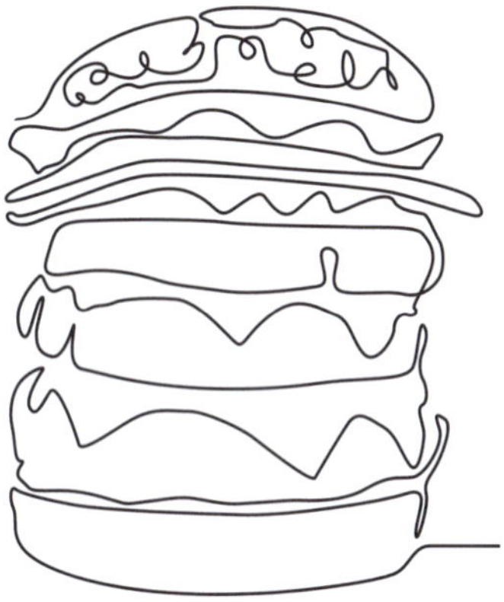

但是这个汉堡包来自亚利桑那州凤凰城的"心脏病烧烤®"。

在"心脏病烧烤店"（the Heart Attack Grill），这个汉堡包是由穿着护士服的侍者端给你的。在菜单上，它被称为"四重心脏搭桥手术汉堡包"（Quadruple Bypass Burger）®。

这一汉堡包套餐还包括三瓶啤酒和三包香烟。如果你吃完了"四重心脏搭桥手术汉堡"，假扮的护士还会用轮椅把你推到车上。

	世界最佳趋势网站	更快地找到更好的创意	创造未来
简单	✗	✓	✓
直接	✗	✓	✓
引爆力	✗	✓	✓✓✓

让故事与生活方式息息相关。

案例3

趋势猎人

病毒式信息传播的经验教训代价不菲，就我个人来说，感染力信息的经验教学来得并不容易。就我自己而言，我花了数年时间才为自己的公司找到7个单词以内的口号。

最初，我们在材料上贴着"头号趋势网站"（#1 Trend Website）的口号。虽然符合"简单"标准，也很高级，并且是最大的，为什么不吹嘘一下呢？问题是你不需要一个趋势网站，它与我们实际从事的业务没有明确的联系，所以说这并不"直接"。

七年后，我们把口号改为"更快地找到更好的想法"（Find Better Ideas Faster）。几年中，我一直喜欢这个口号。它不像"头号趋势网站"那样浮华，但更能说明问题。我的团队希望通过众包、人工智能和大数据帮助个人或企业找到更好的想法，并且更快，这样就不会像我一样花上数年时间寻找。

当公司发展到新阶段时，我意识到我们公司一半的业务来自"发现机会"，另一半来自运营主旨演讲和工作坊，从而为客户公司的CEO及高管团队提供创新与变革咨询。这也就是为什么我写作出版《创造未来》（*Create the Future*）这本书。"Create the Future"已成为我们公司的新口号。相比之下，它不那么直接，但更具有引爆力。

	世界最佳趋势网站	更快地找到更好的创意	创造未来
简单	✓	✓	✓
直接	✗	✓	✗
引爆力	✗	✓	✓✓✓

—— 用不超过十个字向消费者解释选择你的理由。——

混乱创造机会

拉斐尔、达·芬奇、米开朗基罗、马基雅维利、哥白尼再到伽利略，从14世纪到17世纪，文艺复兴创造的突破性成就永远改变了人类。在哲学上，人文主义运动激励学者们在已有知识的基础上创造新知识，而不是颠覆现有知识体系。

在艺术方面，传统风格被"伟人"引入的现实主义和透视法所掩盖。像达·芬奇这样的"伟人"艺术家模糊了艺术、科学和发明之间的界限。科学革命（Scientific Revolution）的开启标志着现代文明的开始。简而言之，一种新的思维方式出现了。哲学家雅各布·伯克哈特将文艺复兴比作揭开人类眼中的遮光膜。

令人震惊的是，这一引人注目的时期始于14世纪爆发的黑死病，这是人类历史上最致命的流行病。将近一半的欧洲人口死亡，造成一片混乱。这种混乱导致了古老的社会结构崩溃。它迫使人类经历了一段引人注目的适应期。

在生活中，我们不太可能再经历一种与黑死病强度相当的混乱气氛。然而，随着历史的发展，类似的机会也可能出现。就像任何形式的混乱都会搅动人类文化——造成涟漪的同时也创造新的机遇。当过时的结构崩溃时，世界就开始接受新的思维方式。当下，变革和颠覆日趋频繁，显然，人类进入了新的混乱时期。这也意味着我们比以往任何时候都更接近新的机会。

未来就在眼前，机会扑面而来。相信你有创造未来的潜力！

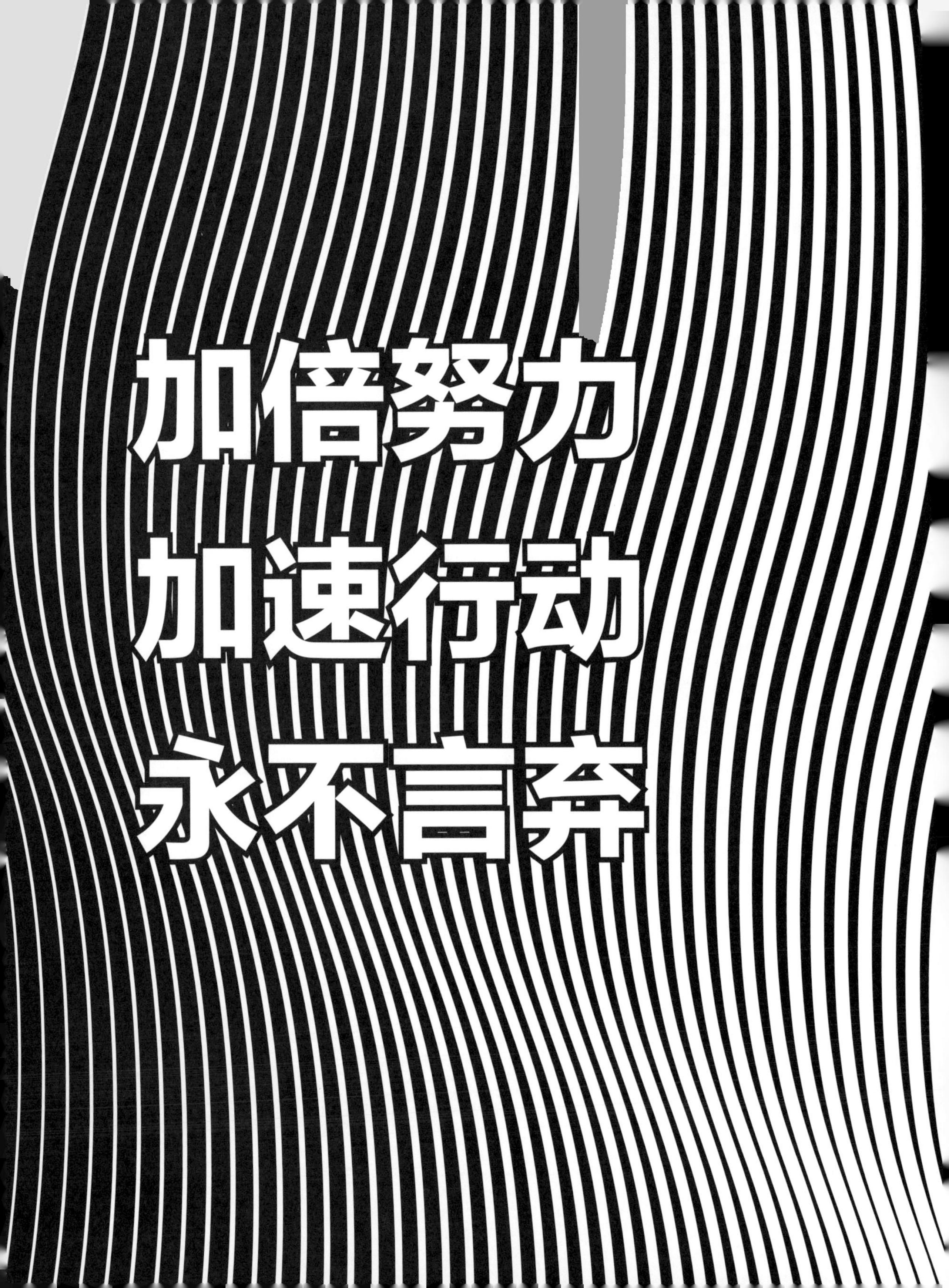

加倍努力
加速行动
永不言弃

策略

1. 围绕品牌创建文化目的。

2. 刻意与众不同。

3. 重新考虑重复和简单在沟通中的重要性。

4. 认识到言辞简洁对个人前途有巨大的影响。

5. 学习公共演讲、文案写作、营销或说服性写作相关的课程。

6. 在内部或外部的关键沟通中雇佣文案写手或让其参与其中。

7. 相信品牌成功的第一原则是故事至上。

工作坊问题

- 具体描述一下你的企业满足了消费者的哪些需求？帮助消费者解决了哪些问题？

- 描述一下消费者选择你的原因，不超过十个字？（确保简单、直接和具有引爆力。）

- 你会如何向一个12岁的孩子解释你的商业创意？

- 用不超过20个字描述你的想法。然后不准使用这些字，而用全新的词汇再次描述它。

立即行动

作为一个有创造力的人，当你读这本书的时候，无疑会产生很多创意。你将如何处理这些创意？

一位年轻人曾向J.P.摩根提出建议："先生，我手里拿着一个保证成功的公式，我很乐意以25000美元的价格卖给你。"

天性好奇的J.P.摩根回答说："我不知道信封里是什么，但是，如果你给我看并且我喜欢，我向你保证，作为一个绅士，我会按你的要求付款。"

那人同意了，把信封递给了J.P.摩根。

J.P.摩根拆开信封，看了看，然后伸手拿支票簿，向该男子支付了约定的25000美元。在某次演讲中，汤姆·彼得斯透露了那张纸上的建议：

1. 每天早上，写一张当天需要做的事情的清单；

2. 去做。

想要创造未来，
此刻就要行动！

第五部分　病毒式传播

179

迈出下一步

- **未来节日**——与来自包括阿迪达斯、星巴克、雀巢、三星、迪士尼、环球和美国宇航局在内的数千名世界顶尖创新者一起参加我们团队激动人心的创新大会。这场盛事目前覆盖全球十多个城市！请登录FutureFestival网站。

- **创新评估**——通过与世界顶尖的创新者进行比较，找出自己的创新优势和盲点。此外，还可以对您的团队进行基准测试，以获得更个性化的建议，形成创新文化。请登录TrendHunter网站。

- **定制研究与咨询**——如果你在大型公司工作，加入750位世界顶尖的创新者社群，他们依靠"趋势猎人"帮助预测和创造未来。迄今为止，我们已经举办了10000多个定制趋势报告和创新工作坊。请登录TrendHunter网站。

- **主旨演讲视频和工作坊**——如果想看我的其他主题视频，请查看我的"油管"频道。同时，我愿现场参与贵公司的下一场大型活动。如果与我的日程有冲突，我们未来学家团队可以去贵公司做主旨演讲并开展有针对性的创新工作坊。请登录JeremyGutsche网站。

- **趋势猎人网站**——通过"趋势猎人"网站了解成千上万的微趋势，激发你的好奇心和创意。在这个世界上最大的趋势搜索和创新网站上，你也可以免费订阅最喜欢的话题。请登录TrendHunter网站。

- **免费订阅服务**——通过注册趋势猎人网站，免费阅读每周趋势报告。报告精选全球每周曝光度最高、最有趣的新鲜事。请登录TrendHunter网站。

趋势猎人
未来节日

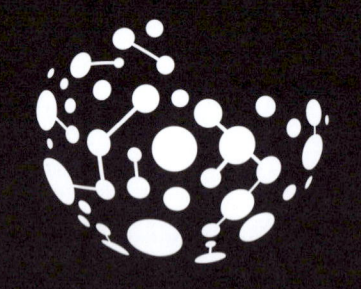

与世界顶尖的创新者（包括我！）进行思想碰撞，获得灵感。
现已登陆十几大城市，更多详情请登录FutureFestival网站。

向所有启发我、激励我的人致谢！

写第一本书时，我很容易就想到所有启发过我的人。但这一次情况不同，因为书中的故事、策略和想法都是由我的家人、我的75人团队、数千名客户以及所有参与"趋势猎人"14年辉煌历程的良师益友塑造的。此外，《在混沌中挖掘》的第一版用了好几页的篇幅感想那些帮助过我的人，这些人依然是我灵感和思想的源泉。

在本书中，我想首先感谢我了不起的母亲希拉·古奇（Shelagh Gutsche）。作为一名家庭治疗师和社会工作者，你教会了我很多关于理解他人的知识，这是任何美好的商业创意的来源和终极目的。你也容忍（并鼓励？）我的"颠覆性思维"，所以写"颠覆"主题的书舍我其谁！我还要感谢一直鼓舞我的妹妹卡拉（Kyla）以及她的两个才华出众的孩子阿莱克斯（Alex）和爱丽（Alee），他们的成长过程让我看到了儿童与成人身上与生俱来的创造力，这也是关于髓鞘一节的灵感来源。

非常感谢给我灵感和支持的泰勒·克利克（Taylor Klick），除了为本书贡献大量想法外，你还在页面布局和插图上提供了很多帮助，让本书充满艺术之美。

要感谢"趋势猎人"团队的汉娜·怀特（Hannah White）和艾伦·斯密斯（Ellen Smith）为本书的编辑和夺人眼球的标题所做的贡献。感谢我们的首席文化官杰米·尼利（Jaime Neely）开发的创新评估表以及她为本书撰写的"工作文化"（Work Culture）随感。感谢阿米达·阿斯卡诺（Armida Ascano）和丽贝卡·拜尔斯（Rebecca Byers）为大趋势框架开发所做的工作，这大大增强了趋势发现部分的思想性和可读性。感谢乔纳森·布朗（Jonathon Brown）在采访中提出的创新策略，以及我们在《纽约时报》畅销书《更好更快》中制定的发布战略。感谢萨曼莎·里德（Samantha Read）和萨姆·莫利康（Sam Mollicone）设计了让本书成为畅销书的线条图。最后，感谢我们的首席营销官罗思·戈林（Rose Goring）为本书的面世制定的策略。

感谢《芝加哥论坛报》前CEO托尼·W.亨特让我参与并见证报社激动人心的创新与变革历程。感谢你的友谊，感谢你为本书提供的故事，感谢你多年来对我和"趋势猎人"的支持。

感谢马尔科姆·格拉德威尔为本书撰写了序言，感谢盖伊·川崎（Guy Kawasaki），不仅感谢你的序言，还感谢你对"趋势猎人"自成立以来的支持。感谢史蒂芬·金（Stephen King）对马车、空间和陷入困境等部分内容的指导和思想。

感谢快公司出版社（Fast Company Press）团队的高级编辑林赛·克拉克（Lindsey Clark）、才华横溢的文案编辑伊丽莎白·布朗（Elizabeth Brown）以及泰勒·勒布勒（Tyler Le Bleu），感谢她们督促我、激励我完成本书的写作，把不可能变为可能。感谢布莱恩·菲利普斯（Brian Phillips）提供了我所能想象到的最漂亮的封面设计，感谢布莱恩和卡梅伦·斯坦（Cameron Stein）为页面设计和布局提出的创意。此外，感谢负责营销战略的奥利维亚·麦考伊（Olivia McCoy）、负责分销战略的史蒂夫·艾利扎德（Steve Elizalde）和负责品牌战略山姆·亚历山大（Sam Alexander）。

感谢福特尔（Fortier）公关团队的马克·福特尔（Mark Fortier）和艾莉娜·克莉丝汀（Elena Christie）为本书发行上市提供公关支持。

最后，感谢《利用混沌》的原编辑杰西卡·辛德勒、原出版商威廉·辛克（William Shinker）和原设计师马克·梅尔尼克（Mark Melnick）。此外，感谢朱迪（Judy Ng）和琳达（Linda Ng），本书的图像版权属于二位。

《创造未来》

假如未来除淬本书无亡思；

难是对超整性留本了吗？